工程建设理论与实践丛书

水利水电工程
建设监理与全过程造价管理

SHUILI SHUIDIAN GONGCHENG

JIANSHE JIANLI YU QUANGUOCHENG ZAOJIA GUANLI

郭仲敏　任志斌　赵　青　主编

U0343047

华中科技大学出版社
http://press.hust.edu.cn
中国·武汉

内 容 简 介

　　本书是为水利水电工程建设管理人员打造的专业参考书。本书内容包括水利水电工程建设监理基本知识、水利水电工程造价基本知识、水利水电工程建设监理进度管理、水利水电工程建设监理质量管理、水利水电工程建设监理安全管理、水利水电工程建设监理合同管理、水利水电工程建设项目投资控制、水利水电工程建设监理案例、水利水电工程全过程造价管理、水利水电工程造价管理案例共10章内容，兼具理论性与操作性。

图书在版编目（CIP）数据

　　水利水电工程建设监理与全过程造价管理 / 郭仲敏, 任志斌, 赵青主编 . -- 武汉：华中科技大学出版社, 2024. 11. -- ISBN 978-7-5772-1370-5

　　Ⅰ . TV512

　　中国国家版本馆 CIP 数据核字第 2024PB2464 号

水利水电工程建设监理与全过程造价管理　　郭仲敏　任志斌　赵　青　主编
Shuili Shuidian Gongcheng Jianshe Jianli yu Quanguocheng Zaojia Guanli

策划编辑：周永华
责任编辑：梁　任
封面设计：杨小勤
责任监印：朱　玢
出版发行：华中科技大学出版社(中国·武汉)　　　电话：(027)81321913
　　　　　武汉市东湖新技术开发区华工科技园　　　邮编：430223
录　　排：华中科技大学惠友文印中心
印　　刷：武汉科源印刷设计有限公司
开　　本：710mm×1000mm　1/16
印　　张：21
字　　数：377 千字
版　　次：2024 年 11 月第 1 版第 1 次印刷
定　　价：98.00 元

编 委 会

主　编　郭仲敏　山西省水利水电工程建设监理有限公司

　　　　　任志斌　山西省水利水电工程建设监理有限公司

　　　　　赵　青　中国水利水电建设工程咨询有限公司

副主编　庄正伟　大理白族自治州水利水电勘测设计研究院

编　委　陈捷平　长江勘测规划设计研究有限责任公司

前　言

　　中华人民共和国成立以来，为满足国家经济发展和社会长治久安的需要，我国在水利水电建设领域投入了大量的资源，有力推动了我国的繁荣稳定和国民经济的蓬勃发展。而在大力兴建水利水电工程的同时，相应的建设管理体制改革步伐也在加快，我国全面推行了项目法人责任制、招标投标制和工程建设监理制，以适应社会主义市场经济的发展。实践证明，水利水电工程实行建设监理制对于保证工程质量、缩短建设周期、降低工程造价、提高施工技术与管理水平具有明显的作用。

　　水利水电工程建设监理制的全面推行，使我国水利水电工程建设管理体制开始向社会化、专业化、规范化的管理模式转变。在项目法人和承包商之间引入了作为中介服务的第三方——监理单位，以合同为依据，以提高工程建设效益为目的，进行了科学的工程建设管理，初步形成了相互制约、相互协作、相互促进的工程建设管理框架。

　　水利水电工程不仅投资高，而且技术难度大、建设周期长。除此之外，工程所在地的自然环境（地质、水文、气候）对工程本身影响特别大，因此水利水电工程投资变化的概率极高。从提高生态效益、社会效益和工程资金使用率等方面来看，对水利水电工程进行全过程造价管理是非常有意义的。多年来，水利水电工程造价管理战线的同志们积极投身于经济体制改革和经济建设的伟大实践，勇于探索，努力工作，从估算、概算、预算到决算，为国家和企业严格把关，为我国水利水电建设做出了贡献。

　　本书共10章，包括水利水电工程建设监理基本知识、水利水电工程造价基本知识、水利水电工程建设监理进度管理、水利水电工程建设监理质量管理、水利水电工程建设监理安全管理、水利水电工程建设监理合同管理、水利水电工程建设项目投资控制、水利水电工程建设监理案例、水利水电工程全过程造价管理和水利水电工程造价管理案例等内容，介绍了水利水电工程建设监理与全过程造价管理的相关知识。

　　本书借鉴了国内外水利水电工程建设监理和造价管理的理论研究成果，引用了相关文献，在此谨向作者们致以诚挚的谢意。

　　由于编者水平有限，书中难免存在疏漏之处，欢迎广大读者批评指正，以便再版时修正和补充。

目　　录

第1章　水利水电工程建设监理基本知识

1.1　水利水电工程概述

1.1.1　水利事业的基础认知

为了充分研究和利用自然界的水资源，对河流进行控制和改造，采取工程措施合理使用和调配水资源，以达到兴利除害目的的各部门从事的事业统称为"水利事业"。水利水电工程是以水力发电为主的水利事业。

水利事业的根本任务是除水害和兴水利。除水害主要是防止洪水泛滥和涝渍成灾；兴水利则是从多方面利用水资源为人类服务。除水害和兴水利的主要措施包括兴建水库、加固堤防、整治河道、增设防洪道、利用洼地湖泊蓄洪、修建提水泵站及配套的输水渠道和隧洞。

水利事业的内容主要有防洪、农田水利、水力发电、工业及生活给排水、航运及水产养殖、旅游及其他。

1. 防洪

洪水轻者会毁坏良田，重者会造成工业停产、农业绝收，甚至使人员生命、财产受到威胁。水害往往是大面积发生的。由于目前的水文预报还远未尽如人意，因此，防洪往往是水利事业的头等大事。

防洪是根据洪水规律与洪灾特点，研究并采取各种对策和措施，以防止或减轻洪水灾害，保障社会经济发展的水利工作。防洪的基本工作内容有防洪规划、防洪建设、防洪工程的管理和运用、防洪调度和安排、灾后恢复重建等。防洪措施包括工程措施和非工程措施。防洪措施主要有以下几项。

（1）增加植被，增强水土保持能力。

在植被情况好的地方，树木、草丛可以截留和拦蓄部分雨水，减缓坡面上的水流速度，延缓洪水的形成过程，从而降低洪峰流量。良好的植被能够保护地表土壤免受水流冲刷，减少坡面水土流失和河道泥沙；还能够增加土壤含水

率，增加空气湿度。

（2）提高河槽的行洪能力。

由于降水量等因素的影响，河道内洪水流量有大有小，水位有涨有落。在相对宽阔的河道中，往往会形成一些河滩地。在多数情况下，这些河滩地无水，只有在洪水期才漫滩地行洪，河滩处水面陡然变宽。河水一旦漫滩，河道的过流能力迅速加大，有利于洪水通过。河滩地是行洪的重要通道，是防洪的安全储备，不应随意侵占。

（3）提高蓄洪、滞洪能力。

滞洪和蓄洪是利用水库、湖泊、洼地等完成的。特别是水库，是当前提高防洪能力的重要设施。水库库容巨大，能够蓄积和滞留大量的洪水，削减下泄流量，从而减轻和消除下游河道可能发生的洪灾。

天然水域（如湖泊）能够大量蓄积、滞留洪水，降低洪水位。因此，在修建大型水库的同时，也要重视天然水域的蓄洪、滞洪作用。近几十年来，洞庭湖水域面积减少，滞洪能力降低，是洞庭湖区域洪水灾害频发的重要原因。长江流域发生全流域特大洪水后，国家对洞庭湖和鄱阳湖出台了退田还湖政策，使这些湖泊在滞洪、蓄洪方面发挥重要作用。

在河道泄洪能力不足的上游某处设置分洪区，修筑分洪闸，将超过下游河段安全泄量的部分洪水引入分洪区，以保证下游河段的安全。设置分洪区是一种非常举措。选择适当的时候向分洪区分洪，能在抗洪的关键时刻舍弃局部利益，保全大局。

2. 农田水利

在全国的总用水量中，大部分用水是农业用水。良好的排灌水利设施是农业丰收的重要保障。修建水库、堰塘、渠道、泵站等水利设施可以保障农业生产顺利进行，是水利事业的重要内容。

农田水利在国外一般称为"灌溉和排水"。农田水利涉及水力学、土木工程学、农学、土壤学、水文地质学、气象学、农业经济学等。其任务是通过工程技术措施对农业水资源进行拦蓄、调控、分配和使用，并结合农业技术措施改土培肥，提高土地利用率，以达到农作物高产、稳产的目的。农田水利与农业发展有密切的关系，农业生产的成败在很大程度上取决于农田水利事业的兴衰。

3. 水力发电

水能资源是以位能、动能等形式存在于水体中的能量资源，亦称"水力资源"。广义的水能资源包括河流落差水能、海洋潮汐水能、波浪水能、海洋潮流水能、盐差能和深海温差能源。狭义的水能资源指河流的水能资源。水在自然界周而复始地循环，从这种意义上而言，水能资源是一种取之不尽、用之不竭的能源。同时，水能是一种清洁能源。水能相对于石油、煤炭等不可再生、易产生污染的化石能源而言，具有不可比拟的优势。

水力发电就是利用蓄藏在江河、湖泊、海洋中的水能发电。当前主要是利用大坝拦蓄水流，形成水库，抬高水位，依靠落差产生的位能发电。水力发电不消耗水资源，无污染，运行成本低，是优先考虑使用的发电技术。

4. 工业及生活给排水

工业和生活供水要求供水质量好，供水保证率高。修建水库等储水供水设施可提高供水保证率和供水质量。

工业和生活污水排放是城市建设的重要关注对象。当前，污水排放是江河污染的源头，采取污水处理措施是很有必要的。

5. 航运及水产养殖

航运是指通过水路运输和空中运输等方式来运送人或货物。一般来说，水路运输所需时间较长，但成本较为低廉，这是空中运输和陆路运输所不能比拟的。水路运输每次航程能运送大量货物，而空中运输和陆路运输每次的负载数量则相对较少。因此，在国际贸易上，水路运输是较为普遍的运输方式。15世纪以来，航运业的蓬勃发展极大地改变了人类社会与自然景观。一方面，人们修建了拦河大坝等建筑物后，阻隔了江河水流的天然通道，阻挡了船只的航行，需要在水利枢纽工程中修建船闸等通航建筑物，帮助船只克服上游水位抬升造成的落差，创造全河段的通航条件。另一方面，某些河段在天然情况下，有的落差大、水流急，有的河滩多、水流浅。在这些河流中，有些只能季节性通航，有些却根本无法通航。高坝大库可以彻底解决深山峡谷的船只通航问题。在平原地区，可用滚水坝、水闸等壅水建筑物来增加河道水深，改善河道航运条件，延伸通航里程。这时，同样需要用通航建筑物使船只逐级通过这些建筑物。

水利工程为库区养鱼提供了广阔的水域条件。但是，水工建筑物影响了自然洄游鱼类的生存环境，需要采取一定的措施来帮助鱼类生存，如修建鱼道、鱼闸等。

6. 旅游及其他

大型水库宽阔的水域将库区内一些山体包围成岛屿，形成有山有水的美丽风景，是旅游的理想去处，甚至工程自身也能成为旅游热点。库区旅游在许多地方成为旅游热点，例如，浙江省的新安江水电站、湖北省的三峡水电站、湖南省的东江水电站等。

大型水利枢纽工程往往可以刺激当地经济的发展，成为当地经济的支柱产业。湖北省充分利用葛洲坝工程和三峡工程建设契机，使宜昌市的经济建设获得两次较大发展。同时，丹江口水电站的建成，使丹江口逐渐发展成为拥有几十万人口的新型城市。浙江省的新安江水电站建成投产后，淳安、建德等相继发展为中型城市。

1.1.2 水利水电规划的基础认知

1. 水电站在电网中的作用

在一个较大的供电区域内，用高压输电线路将各种不同类别的发电站（火电站、水电站、核电站、风力电站、潮汐电站等）连接在一起，统一向用户供电所构成的系统，称为"电力系统"，也称"电网"。在电力系统中，用户在某一时刻所需电力功率称为"负荷"。负荷在一天中是不断变化的。在电力系统中，水电站、火电站、核电站、风力电站、潮汐电站等多种类型的发电站共同向电网供电。各种不同类型的发电站特性不同，在电力系统中的作用也不同。

与其他发电站相比，水电站有以下几个特性。

① 发电能力和发电量随天然径流情况变化。河道天然来水的季节性变化和年际变化直接影响水电站的发电量。在枯水年，水电站可能因来水不足难以发挥效益。

② 发电机组开停灵活、迅速。水电站机组从停机状态到满负荷运行状态仅需要1～2 min，能够适应电力系统中负荷的迅速变化和周期性波动。

③ 建设周期长，运行费用低廉。水电站需要修筑挡水建筑物和泄水建筑物，以提供安全稳定的水能资源。整个工程的前期资金投入大，建设周期长。

水电站建成以后，所需要的水能是一种廉价、清洁、不断循环的能源。水体通过水电站后流入下游，不被消耗。与火电站相比，水电站不需要燃料，也不会产生废料。水电站的运行成本大大低于火电站、核电站。

水电站的这些特性决定了它在电力系统中的作用。具有较大库容的水库调节天然径流的能力强，能够将多余的水储存在水库中，供负荷增加或来水减少时使用，这种水电站在电网中承担日负荷的峰荷，称为"调峰电站"。没有调节能力或调节能力差的水电站则承担电力系统中的基荷或腰荷。夏季，河道天然来水充足，电力系统应该充分利用廉价的水能资源发电，以免因发电量不足而产生"弃水"现象，浪费水能资源。此时，水电站也承担部分腰荷和基荷。

水电站还可以利用其调节迅捷、方便的特点，调节电网频率，提高电力质量，这种水电站称为"调频电站"。例如，湖北省清江隔河岩水电站承担华中电网的调峰、调频任务。

2. 水能利用和开发方式

水力发电是利用河流的水能发电，水电站的功能就是将这些水的机械能转变为电能。

河川径流从地势高的地方流向低处。水流有流速，即具有一定的动能。在自然条件下，河段间的水能消耗于水流与河道边壁的摩擦中。该摩擦阻力将大部分水能转化为热能。在河道断面不变的情况下，河道流速不变。摩擦阻力沿程消耗水的势能，在河段两断面之间产生落差。要利用这些水能资源发电，需要将天然河流中分散状态下消耗的水能集中起来加以利用。水电站筑坝建库后，水流流速接近于零，水能被积蓄起来。

水能开发方式按调节流量的方式，可分为蓄水式和径流式。蓄水式水电站用较高的拦河坝形成水库，在短距离内抬高水头，集中落差发电。蓄水式水电站适用于山区水流落差大，能够形成较大水库的情况，如长江三峡水电站、雅砻江二滩水电站、汉江丹江口水电站、清江水布垭水电站等。径流式水电站没有水库，或水库库容相对很小，落差较小，主要利用天然径流发电。径流式水电站适用于河道较平缓，河道流量较大的情况，如长江葛洲坝水电站、汉江王甫洲水电站、北江飞来峡水利枢纽等。

水能开发方式按集中落差的方式，大致可分为坝式水电站、引水式水电站和混合式水电站三种。坝式水电站是在河道上修筑大坝，截断水流，抬高水位，在大坝下游建造水电站厂房，甚至用厂房直接挡水。引水式水电站一般仅

修筑很低的坝，通过取水口将水引到较远的、能够集中落差的地方修建水电站厂房。引水式水电站对上游造成的影响小，造价相对较低，被许多中小型水电站采用。混合式水电站修建有较高的拦河大坝，用水库调节水量；水电站厂房修建在坝址下游且与坝址有一定距离的某处合适的地方，用输水隧洞或输水管道将发电用水从水库引到水电站厂房发电。混合式水电站多用于土石坝枢纽及建于山区狭窄河谷的枢纽，比较典型的布置方式是拦河坝修建在岩基坚硬、河谷狭窄的地方，厂房修建在河谷出口的开阔地带。这样既能节省工程量，又便于布置水电站厂房，还能利用坝址至水电站厂房的河道落差。湖北的古洞口水电站、峡口水电站，湖南的贺龙水电站均为这种形式。

3. 水库的特征水位及相应库容

水库为水工建筑物，主要功能是储水。在水利水电工程中，水库是调节径流的主要设施。水库吞吐水量，可根据发电量调节下泄流量。水库的规模应根据整个河流规划情况，综合考虑政治、经济、技术、运用等因素确定。根据工程运行情况，水库具有许多特征水位。水库特征水位及相应库容示意图如图1.1所示。

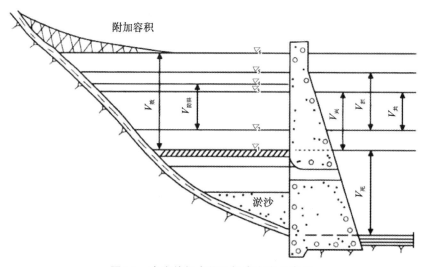

图1.1　水库特征水位及相应库容示意图

注：∇_1—死水位；∇_2—防洪限制水位；∇_3—正常蓄水位；∇_4—防洪高水位；∇_5—设计洪水位；
∇_6—校核洪水位；$V_{死}$—死库容；$V_{效}$—有效库容；$V_{防洪}$—防洪库容；$V_{兴}$—兴利库容；
$V_{拦}$—拦洪库容；$V_{共}$—共用库容。

（1）正常蓄水位。

正常蓄水位指设计枯水年（或枯水期）开始供水时应蓄到的水位，又称"正常高水位"或"设计兴利水位"。

正常蓄水位是水库设计中非常重要的参数，它关系到枢纽规模、投资成本、工程效益、生态环境、经济发展等重大问题，应该进行综合评价后确定。

正常蓄水位是水库在正常运用时，允许长期维持的最高水位。在没有设置闸门的水库，泄水建筑物的正常蓄水位等于溢流堰顶。在梯级开发的河流上，正常蓄水位要考虑与上一级水电站的尾水位相衔接，最大限度地利用水能资源。

（2）死水位、死库容与有效库容。

死水位是允许水库水位消落的最低水位。死水位以下的库容称为"死库容"，是设计中不利用的库容。死水位以上的静库容称为"有效库容"。

死水位的选定与各兴利部门的利益密切相关。灌溉和给水部门一般要求死水位相对低些，可获得更多的水量。发电部门常要求有较高的死水位，以获得较多的年发电量。有航运要求的水库，要考虑水库水位处于死水位时，库首回水区域应有足够的航运水深。在多泥沙河流上，还要考虑泥沙淤积的影响。

（3）兴利库容。

兴利库容是正常蓄水位与死水位之间的库容，又称为"调节库容"，用以调节径流。正常蓄水位与死水位之间的水库水位差称为"水库消落深度"。

（4）防洪限制水位和共用库容。

防洪限制水位是指水库在汛期允许兴利蓄水的上限水位，也称"汛期限制水位"。

在汛期，将水库运行水位限制在正常蓄水位以下，可以预留一部分库容，增大水库的调蓄功能；待汛期结束后，再将水库水位升到正常蓄水位。水库可以根据洪水特性和防洪要求，在汛期的不同时段规定不同的防洪限制水位，更有效地发挥水库效益。防洪限制水位至正常蓄水位之间的库容称为"共用库容"。

（5）防洪高水位和防洪库容。

当水库的下游河道有防洪要求时，可根据下游防护对象的重要性采用相应的防洪标准，从防洪限制水位开始，经过水库调节防洪标准洪水后，在坝前达到的最高水位，称为"防洪高水位"。防洪高水位与防洪限制水位之间的库容称为"防洪库容"。防洪库容与兴利库容之间有以下三种结合形式。

① 不结合。

防洪限制水位等于正常蓄水位，共用库容为零。水库需要在正常蓄水位以上另外增加库容用于防洪，大坝的坝体相对较高。不结合形式的水库运行管理简单，但是不够经济，中小型工程的水库常常采用这种结合形式。不结合形式的水库，其溢洪道一般不设闸门控制泄流量。

② 完全结合。

防洪高水位等于正常蓄水位，共用库容等于防洪库容。这种形式的防洪库容完全囊括在兴利库容之中，不需要加高大坝，用于防洪最经济。汛期洪水变化规律稳定或具有良好的水情预报系统的水库可以采用这种形式。

③ 部分结合。

部分结合是一般水库采用的形式，结合部分越多越经济。

（6）设计洪水位和拦洪库容。

当水库遭遇超过防洪标准的洪水时，水库的首要任务是保证大坝安全，避免发生毁灭性的灾害。这时，所有泄水建筑物不加限制地敞开下泄入库洪水。保证拦河坝安全的设计标准洪水称为"设计洪水"。大坝的设计洪水远大于防洪标准洪水。例如，长江三峡工程，大坝的设计洪水为千年一遇，但下游防洪标准洪水在大坝建成以后也只能提高到百年一遇。从防洪限制水位开始，设计洪水经过水库拦蓄调节后，在水库坝前达到的最高水位称为"设计洪水位"。在设计洪水位下，拦河大坝仍然有足够的安全性。

设计洪水位与防洪限制水位之间的库容称为"拦洪库容"。

（7）校核洪水位和总库容。

在遭遇稀遇洪水时，拦河坝应不因洪水作用而发生漫坝或垮塌等严重事故。水库在遭遇校核标准的洪水时，以泄洪保坝为主。大坝遭遇校核洪水时，其安全裕量小于设计洪水。从防洪限制水位开始，水库拦蓄校核标准的洪水，经过调节下泄流量，水库在坝前达到的最高水位被称为"校核洪水位"。

校核洪水位是水库可能达到的最高水位。校核洪水位以下的全部库容为总库容。校核洪水位与防洪限制水位之间的库容称为"调洪库容"。

（8）水库的动库容。

上述各种库容统属于静库容。静库容是假定库内水面为水平时的库容。当水库泄洪时，由于洪水流动，水库上游部分水面受到水面坡降的影响向上抬高，直至某一断面与上游河道水面相切。水库因水流流动而导致水面上抬，上抬部分形成的库容称为"附加库容"。在同一水位下，水库的附加库容不是固定值。洪水流量越大，附加库容越大。附加库容与静库容之和为"动库容"。在洪水调节计算时，一般采用静库容即可满足精确度要求。在考虑上游淹没和梯级衔接时，则需要按动库容考虑。

1.2　工程建设监理概述

1.2.1　工程建设监理的起源与发展

1. 工程建设监理的起源

监理制度的起源可以追溯到16世纪。它的产生和演进与商品经济的发展、建设领域的专业化分工、社会化生产相伴随。但工程咨询监理业真正成为一个独立的行业，始于19世纪下半叶，它是近代工业化的产物。

在工程咨询监理业出现以前，建筑师就是总营造师或建筑承包商，受雇于或从属于业主，负责工程项目的设计、施工，以及材料、设备的采购。那时，港口、公路、铁路、桥梁和楼房等建筑工程设计主要由建筑承包商来完成，施工者即设计者。16世纪以后，随着社会对土木工程建造技术要求的不断提高，传统的做法已越来越无法适应工程项目的技术和管理要求。特别是第一次工业革命，大大促进了整个欧洲大陆城市化和工业化的发展进程，全社会大兴土木带来了建筑业的空前繁荣。1747年，法国建立了国立路桥学校（Ecole des Ponts Paris Tech），世界上首次出现了正规化的工程教育。随后，英国、西班牙、葡萄牙、德国、荷兰、美国等也相继发展了工程教育。各种实用的专业人才被培养出来，使得工程建设由一种"技艺"发展成为一门应用学科。同时，传统的建筑业也发生了重大变化。根据职责不同，建筑业逐步出现了专业化分工，如设计、施工，并各自成为一门独立的专业。

19世纪初，随着建设项目规模日益增加、技术日趋复杂，建设领域商品经济更加复杂，在设计和施工有了明显分工的同时，业主也越来越感到单靠自己的力量监督管理工程的困难，工程咨询监理的重要性逐步被人们认识。特别是19世纪初，英国为了维护市场各方经济利益并加快工程进度，明确了业主、设计方、施工方之间的责任界限，以立法的形式要求每个建设项目由一个承包商进行总承包。总承包制的实行，推动了招标投标交易方式的出现，也极大地促进了工程咨询监理制度的发展。当时，咨询人员多是个体的或小型的咨询公司，慢慢地，从业人员多了，为了协调各方之间的关系，开始出现行业组织。1818年英国成立了英国土木工程师学会，1852年美国土木工程师协会成立，1904年丹麦成立了国家咨询工程师协会，特别是1907年美国通过了第一项许可工业工程师作为专门职业的注册法，这些都表明工程咨询已经成为一个行业并进入规范化的发展阶段。

第二次世界大战以后，欧美各国在恢复建设中加快了向现代化发展的进程。20世纪50年代末至20世纪60年代初，由于科学技术的发展、工业和国防建设的进步以及人民生活水平的不断提高，我国需要建设许多大型工程，如水利工程、核电站、航天工程等。这些工程投资多、风险高、规模大、技术复杂，无论是投资者还是承建者都难以承担因投资不当或项目组织管理失误而造成的损失。激烈的竞争环境迫使业主更加重视项目建设的科学性，拓宽了咨询监理的业务范围，使其由项目实施阶段的工程监理向前延伸到决策阶段的咨询服务。业主为了降低投资风险，节约工程投资，保证高效益和工程项目顺利实施，需要有经验的咨询监理人员进行投资机会论证和项目可行性研究，以做出科学的决策，同时还要在工程建设的实施阶段，进行全面监理。于是，工程监理和咨询服务就逐步贯穿了建设活动的全过程。监理制度在西方工业发达国家的推行时间不同，各国使用的名称也不尽相同，有的称为"工程咨询服务"，有的称为"项目管理服务"，但其基本内容相近，均包括决策阶段的咨询服务和实施阶段的工程监理。前者主要是对工程建设进行可行性研究或技术经济性论证，解决投资效益是否显著、规划布局是否合理等问题；后者主要是代表业主组织工程设计和施工招标，并以合同、技术规范和国家有关政令为依据，对工程施工的全过程进行控制和协调。

近几十年来，西方发达国家的监理制度正往法制化、程序化的方向发展，有关的法律、法规都对监理的内容、方法，以及从事监理的社会组织做了详尽的规定。咨询监理制度逐步成为工程建设组织体系的一个重要部分，工程建设活动形成了业主、承包商和监理工程师三足鼎立的基本格局。进入20世纪80年代以后，监理制度在国际上得到了很大的发展。一些发展中国家也开始采取发达国家的这种做法，并结合本国的实际情况开展监理活动；世界银行、亚洲开发银行、非洲开发银行等国际金融组织也都把实行监理制度作为提供建设贷款的条件之一，工程建设监理成为进行工程建设的国际惯例。

2. 工程建设监理在我国的发展

工程建设监理制是国际上通行的做法，这主要体现在一些国际通用的工程合同文件中。实施工程建设监理制是我国工程建设与国际惯例接轨的一项重要工作，是我国建设领域管理体制改革的重要举措，也是我国在建设领域推行的"三项制度"改革的内容之一（另外两项制度分别是项目法人责任制和招标投标制）。

我国的工程建设监理制起源于我国第一个世界银行贷款项目——鲁布革水电站工程。1988年建设部发布《关于开展建设监理工作的通知》，标志着这项制度正式建立。我国的工程建设监理发展过程大致可分为以下三个阶段。

（1）监理试运作期（1988—1992年）。该阶段的监理对象大多为国家、地方重点工程，如水利工程、高速公路工程、城市标志性工程等。这一时期的监理方式主要为自行监理，即由业主直接派出人员进行监理。人们对"监理"一词的认识比较模糊。

（2）监理维护期（1992—1998年）。该阶段的监理对象除一些重点工程外，还有一些具有一定规模、投资相对较大的工程，如市政工程、高层建筑工程、小区开发工程等。该阶段监理队伍发展较快，社会监理机构发展迅速。监理方式除自行监理外，还开始采取委托监理。

（3）监理强制性维护期（1998年至今）。该阶段不管工程大小，只要是涉及人民生命、财产安全的工程，都必须实行监理制。监理方式主要是委托监理。人们对监理的认识是"三大控制"（质量控制、进度控制、成本控制）、质量负责制、强调质量。

1997年11月1日公布的《中华人民共和国建筑法》和2000年1月30日国务院颁布的《建设工程质量管理条例》（中华人民共和国国务院令第279号）都规定国家推行工程建设监理制，并明确规定实行监理的范围及其职责和义务。2001年建设部发布了《建设工程监理范围和规模标准规定》（中华人民共和国建设部令第86号）。2007年建设部又通过了《工程监理企业资质管理规定》（中华人民共和国建设部令第158号），该规定前后经过了多次修订，目前正在施行的是2018年修订的版本。

水利部根据有关法律、行政法规和规定，于1996年8月发布了《水利工程建设监理规定》（水建〔1996〕396号）、《水利工程建设监理单位管理办法》（水建〔1996〕397号），于1999年11月发布了《水利工程建设监理人员管理

办法》（水建管〔1999〕637号）及修订后的《水利工程建设监理规定》（水建管〔1999〕637号），于2001年6月发布了《水利工程设备制造监理规定》（水建管〔2001〕217号）和《水利工程设备制造监理单位与监理人员资格管理办法》（水建管〔2001〕217号）。随后，水利部又于2006年发布《水利工程建设监理单位资质管理办法》（中华人民共和国水利部令第29号）及修订后的《水利工程建设监理规定》（中华人民共和国水利部令第28号）等。水利部于2017年再一次修订并发布了《水利工程建设监理规定》（中华人民共和国水利部令第49号）。《水利工程建设监理单位资质管理办法》前后经历了多次修订，目前正在施行的是2019年修订的版本。

1.2.2　工程建设监理的概念与基本体系

1. 工程建设监理的概念

"监"一般是指从旁监视、督促，是一项目标很明确的具体行为，将其含义进一步延伸，它有视察、检查、评价、控制等从旁纠偏、督促目标实现的含义。"理"有两个方面的含义，一是指条理、准则，二是指管理、整理。"理"具有监督、管理的含义，带有管理的职能，即从计划、组织、指挥、协调、控制等方面对事物进行管理，以实现既定的目标。

监理是指由一个机构或执行者，依据一定的行为准则，对某一行为的有关主体进行监督、管理，使这些行为符合准则要求，并协助行为主体实现其行为目的。

在实施监理活动的过程中，需要具备的基本条件是：① 明确的监理"执行者"，即监理组织；② 明确的行为"准则"，即监理的工作依据；③ 明确的被监理"对象"，即被监理的行为和行为主体；④ 明确的监理目的，以及行之有效的监理思想、理论、方法和手段。

工程建设监理人员就是监理的执行者，依据有关工程建设的法律法规和技术标准，综合运用法律、经济、技术手段，对工程建设参与者的行为及其职责、权利，进行必要的协调与约束，促使工程建设的进度、质量和投资按计划实现，避免建设行为的随意性和盲目性，使工程建设目标得以最优实现。

2. 我国工程建设监理体系

建设监理制是指将建设监理作为基本建设管理制度确定下来，在建设领域推行的一项科学管理制度，是用科学方法对建设项目进行监督和管理的一种管理体系。监督和管理的对象是建设者在工程项目实施过程中的技术经济活动；要求这些活动及其结果必须符合有关法律法规、技术标准、规程规范和工程建设合同的规定；目的在于确保工程项目在合理的期限内以合理的代价与合格的质量实现预定的目标。

我国工程建设监理制的基本框架是一个体系、两个层次。一个体系是指在组织和法规上形成一个系统。两个层次是指政府建设监理和社会建设监理。政府建设监理是指政府职能机构对工程项目建设市场、建设过程和建设市场主体（业主、监理单位和承包商）等进行的宏观监督管理。社会建设监理是指监理单位受业主的委托和授权，对工程建设全过程进行的专业化的监督管理。狭义的工程建设监理是指社会建设监理。

工程建设监理制度作为国际惯例，在西方工业发达国家已有悠久的发展历史，并趋于成熟和完善。无论是政府建设监理还是社会建设监理都形成了一个相对稳定的体系，具有严密的法律规定、完善的组织机构，以及规范化的方法、手段和实施程序等。

（1）政府建设监理。

① 政府建设监理的基本概念。

政府机构旨在为社会生产、经济活动和人们生活进行规划、协调、监督和服务。我国每一级政府都设有多个职能部门，如计划发展部门、建设管理部门、专业产业管理部门等，各专业产业管理部门内部又设有计划和建设管理机构等。人们习惯上把各级政府建设管理部门称为"政府建设主管部门"，把各级和各个专业产业管理部门中的建设管理机构称为"政府专业建设管理部门"。政府对工程建设实行监督和管理，是政府社会职能的体现和要求。政府对工程建设和社会监理单位进行宏观监督管理即政府建设监理。

各级政府建设主管部门中设立的工程质量监督站、施工安全监督机构等，就是政府建设监理的执行机构。有的政府建设主管部门中的建设管理处等，兼有政府建设监理执行机构的职能。

② 政府建设监理的特征。

a.强制性。

政府建设监理是强制性的。这是因为政府机构的管理职能往往授权于法，"法"对于被管理者来说，只能是强制性的、必须接受的。它与工程的业主、设计单位、施工单位及社会监理单位等不是平等主体关系，而是管理与被管理的关系。业主、设计单位、施工单位、社会监理单位等都必须接受而不得拒绝政府建设监理执行机构依法进行的监理。

b.全面性。

政府建设监理是针对整个建设活动而言的，就管理者来说，它覆盖了全社会；就一个建设项目来说，它贯穿了建设的全过程。

c.宏观性。

政府建设监理侧重于宏观的社会效益，其着眼点是保证建设行为的规范性，维护国家利益和工程建设各参与者的合法权益。

③ 政府建设监理的范围。

《中华人民共和国建筑法》规定，所有建筑工程都必须接受政府监理。无论是内资工程，还是外资工程；无论是公有制工程，还是其他所有制工程；无论是大中型工业交通工程，还是一般工业与民用建筑工程，一旦这个工程项目成立，政府有关职能机构即按照职责分工，从不同阶段和方面对工程项目实施监督管理。

同时，政府建设监理贯穿工程建设的全过程。所有工程项目的建设过程都可以分为建设决策阶段和建设实施阶段。政府以维护国家利益为目的，从工程项目的可行性研究开始，到设计、施工，直至竣工，把建设全过程都纳入监督和管理之下，实施强制性的监理。按照我国当前的政府部门内部分工，一般工程项目建设决策阶段由建设、土地、环保、消防、公安等部门对其规划实施监督管理；工程项目建设实施阶段则由建设部门对其建设行为全过程实施监督管理。在社会生活中，任何人的建设行为都不是孤立的，其涉及面相当广，必须有秩序、安全地进行。随着社会的进步和生产力的提高，以及人类建设活动的复杂化、大型化，政府建设监理也在不断发展。在西方工业发达国家，政府建设监理已形成一个严密而完善的体系。

政府除对工程项目建设实施宏观监督管理外，还要对建设监理市场实施监督管理。政府对建设监理市场的监督管理主要包括以下方面。

a.市场准入的监督管理：审批监理单位的成立、资质升级、变更、停业等；组织监理工程师的考试、考核、发证与注册等。

b.市场交易的监督管理：审查交易的合法性等。

④ 政府建设监理的主要内容。

政府建设监理的主要内容如下。

a.制定有关建设监理法规。

建设监理法规包括国家行政机关在建设监理管理活动中，在自己的职权范围内按照法定程序发布的各种规范性文件。这些法规是实现国家行政管理的主要工具，也是社会主义法制的重要组成部分。一切法规都必须从属于国家的法律，同时，一切法规都具有法律上的效力，对于符合国家法律原则的法规，各方面都必须遵守。

建设监理法规一般由政府有关部门起草，法规管理部门审核，部门或政府最高领导人批准颁布，作为监理机构组织与开展建设监理工作的依据。

b.依法进行监督管理。

政府监督管理包括两个方面：一是对建设监理市场的运行进行监督管理，包括监理单位资质管理、监理工程师资质管理及监理业务交易等合法性监督；二是对工程项目建设过程行为进行监督管理，包括工程建设可行性、工程设计标准、施工行为的合法性等。

（a）对建设监理市场的运行进行监督管理。

按照建设市场管理法规，审核建设单位是否具备工程发包和工程招标的资质，审核工程设计单位是否具备承担相应工程设计任务的资质，以及施工单位是否具备投标和承包相应工程的资质。对不具备相应资质等级者，不准其承担不相适应的工程设计或施工任务，并对违反者依法进行处理。

按照建设监理规定，对社会监理单位进行监督管理，内容如下：审查其成立时是否符合成立的标准；考核与认证其监理工程师的资格；审定其资质等级和划定其监理业务范围等，为工商行政管理机关确认营业资格和颁发营业执照提供依据；对其监理业务活动进行监督，包括监督其活动是否合法、配合工商行政管理机关查处其违法违章行为、调解其与业主之间的争议等。

按照《中华人民共和国招标投标法》《中华人民共和国合同法》规定的程序和方式，监督业主、设计单位、施工单位依法进行工程招标投标与选标定标，以及商签工程合同，并对违反者依法进行处理。

按照工程概预算定额和取费标准、工程概预算编制办法、工程标底编制办法和有关标价的规定，监督各类工程承发包的价格、合同的履行情况和工程款的结算情况，并对违反者依法进行处理。

（b）对工程项目建设过程进行监督管理。

按照工程设计标准，审查各项工程设计，避免浪费。目前，我国一方面强调工程设计单位"为国家把关"；另一方面，由工程项目所属的政府专业建设管理部门的基本建设管理机构或设计管理机构、工程管理机构进行监督。

按照防火、安全、卫生等建设技术标准，审查各项工程设计是否符合防火、消防、防爆和坚固的要求。目前只有少数城市的政府建设主管部门设有专门的设计监督机构统一进行这类监督工作，多数工程设计仍由设计单位自行执行标准。

按照基本建设程序、工期定额、国家建设计划、开工条件和竣工验收的规定，审查各项工程建设施工的开工准备（包括施工图、资金、材料、设备、施工单位、外部协作条件等），审批开工和竣工报告，进行工程竣工验收。目前，这类监督工作由工程项目所属的政府专业建设管理部门的施工管理机构或工程管理机构进行。

按照工程建设施工规范和质量验收标准，检查与监督各项工程的施工质量，保障其使用功能和使用寿命。这类监督工作由政府建设主管部门的质量监督站进行。

按照施工安全法规和安全规范，检查与监督施工安全防护设施和安全管理措施，保障施工人员的人身安全和施工设备的安全。目前，我国的这类监督工作，有些由政府建设主管部门设立的安全监督站来进行，有些由政府建设主管部门指定的安全监督员来进行，有些则由工程质量监督站来进行。

外国政府建设监理与我国政府建设监理的工作内容有所不同。外国政府一般不监督工程项目设计标准、投资额、工程质量和投资效益等方面，这是因为投资和工程项目是业主私有的，这些方面正是业主所关心的，由业主自行委托社会工程咨询监理单位实行监理。外国政府建设监理的内容仅是与工程项目有关的所谓"公众利益"方面的问题，即通过审查工程设计，检查工程项目是否符合城市规划规定的土地使用和平立面布局的要求，是否符合防火、消防和环境卫生的要求，是否符合结构坚固的要求，施工防护设施能否保证施工人员的安全等。而我国政府建设监理的内容，除包括外国政府所谓的"公众利益"方面的内容外，还必须包括业主所关心的工程规模、设计标准、工程造价、工程质量和投资效益等方面的内容。这正是我国政府建设监理的特色。

（2）社会建设监理。

社会建设监理即目前通称的"建设工程监理"。建设工程监理是指具有相应资质的监理单位受工程项目建设单位的委托，依据国家有关工程建设的法律、法规，以及经建设主管部门批准的工程项目建设文件、建设工程委托监理合同和其他建设工程合同，对工程建设实施的专业化监督管理。实行工程建设监理制度，目的在于提高工程建设的投资效益和社会效益。这项制度已被纳入

《中华人民共和国建筑法》。

1.2.3 工程建设监理的内涵与特性

1. 工程建设监理的内涵

（1）针对项目建设实施的监督管理。

工程建设监理是围绕工程项目建设来展开的，离开工程项目，就谈不上监理活动。监理单位代表项目法人的利益，依据法规、合同、科学技术、现代方法和手段，对工程项目建设进行程序化管理。

（2）行为主体是监理单位。

建设工程监理单位是具有独立性、社会化、专业化等特点的专门从事工程建设监理和其他相关工程技术服务活动的经济组织。监理单位在工程建设中是独立的第三方，只有监理单位能按照"公正、独立、自主"的原则，开展工程建设监理工作。建设行政主管部门对工程项目建设行为所实施的监督管理活动、项目业主所进行的管理、总承包单位对分包单位进行的监督管理，都不属于工程建设监理的范畴。

（3）需要项目法人委托和授权。

工程建设监理的实施需要项目法人委托和授权，这是由工程建设监理的特点所决定的，也是建设监理制所规定的。工程建设监理不是强制性的，而是委托性的，这种委托与政府对工程建设的强制性监督有很大区别。只有在监理合同中对工程监理企业进行委托与授权，工程监理企业才能在委托的范围内，根据建设单位的授权，对承建单位的工程建设活动实施科学管理。

（4）有明确依据的工程建设行为。

工程建设监理实施的依据主要有国家和建设管理部门颁发的法律、法规、规章及有关政策，国家有关部门颁发的技术规范、技术标准，政府建设主管部门批准的工程项目建设文件，工程承包合同和其他工程建设合同。

（5）现阶段工程监理发生在工程实施阶段。

鉴于目前工程监理工作在建设工程投资决策阶段和设计阶段尚未形成系统、成熟的经验，需要通过实践进一步研究探索，现阶段工程建设监理主要发生在工程实施阶段。

（6）微观管理活动。

政府职能部门从宏观上对工程建设进行管理，通过强制性的立法、执法来

规范建筑市场。工程建设监理属于微观层次的管理，是针对一个具体的工程项目展开的，是紧紧围绕工程建设项目的各项投资活动和生产活动进行的监督管理，注重具体工作的实际效益。

2. 工程建设监理的特性

（1）服务性。

监理单位是技术密集型的高智能服务组织，它本身不是建设产品的直接生产者或经营者，它为项目法人（业主）提供项目管理服务。监理单位拥有一批多学科、多行业、具有丰富的工程建设实践经验、精通技术与管理、通晓经济与法律的高层次专门人才，即监理工程师，他们通过对工程建设活动进行组织、协调、监督和控制，保证建设合同顺利实施，实现业主的建设意图。在工程建设合同实施过程中，监理工程师有权监督业主和承包商严格遵守国家有关的建设标准和规范，贯彻国家的建设方针和政策，维护国家利益和公共利益。监理工程师的工作是服务性的，为工程建设提供智力服务。同时，监理单位的劳动与相应的报酬是技术服务性的。监理单位与工程承包公司不同，它不参与工程承包的利润分配，而是按其付出的脑力劳动量获取相应的监理报酬。

（2）公正性。

监理单位和监理工程师在工程建设监理中必须具备组织各方协作配合，协调各方利益，以及促使当事各方圆满履行合同责任和义务，保障各方合法权益等方面的职能，这就要求他们必须坚持公正性。监理单位和监理工程师应当排除各种干扰，以公正的态度对待委托方和被监理方。当业主与承包商发生利益冲突时，监理工程师应当站在"公正的第三方"的立场上，以事实为依据，以有关的法律法规和双方所签订的工程建设合同为准绳，独立、公正地处理问题。公正性是对监理行业的必然要求，是社会公认的职业准则，也是监理单位和监理工程师的基本职业道德准则。

（3）独立性。

公正性是以独立性为前提的，因此，监理单位首先必须保持自己的独立性。其独立性表现在以下几个方面。

① 监理单位在人际关系、业务关系和经济关系上必须独立，其单位和个人不得同参与工程建设的各方发生利益关系。监理单位不得承包工程，不得经营建筑材料、构配件和建筑机械、设备。监理工程师不得在政府机关或施工、设备制造、材料供应等单位兼职，不得是施工、设备制造和材料供应等单位的

合伙经营者。这是为了避免监理单位与其他单位之间的利益牵扯，从而保持自己的独立性和公正性。

②监理单位和项目法人（业主）是平等的合同约定关系。监理单位承担的监理任务不是由业主随时指定的，而是双方事先按平等协商的原则确立于委托监理合同之中的，监理单位可以不承担业主指定的合同以外的任务。如果实际工作中出现这种需要，双方必须通过协商，并以合同形式对增加的工作加以确定。委托监理合同一经确定，业主不得干涉监理工程师的正常工作。

③监理单位在实施监理的过程中，是处于工程承包合同的签约双方[即业主（项目法人）和承包商]之外的独立的第三方。它以自己的名义行使委托监理合同所确定的职权，承担相应的职业道德责任和法律责任，而不是作为业主代表行使职权。否则它在法律上就变成了从属于业主的一方，失去自身的独立地位，从而也就失去了调解业主和承包商利益纠纷的合法资格。

（4）科学性。

科学性是监理单位区别于其他一般服务性组织的重要特征，也是其赖以生存的重要条件。监理单位必须具有发现并解决工程设计和施工中所存在的技术与管理等方面问题的能力，能够提供高水平的专业服务，所以它必须具有科学性，而科学性又必须以监理人员的高素质为前提。国际上称监理行业为知识密集型高智能行业，其原因也就在于此。科学性主要表现在：工程建设监理单位应当由组织管理能力强、工程建设经验丰富的人员担任领导；应当有由足够数量、有丰富的管理经验和应变能力的监理工程师组成的骨干队伍；要有一套健全的管理制度；要有现代化的管理手段；要掌握先进的管理理论、方法和手段；要积累足够的技术、经济资料；要有科学的工作态度和严谨的工作作风；要实事求是、创造性地开展工作。

1.2.4　工程建设监理的任务、内容、指导思想及依据

1. 工程建设监理的任务

工程建设监理的目标为在实现投资目标、进度目标和质量目标的基础上，实现建设项目的总目标。阶段监理要力求实现建设项目的阶段目标。工程建设监理的任务可归纳为以下7个方面。

（1）投资控制。

在建设前期，监理单位受业主委托进行可行性研究，协助业主进行投资决

策，控制好投资估算总额；在设计阶段，对设计方案、设计标准、总概算（或修正总概算）进行审查；在建设准备阶段，协助业主确定标底，编制（或审核）招标文件并组织好招标投标工作。

在项目施工阶段，监理单位应根据合同文件，控制施工过程中可能新增加的费用。控制手段是：不间断地监测施工过程中各种费用的实际支出，并与各分部分项工程的预算进行比较，检查其是否存在差异，以便及时采取措施；同时，正确地处理变更、索赔事宜，达到对工程实际造价进行控制的目的。

（2）质量控制。

在项目设计和施工的全过程中，监理单位应对影响工程实体质量的因素（设计、材料、半成品、机具及施工等的质量）进行控制。

设计质量控制是工程项目质量控制的起点。施工阶段的质量控制是整个项目质量控制的重要阶段。质量控制的任务就是通过建立健全有效的质量监督工作体系来确保工程项目质量达到预定的标准和满足相应的等级要求。

（3）进度控制。

进度控制即对项目进行全过程控制。首先要在建设前期，通过周密的研究和分析，确定合理的工期、目标，并在施工前将工期要求纳入承包合同。由于施工阶段是工程实体形成的阶段，项目建设工期很大程度上取决于施工阶段的工期，因此，对施工进度进行控制，是整个项目进度控制的关键。在施工阶段，应用网络计划技术等科学手段，审查、修改施工组织设计和进度计划，并在计划实施的过程中紧密跟踪，做好协调与监督，排除干扰因素，使分阶段工期目标逐步实现，最终保证项目建设总工期目标的实现。

（4）合同管理。

合同是进行投资控制、质量控制、进度控制的重要依据。监理工程师通过有效的合同管理，确保工程项目的投资、质量和进度三大目标最优实现。

监理工程师在现场进行合同管理，就是一切按照合同办事。监理工程师应合理控制工程变更数量，正确处理索赔事宜，防止或减少纠纷的发生。

（5）安全管理。

项目监理机构应当审查施工单位提出的施工组织设计中的安全技术措施或者专项施工方案是否符合工程建设强制性标准，并按照法律、法规和工程建设强制性标准对安全生产实施监理，对工程安全生产承担监理责任。

项目监理机构在实施监理的过程中，若发现存在质量缺陷和安全事故隐患，应当要求施工单位整改；若发现存在重大质量缺陷和安全事故隐患，应当要求施工单位停工整改，并及时报告建设单位。若施工单位拒不整改或者不停止施工，项目监理机构应当及时向有关行政主管部门或其委托的安全监督机构以及项目法人报告。

（6）信息管理。

信息管理又称"信息处理"。控制是监理工程师在监理过程中使用的主要方法，控制的基础是信息。因此，监理工程师要及时掌握准确、完整的信息，并迅速地进行处理。监理工程师应清楚了解工程项目的实施情况，以便及时采取措施，有效地完成监理任务。

信息管理要求有完善的建设监理信息系统，最好用计算机进行辅助管理。此外，监理单位还要对建设监理文档进行管理。

（7）组织协调。

在工程项目实施过程中，业主和承包商由于各自的经济利益和对问题的不同理解，会产生各种矛盾和争议。因此，监理工程师要及时、公正地进行协调，维护双方的合法权益。

2. 工程建设监理的内容

根据社会主义市场经济发展要求和工程建设的客观需要，工程建设监理应包括工程建设决策阶段监理、工程建设设计阶段监理和工程建设施工阶段监理三大部分。

（1）工程建设决策阶段监理。

工程建设决策阶段监理主要是对投资决策、立项决策和可行性研究决策的监理。现阶段，这些决策大都由政府部门负责，也就是由政府来决策。然而，按照我国全面深化改革、逐步实现政企分开方针的要求，以及社会主义市场经济发展大趋势，上述三项决策的主体必将向企业转移，或者大部分由企业决策，政府核准。无论是由政府决策还是由企业决策，为了保障决策科学、完善，委托监理势在必行。

对工程建设决策的监理，不是监理单位替业主或政府决策，而是监理单位受业主或政府委托选择决策咨询单位，协助业主或政府与决策咨询单位签订咨询合同，并监督合同的履行，对咨询意见进行评估。

工程建设决策阶段监理的主要内容如下。

① 投资决策监理。

投资决策监理的委托方可能是业主，也可能是金融机构，还可能是政府。

其主要任务如下。

a.协助委托方选择投资决策咨询单位，并协助委托方签订投资决策咨询合同。

b.监督管理投资决策咨询合同的实施。

c.对投资咨询意见进行评估，并提出监理报告。

② 立项决策监理。

立项主要是确定拟建工程项目的必要性和可行性，以及拟建规模等。立项决策监理的主要内容如下。

a.协助委托方选择工程建设立项决策咨询单位，并协助委托方签订立项决策咨询合同。

b.监督管理立项决策咨询合同的实施。

c.对立项咨询方案进行评估，并提出监理报告。

③ 可行性研究决策监理。

可行性研究决策监理的主要内容如下。

a.协助委托方选择工程建设可行性研究单位，并协助委托方签订可行性研究决策咨询合同。

b.监督管理可行性研究决策咨询合同的实施。

c.对可行性研究报告进行评估，并提出监理报告。

规模小、工艺简单的工程，在工程建设决策阶段可以委托监理单位进行监理，也可以不委托监理单位进行监理，而直接把咨询意见作为决策依据。但是，对于大中型工程建设项目的业主或政府主管部门来说，最好是委托监理单位进行监理，以期做好管理和对咨询意见的审查，从而做出科学的决策。

（2）工程建设设计阶段监理。

工程建设设计阶段是工程项目实施的起点。工程设计通常包括初步设计、扩大初步设计、施工图设计和招标设计等，在进行工程设计之前还要进行勘察（地质勘察、水文勘察等）。在工程建设实施过程中，一般是分开签订勘察合同和设计合同，但也有业主会将勘察工作交由设计单位，设计单位委托有资质的单位进行勘察，业主与设计单位签订工程勘察设计合同。工程建设设计阶段监理的主要内容如下。

① 编制工程勘察设计招标文件。

② 协助业主审查和评选工程勘察设计方案。

③ 协助业主选择勘察设计单位。

④ 协助业主签订工程勘察设计合同。

⑤ 监督管理工程勘察设计合同的实施。

⑥ 核查工程设计概算和施工图预算，验收工程设计文件。

工程建设勘察设计阶段监理的主要工作是对勘察设计进度、质量和投资进行监督管理。总的内容是依据勘察设计任务批准书编制勘察设计资金使用计划、勘察设计进度计划和设计质量标准要求，并与勘察设计单位协商一致，圆满地贯彻业主的建设意图；对勘察设计工作进行跟踪检查、阶段性审查；在勘察设计完成后进行全面审查。审查的主要内容如下。

① 设计文件的规范性、工艺的先进性和科学性、结构的安全性、施工的可行性及设计标准的适宜性等。

② 设计概算或施工图预算的合理性，以及业主投资的许可性，若超过投资限额，除非业主许可，否则要修改设计。

③ 在审查上述两项的基础上，全面审查工程勘察设计合同的执行情况，最后核定勘察设计费用。

（3）工程建设施工阶段监理。

这里所说的施工阶段，包括施工招标阶段、施工阶段和竣工后的工程保修阶段。它是工程建设最终的实施阶段，是形成建筑产品的最后一步。施工阶段各方面工作对建筑产品的影响是难以更改的。因此，这一阶段的监理工作至关重要。工程建设施工阶段监理的主要内容如下。

① 编制工程施工招标文件。

② 核查工程施工图设计、工程施工图预算、标底。当工程总包单位承担施工图设计时，监理单位要投入更多的精力做好施工图设计审查和施工图预算审查工作。另外，招标标底包括在招标文件中，但有的业主会另行委托其他单位编制标底，因此，监理单位要重新审查。

③ 协助业主组织招标、开标、评标活动，向业主提出中标单位建议。协助业主与中标单位签订工程施工合同。

④ 查看工程项目建设现场，向承包商办理移交手续。审查、确认承包商选择的分包单位。

⑤ 制定施工总体规划，审查承包商的施工组织设计和施工技术方案，提出修改意见，下达单位工程施工开工令。审查承包商提出的建筑材料、建筑构配件和设备的采购清单。检查工程使用的材料、构配件、设备的规格和质量。检查施工技术措施和安全防护设施。

⑥ 主持协商业主、设计单位或施工单位提出的设计变更。

⑦ 监督管理工程施工合同的履行，主持协商合同条款的变更，调解合同双方的争议，处理索赔事项。

⑧ 检查完成的工程量，验收分部分项工程，签署工程付款凭证。督促承包商整理施工文件，做好归档工作。参与工程竣工预验收，并签署监理意见。检查工程结算情况。

⑨ 向业主提交监理档案资料。

⑩ 在规定的工程质量保修期限内，负责检查工程质量状况，确定质量问题的相关责任单位，督促责任单位维修。

3. 工程建设监理的指导思想

工程建设监理的指导思想是，以项目目标（投资目标、进度目标和质量目标）管理为中心，通过目标规划与动态目标控制，使项目目标尽可能好地实现。监理工作要抓住"主动"和"现场"两个要点，即监理单位应与业主、设计单位、施工单位积极配合，努力协调和尽力帮助解决各方面工作上的矛盾与问题，为顺利开展工作创造良好的环境；监理工作必须立足于现场，掌握千变万化的现场情况。

虽然各方在工程建设中的分工不同，责任不同，局部利益会有冲突，但不可过分夸大局部利益冲突，不可过分侧重各方的对立，不可过分强调"控制""监督""管制""制约"等，而忽视"友好合作""支持""协调""统一"等。基于这种认识，有的监理单位提出"监督、管理、协调、帮助、服务"的监理工作方针，有的监理单位提出"严格认真、通力协作、热情服务"的监理工作方针，有的监理单位提出"协调、监督、支持、促进"的监理工作方针，还有的监理单位提出"恪守合同、公平合理、平等互利、友好合作"的监理工作方针。

4. 工程建设监理的依据

工程建设监理的主要依据可以概括为以下几个方面。

（1）国家和建设管理部门制定的法律、法规与有关政策，如《中华人民共和国建筑法》《中华人民共和国合同法》《中华人民共和国招标投标法》《建设工程质量管理条例》等。

（2）技术规范、标准，如国家有关部门发布的设计规范、技术标准、质量标准、施工规范、施工操作规程等。

（3）工程建设文件，如批准的可行性研究报告、建设项目选址意见书、建设用地规划许可证、建设工程规划许可证、施工图设计文件、施工许可证等。

（4）业主与监理单位签订的建设监理合同，与施工承包商依法签订的工程承包合同，与材料、设备供应商依法签订的材料、设备购货合同，以及业主与其他有关单位签订的与工程建设有关的合同。

工程建设监理的主要工作依据是业主与工程建设有关单位签订的合同，这是因为合同中必然包括上述前三个方面。在监理过程中，业主下达的工程变更文件，设计部门对设计问题的正式书面答复，业主与设计部门、监理单位等联合签署的设计回访备忘录等，均可作为监理工作的依据。

第2章 水利水电工程造价基本知识

2.1 水利水电工程造价概述

2.1.1 工程造价

1. 工程造价的含义

工程造价顾名思义就是工程的建造价格,是指各类建设项目从筹建到竣工验收再到交付使用全过程所需的全部费用。工程造价有以下两种含义。

① 工程造价指建设项目的建设成本,即完成一个建设项目所需费用的总和,包括建筑工程费、安装工程费、设备费以及其他相关的必需费用。上述几类费用可以分别称为"建筑工程造价""安装工程造价""设备造价"等。显然,这一含义是从投资者的角度来定义的,投资者选定一个投资项目,为了获得预期的效益,就要进行项目评估、项目决策、设计招标、施工招标等一系列投资管理活动。投资者在投资活动中所支付的全部费用形成了固定资产和无形资产,所有开支就构成了工程造价。从这个意义上说,工程造价就是工程投资费用,建设项目工程造价就是建设项目固定资产投资。

② 工程造价指建设项目的工程价格。换句话说,就是为建成一项工程,预计或实际在土地市场、设备市场、技术劳务市场以及承包市场等交易活动中所形成的建筑安装工程的价格和建设工程总价格。它是在社会主义市场经济条件下,以工程这种特定的商品形式为交易对象,通过招投标、承发包或其他交易方式,由市场形成的价格。工程既可以是涵盖范围很大的一个建设项目,也可以是一个单项工程,甚至可以是整个建设工程中的某个阶段,如水库的土石坝工程、溢洪道工程、渠首工程等;或者是整个建设工程的某个组成部分,如土方工程、混凝土工程、砌石工程等。随着技术的进步、社会分工的细化和交易市场的完善,工程建设中的中间产品会越来越多,商品交换会更加频繁,工程价格的种类和形式也会更为丰富。特别是在投资体制改革以后,投资主体形成多元格局,资金来源渠道多样,相当一部分建设工程产品作为商品进入市场

流通。如写字楼、公寓、商业设施和住宅等，很多是投资者为卖而建的工程，它们的价格是商品交易中现实存在的。在市场经济条件下，由于商品的普遍性，即使投资者是为了追求工程的使用功能，如用于生产产品或商业经营，但货币的价值尺度职能同样也会赋予建筑工程产品价格，一旦投资者不再需要它的使用功能，它就会立即进入市场流通，成为真实的商品。无论是采取抵押、拍卖、租赁的方式，还是采取企业兼并的方式，建筑工程产品的性质都是相同的。

一般把工程造价的第二种含义认定为工程的承发包价格，它是在建筑市场通过招投标方式，由需求主体（即投资者）和供给主体（即建筑商）共同认可的价格。鉴于建筑安装工程价格在项目固定资产中占有50%～60%的份额，又是工程建设中最活跃的部分，把工程的承发包价格界定为工程造价，有着现实意义。

所谓工程造价的两种含义是从不同的角度把握同一事物的本质。从建设工程投资者的角度来说，市场经济条件下的工程造价就是项目投资，是"购买"项目要付出的价格；同时也是投资者在作为市场供给主体"出售"项目时定价的基础。对于承包商、供应商和规划、设计等机构来说，工程造价是他们作为市场供给主体出售商品和劳务的价格的总和。

工程造价的两种含义可以简单地概括为建设成本和工程承发包价格，它们既有区别又相互联系。最主要的区别在于需求主体和供给主体在市场上追求的经济利益不同，因而管理性质和管理目标不同。从管理性质方面看，建设成本属于投资管理范畴，工程承发包价格属于价格管理范畴，但二者又互相交叉。从管理目标方面看，投资者在进行项目决策和项目实施时，首先追求的是决策的正确性。投资是一种为实现预期收益而垫付资金的经济行为，项目决策是重要的一环。在进行项目决策时，投资额是投资决策的重要依据。在项目实施时，完善项目功能，提高工程质量，降低投资费用，按期或提前交付使用，是投资者始终关注的问题。而承包商关注的则是利润，为此，承包商追求的是较高的工程造价。不同的管理目标，反映了投资者和承包商不同的经济利益，但他们都要受支配价格运动的那些经济规律的影响。投资者和承包商之间的矛盾正是市场竞争机制和利益风险机制的必然反映。区别工程造价这两种含义的现实意义在于，为实现不同的管理目标，不断充实工程造价的管理内容，完善管理方法，更好地为实现各自的目标服务，从而推动经济的全面增长。

2. 工程造价的特点

工程造价有以下特点。

① 工程造价的大额性。任何一项能够发挥投资效益的工程，不仅实物形体庞大，而且造价高昂。一项工程的造价可以达到上千万元人民币，特大工程项目的造价可以达到上亿元人民币。工程造价的大额性使其关系到有关各方面的重大经济利益，同时也会对宏观经济产生重大影响。

② 工程造价的差异性。由于基本建设产品的单件性、露天性、建设地点的不固定性，以及用途、功能、规模的不同，工程造价具有差异性。如二滩水电站和丹江口水电站，一个以发电为主，一个以防洪为主，并且所处地区、河流也不一样，工程的空间布置、建筑结构、机电设备配置等都有自己的具体特点，工程造价差别很大。

③ 工程造价的动态性。任何一项工程从决策到竣工交付使用，都有一个较长的建设期，水利水电工程更是如此。在预计工期内，存在许多影响工程造价的动态因素，如工程变更，设备材料价格变动，工资标准及费率、利率、汇率发生变化。这种变化必然会影响工程造价，因此，工程造价在整个建设期都处于不确定状态，直至竣工决算后才能最终确定工程的实际造价。

④ 工程造价的层次性。工程造价的层次性取决于工程的层次性，一个建设项目往往含有多个能够独立发挥设计效能的单项工程，如一个水库工程项目由挡水工程、泄洪工程、引水工程等组成。一个单项工程又是由能够各自发挥专业效能的多个单位工程组成，如引水工程由进（取）水口工程、引水明渠工程、引水隧洞工程、调压井工程、高压管道工程等组成。与此相适应，工程造价也有3个层次，即建设项目总造价、单项工程造价和单位工程造价。如果专业分工更细，单位工程的组成部分——分部分项工程也可以成为交易对象，如土方工程、基础工程、混凝土工程等，这样工程造价的层次就增加了分部工程和分项工程而成为5个层次。

3. 工程造价的职能

工程造价除具有一般商品价格职能以外，还具有自己特殊的职能，这些职能包括以下几点。

① 预测职能。由于建设工程，特别是水利水电工程，造价一般很大，无论是投资者还是建筑商都要对拟建工程进行预先测算。投资者预先测算工程造

价既为投资决策提供了依据，也为筹措资金、控制造价提供了依据。承包商预先测算工程造价既为投标决策提供了依据，也为投标报价和成本管理提供了依据。

② 控制职能。工程造价的控制职能表现在两方面：一方面是对投资进行控制，即在投资的各个阶段，根据对造价的多次性预估，对造价进行全过程、多层次的控制；另一方面是对以承包商为代表的商品和劳务供应企业进行成本控制。在工程造价一定的条件下，企业实际成本决定企业的盈利水平。成本越高，盈利越低，成本高于工程造价就会危及企业的生存。因此，企业要以工程造价来控制成本，利用工程造价提供的信息资料作为控制成本的依据。

③ 评价职能。工程造价是评价总投资和分项投资合理性及投资效益的主要依据之一。在评价各项工程价格的合理性时，必须利用工程造价资料。工程造价是评价建设项目偿贷能力、获利能力和宏观效益的依据，也是评价建筑安装企业管理水平和经营效益的重要依据。

④ 调控职能。工程建设直接关系到经济增长，也直接关系到国家重要资源分配和资金流向，会对国计民生产生重大影响。因此，国家对建设规模、结构进行的宏观调控在任何条件下都是不可缺少的，对政府投资项目进行直接调控和管理也是非常有必要的。国家要将工程造价作为经济杠杆，对工程建设中的物资消耗水平、建设规模、投资方向等进行调控和管理。

工程造价上述四个方面的职能是由建设工程自身特点决定的，但在不同的经济体制下，这些职能的实现情况有很大不同。在单一计划经济体制下，工程造价的职能很难得到实现，只有在社会主义市场经济体制下，工程造价的职能才能得到充分发挥。工程造价职能实现的主要条件是市场竞争机制的形成。在现代市场经济中，要求市场主体具有独立的经济利益，并能根据市场信息和利益取向来决定其经济行为。无论是购买者还是出售者，在市场上都处于平等竞争的地位，他们都不可能单独影响市场价格，更没有能力单方面决定价格。价格是按市场供需变化和价值规律变动的，当需求大于供给时，价格上涨；当供给大于需求时，价格下跌。作为买方的投资者和作为卖方的建筑安装企业，以及其他商品和劳务的提供者，他们在市场竞争中根据价格变动，根据自己对市场走向的判断来调节自己的经济活动。这种不断调节使价格总是趋向价值，形成价格围绕价值上下波动的基本变动规律。也只有在这种条件下，价格才能实现它的职能。因此，建立和完善市场经济体制，创造平等竞争的环境是十分重要的。

4. 工程造价的作用

工程造价涉及社会再生产中的各个环节，涉及国民经济的各个部门、各个行业，也直接关系到人民群众的生产和生活条件，它的作用范围大、影响程度深。工程造价的主要作用如下。

① 工程造价是进行建设项目决策的工具。建设工程一般投资都很大，生产和使用周期也很长，因此项目决策至关重要。工程造价决定着项目的投资费用。投资者是否有足够的财务能力支付工程费用，是否认为值得支付这项费用，是项目决策中要考虑的主要问题。财务能力是一个独立的投资主体必须具备的，如果建设工程造价超过投资者的财务能力，就会迫使投资者放弃拟建项目；如果项目投资的效果达不到预期目标，投资者也会自动放弃拟建工程。因此在项目决策阶段，建设工程造价成为项目财务分析和经济评价的重要依据。

② 工程造价是编制建设项目投资计划和控制投资的工具。投资计划是按照建设工期、工程进度和建设工程价格等逐年逐月加以制定的，制定正确的投资计划有助于合理和有效地使用资金。在控制投资方面，工程造价是经过多次预估，最终通过竣工决算确定下来的，每一次预估的过程就是对造价的控制过程；而每一次估算都是对造价严格的控制，这是因为后一次估算不能超过前一次估算的一定幅度。这种控制是在投资者财务能力的限度内为取得既定的投资效益所必需的。建设工程造价对投资的控制也表现在可利用其制定各类定额、标准和确定一些参数，对建设工程造价的计算依据进行控制。在市场经济利益风险机制的作用下，造价对投资的控制作用成为投资的内部约束机制。

③ 工程造价是筹措建设资金的依据。工程造价基本决定了建设资金的需要量，从而为筹集资金提供了比较准确的依据。当建设资金来源于金融机构的贷款时，金融机构在对项目的偿贷能力进行评估的基础上，也需要依据工程造价来确定给予投资者的贷款数额。

④ 工程造价是合理分配利益和调节产业结构的手段。工程造价涉及国民经济各部门和企业间的利益分配。在市场经济中，工程造价也不例外地受供求状况的影响，并在围绕价值的波动中实现对建设规模、产业结构和利益分配的调节。加之政府正确的宏观调控和价格政策导向，工程造价在这方面的作用会充分发挥出来。

⑤ 工程造价是评价投资效果的重要指标。对一个工程项目来说，工程造价既是建设项目的总造价，又包含单项工程的造价和单位工程的造价，同时也

包含单位生产能力的造价，或单位建筑面积的造价等。这些使工程造价形成了一个指标体系。因此，工程造价能够为评价投资效果提供多种评价指标，并能够形成新的价格信息，为今后类似项目的投资提供参考。

受传统观念的影响，目前在我国的基本建设中，工程造价的作用还没有得到充分发挥。

5. 工程造价术语

（1）静态投资与动态投资。

静态投资是以某一基准年、月的建设要素的价格为依据所计算出的建设项目的投资。水利水电工程静态投资包括建筑工程费、机电设备及安装工程费、金属结构设备及安装工程费、施工临时工程费、独立费用、基本预备费等。

动态投资是指为完成一个工程项目的建设，预计投资额的总和。它除了包括静态投资，还包括建设期融资利息、价差预备费等。动态投资满足了市场价格运行机制的要求，使投资的计划、估算、控制更加符合实际，符合经济运行规律。

静态投资和动态投资虽然内容有所区别，但二者有密切联系。动态投资包含静态投资。静态投资是动态投资的主要组成部分，也是动态投资的计算基础。

（2）建设项目总投资。

建设项目总投资是投资主体为获取预期收益，在选定的建设项目上投入所需全部资金的经济行为。生产性建设项目总投资包括固定资产投资和流动资产投资两部分。非生产性建设项目总投资只有固定资产投资，不包括流动资产投资。建设项目总造价是项目总投资中的固定资产投资总额。

（3）固定资产投资。

建设项目的固定资产投资就是建设项目的工程造价，二者的值相同。建筑安装工程投资就是建筑安装工程造价，二者的值也相同。

固定资产投资包括基本建设投资、更新改造投资、房地产开发投资和其他固定资产投资四部分。

① 基本建设投资。基本建设投资是指用于新建、改建、扩建和重建项目的资金投入行为，是形成固定资产的主要手段。基本建设投资额占固定资产投资总额的50%～60%，所占比重较大。

② 更新改造投资。更新改造投资是指在保证固定资产简单再生产的基础

上，采用先进的科学技术来改造原有的技术，从而实现以内涵提升为主的固定资产扩大化再生产的资金投入行为，是固定资产再生产的主要方式。更新改造投资额占固定资产投资总额的20%～30%。

③ 房地产开发投资。房地产开发投资是指房地产企业开发厂房、宾馆、写字楼、仓库和住宅等房屋设施和开发土地的资金投入行为。房地产开发投资额目前在固定资产投资总额中已占20%左右。

④ 其他固定资产投资。其他固定资产投资是指按规定不纳入投资计划和用专项资金进行基本建设及更新改造的资金投入行为。其他固定资产投资额在固定资产投资总额中占比较小。

（4）基本建设工程造价。

基本建设工程造价是基本建设产品价值的货币表现。基本建设工程造价是比较典型的生产领域价格。从投资的角度看，它是建设项目投资中的基本建设工程投资。基本建设工程造价是投资者和承包商双方共同认可的由市场形成的价格。在建筑市场，建筑安装企业所生产的产品作为商品既有使用价值也有经济价值。这种商品所具有的技术经济特点，使它的交易方式、计价方法、价格的构成因素及付款方式都存在许多特点。

2.1.2　水利水电工程造价

1. 建筑产品的特点、属性与价格

（1）建筑产品的特点。

与一般工业产品相比，建筑产品具有以下特点。

① 建筑产品建设地点的不固定性。

建筑产品都是在选定的地点上建造的，如水利水电工程一般建在河流上或河流旁，受水文、地质、气象因素的影响大，影响价格的因素比较复杂。建筑产品不能像一般工业产品一样在工厂里重复、批量地进行生产，工业产品的生产条件一般不受时间及气象条件限制。对于用途、功能、规模、标准等基本相同的建筑产品，若其建设地点的地质、气象、水文条件等不同，则其造型、材料、施工方案等会有很大的差异，从而影响产品的造价。此外，工人的工资标准以及某些费用标准（如材料运输费、冬雨季施工增加费、特殊地区施工增加费等），都会由于建设地点的不同而不同，使建筑产品的造价有很大的差异。

② 建筑产品的单件性。

建筑产品一般各不相同，特别是水利水电工程一般随所在河流的特点而变化，每项工程都要根据工程的具体情况进行单独设计，在设计内容、规模、造型、结构和材料等方面各不相同。同时，因为工程的性质（新建、改建、扩建或恢复等）不同，其设计要求也不一样。即使工程的性质或设计标准相同，也会因建设地点的地质、水文条件不同，而导致设计方案不尽相同。

③ 建筑产品生产的露天性。

建筑产品的生产一般露天进行，季节的更替，气候、环境条件的变化，会引起产品设计的某些内容和施工方法的变化，也会造成防寒、防雨或降温等费用的变化。水利水电工程还涉及施工期工程防汛，这些因素都会使建筑产品的造价发生相应的变动，使得各建筑产品的造价不相同。

此外，建筑产品规模大导致其生产周期长、程序多、涉及面广、社会协作关系复杂，这些特点也决定了建筑产品的价值构成不可能一样。

建筑产品的上述特点，决定了它不可能像一般工业产品那样，可以采用统一的价格，它必须通过特殊的计划程序或基建程序，来逐个确定其价格。

（2）建筑产品的属性。

商品是用来交换的、能满足他人需要的产品，它同时具有经济价值和使用价值。建筑产品也是商品，建筑企业进行的生产是商品生产。

建筑企业为了满足建设单位或使用单位的需求而生产建筑产品。由于建筑产品建设地点的不固定性、建筑产品的单件性和建筑产品生产的露天性，建筑企业（承包者）必须按使用者（发包者）的要求（设计）进行施工，建成后再移交给使用者。这实际上是一种"加工定做"的方式，先有买主，再进行生产和交换。因此，建筑产品是一种特殊的商品，它有着特殊的交换关系。

建筑产品的使用价值表现在它能满足用户的需要，这是由它的自然属性决定的。建筑产品的经济价值使得它可以进行交换，并以货币的形式表现为价格。

（3）建筑产品的价格。

建筑产品作为商品，其价格与所有商品一样，是价值的货币表现。建筑产品的价格由成本、税金和利润组成。但是，建筑产品又是特殊的商品，其价格有其自身的特点，其定价要解决两方面的问题：一是如何正确反映成本；二是盈利如何反映到价格中。

承包商的基本活动是组织并建造建筑产品，其投资及施工过程是资金的消费过程。因此，建造工程过程中耗费的物化劳动（表现为耗费的劳动对象和劳

动工具的价值）和活化劳动（体现为以工资的形式支付给劳动者的报酬）就构成了工程的价值。在工程价值中，物化劳动消耗是建筑产品的必要消耗，用货币的形式表示，构成建筑产品的成本。因此，工程成本按其经济实质来说，就是用货币形式反映的已消耗的生产资料价值和劳动者为自己所创造的价值。

事实上，在实际工作中，工程成本或许也包括一些非生产性消耗，即包括由于企业经营管理不善所造成的支出、企业支付的流动资金贷款利息和职工福利基金等。

由此可见，实际工作中的工程成本，是承包商在投资及工程建设的过程中，为完成一定数量的建筑工程和设备安装工程等所发生的全部费用。需要指出的是，成本是部门的社会平均成本，而不是个别成本，应准确地反映生产过程中物化劳动和活化劳动消耗，不能把由于管理不善而造成的损失都计入成本。

盈利有多种计算方式：一是按预算成本乘以规定的利润率计算；二是按法定利润和全部资金的比例关系确定；三是按利润与劳动者工资之间的比例关系确定；四是一部分以生产资金为基础，另一部分以工资为基础，按比例计算利润。

建筑产品的价格主要有以下两个方面的特点。一是建筑产品不能像工业产品那样有统一的价格，一般需要通过基建程序逐个进行定价。建筑产品的价格是一次性的。二是建筑产品的价格具有地区差异性。建筑产品所处地区不同，特别是水利水电工程所在的河流和河段不同，其建造的复杂程度也不同，这样所需的人工、材料和机械的价格就不同，从而导致建筑产品的价格具有多样性。

从形式上看，建筑产品的价格是不分段的整体价格，在产品之间没有可比性。实际上，它是由许多具有共性的分项价格组成的个性价格。建筑产品的价格竞争也正是以具有共性的分项价格为基础进行的。

2. 水利水电工程造价的计价特征

熟悉水利水电工程造价的计价特征，对工程造价的确定与控制是非常有益的。水利水电工程造价的主要计价特征如下。

（1）单件性计价特征。

水利水电工程的个体差异决定了每项工程都必须单独计算造价。

（2）多次性计价特征。

由于水利水电工程建设周期长、规模大、造价高，因此必须按照基本建设程序分阶段进行有关的建设工作，相应地也要在不同的阶段进行多次计价，以保证工程造价确定与控制的科学性。多次性计价是一个逐步深化、逐步细化和逐步接近实际造价的过程。这个过程包括投资估算、设计概算、修正概算、施工图预算、竣工结算、竣工决算等。竣工决算价格即工程的实际造价。

（3）计价过程的组合性特征。

一个建设项目是一个工程综合体，这个综合体可以分解为许多有内在联系的独立和不能独立的工程。建设项目的这种组合性决定了计价的过程是一个逐步组合的过程，这一特征在计算概算造价和预算造价时尤为明显。

（4）计价方法的多样性特征。

由于计价依据不同，以及造价要求的精度不同，计价方法有多样性特征。计算和确定概算造价、预算造价有两种基本方法，即单价法和实物法。计算和确定投资估算的方法有设备系数法、生产能力指数法等。不同的方法利弊不同，适用条件也不同，因此计价时要加以选择。

（5）计价依据的复杂性特征。

由于影响水利水电工程造价的因素比较多，计价依据比较复杂，这要求有关人员一定要熟悉各类计价依据，并加以正确利用。

3. 水利水电工程造价的种类

基本建设在国民经济中占有重要的地位。国家每年用于基本建设的投资占财政总支出的40%左右。其中用于建筑安装工程方面的资金占基本建设总投资的50%～60%。为了合理、有效地利用建设资金，降低工程成本，充分发挥投资效益，必须对基本建设项目进行科学的管理和有效的监督。

基本建设工程概预算是根据不同设计阶段的具体内容和有关定额、指标分阶段进行编制的。基本建设工程概预算所确定的投资额，实质上是相应工程的计划价格。这种计划价格在实际工作中，通常称为"概算造价"和"预算造价"，它是国家对基本建设实行科学管理和有效监督的重要手段之一，对于提高企业的经营管理水平和经济效益、节约国家建设资金具有重要的意义。

根据我国基本建设程序的规定，水利水电工程在工程的不同建设阶段，要编制相应的工程造价，一般有以下几种。

（1）投资估算。

投资估算是在项目建议书阶段、可行性研究阶段对建设工程造价的预测，

它应考虑多种可能的需求、风险、价格上涨等因素，给足投资。它是设计文件的重要组成部分，是国家或主管部门确定基本建设投资计划的重要文件，也是业主选定近期开发项目、做出科学决策的关键依据。投资估算是可行性研究报告的重要组成部分，是业主选定近期开发项目、做出科学决策和进行初步设计的重要依据。投资估算是工程造价全过程管理的"龙头"，抓好这个"龙头"有十分重要的意义。

投资估算是建设单位向国家或主管部门申请基本建设投资时，为确定建设项目投资总额而编制的技术经济文件；也是国家或主管部门确定基本建设投资计划的重要文件，主要根据估算指标、概算指标或类似工程的预（决）算资料进行编制。投资估算控制设计概算，是工程投资的最高限额。

（2）设计概算。

设计概算是指在初步设计阶段，设计单位为确定拟建基本建设项目所需的投资额或费用而编制的工程造价文件。设计概算是设计文件的重要组成部分。由于初步设计阶段建筑物的布置形式、结构形式、主要尺寸，以及机电设备型号、规格等均已确定，所以设计概算是对建设工程造价进行的有定位性质的测算。设计概算不得超过投资估算。设计概算是编制基本建设计划，实行基本建设投资大包干，控制建设拨款、贷款的依据；也是考核设计方案和建设成本合理性的依据。设计单位在报批设计文件的同时，要报批设计概算，设计概算经过审批后，就成为国家控制该建设项目总投资的主要依据，不得随意突破。水利水电工程采用设计概算作为编制施工招标标底、外资概算和业主预算的依据。

工程开工时间与设计概算所采用的价格取费时间不在同一年份时，按规定由设计单位根据开工年的价格水平和有关政策重新编制设计概算，这时编制的概算一般称为"调整概算"。调整概算仅仅是在价格水平和有关政策方面的调整，工程规模及工程量与初步设计均保持不变。

水利水电工程的建设特点决定了在水利水电工程概预算工作中，设计概算比施工图预算重要；而对于一般的建筑工程，施工图预算更重要。水利水电工程到了施工阶段，一般其总预算还未做，只做到局部的施工图预算，而一般建筑工程则常用施工图预算代替设计概算。

（3）修正概算。

对于某些大型工程或特殊工程，当采用三阶段设计时，在技术设计阶段随着设计内容的深化，可能出现建设规模、结构造型、设备类型和数量等内容与初步设计相比存在变化的情况，设计单位应对投资额进行具体核算，对初步设计总概算进行修改，即修改设计概算。修正概算是在量（指工程规模或设计标准）和价（指价格水平）都有变化的情况下对设计概算的修改，其也为技术文件的组成部分。由于绝大多数水利水电工程采用两阶段设计（即初步设计和施工图设计），未进行技术设计，故修正概算很少出现。

（4）业主预算。

业主预算是在已经批准的初步设计概算的基础上，对已经确定实行投资包干或招标承包制的大中型水利水电工程建设项目，根据工程管理与投资的支配权限，按照管理单位及分标项目的划分，进行投资的切块分配，以便于对工程投资进行管理与控制，并作为项目投资主管部门与建设单位签订工程总承包（或投资包干）合同的主要依据。业主预算是为了满足业主控制和管理的需要，按照总量控制、合理调整的原则编制的内部预算，也称为"执行概算"。

（5）标底与报价。

标底是招标工程的预期价格，它主要是根据招标文件、图纸，按有关规定，结合工程的具体情况计算出的合理工程价格。它是由业主委托具有相应资质的设计单位、社会咨询单位编制完成的，包括发包造价、与造价相适应的质量保证措施及主要施工方案、为了缩短工期所需的措施费等。其中，发包造价应在编制完成后报送招标投标管理部门审定。标底的主要作用是使招标单位在一定范围内合理控制工程造价，明确自己在发包工程上应承担的财务义务。标底也是投资单位考核发包工程造价的主要依据。

投标报价是施工企业（或厂家）对建筑工程施工产品（或机电、金属结构设备）的自主定价。它反映的是市场价格，体现了企业的经营管理、技术和装备水平。中标报价是基本建设产品的成交价格。

（6）施工图预算。

施工图预算是指在施工图设计阶段，根据施工图纸、施工组织设计、国家颁布的预算定额和工程量计算规则、地区材料预算价格、施工管理费标准、计划利润率、税金等，计算每项工程所需人力、物力和投资额的文件。它应在已批准的设计概算的控制下进行编制。它是施工前组织物资、机具、劳动力，编制施工计划，统计工作量，办理工程价款结算，实行经济核算，考核工程成本，实行建筑工程包干和建设银行拨（贷）工程款的依据。它是施工图设计的组成部分，由设计单位负责编制。它的主要作用是确定单位工程项目造价，是考核施工图设计经济合理性的依据。一般建筑工程以施工图预算作为编制施工招标标底的依据。

（7）施工预算。

它是指在施工阶段，施工单位为了加强企业内部经济核算，节约人工和材料，合理使用机械，在施工图预算的控制下，通过工料分析，计算拟建工程的人工、材料和机具等的需要量，并直接用于生产的技术经济文件。它是根据施工图的工程量、施工组织设计或施工方案和施工定额等资料进行编制的。

（8）竣工结算。

它是施工单位与建设单位对承建工程项目的最终结算（施工过程中的结算属于中间结算）。竣工结算与竣工决算是完全不同的两个概念，其主要区别在于：一是范围不同，竣工结算的范围只是承建工程项目，是基本建设的局部，而竣工决算的范围是基本建设的整体；二是成本不同，竣工结算只是承包合同范围内的预算成本，而竣工决算是完整的预算成本，它还要计入工程建设的其他费用、临时费用、建设期贷款利息等费用。由此可见，竣工结算是竣工决算的基础，只有先编制竣工结算才有条件编制竣工决算。

（9）竣工决算。

竣工决算是指建设项目全部完工后，在工程竣工验收阶段，由建设单位编制的从项目筹建到建成投产这一过程中产生的全部费用的技术经济文件。它是建设投资管理的重要环节，是工程竣工验收、交付使用的重要依据，也是进行建设项目财务总结、银行对其实行监督的必要手段。

水利水电工程的基本建设程序与各阶段工程造价之间的关系如图 2.1 所示。

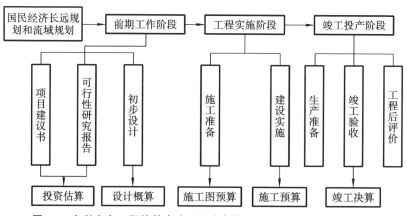

图 2.1 水利水电工程的基本建设程序与各阶段工程造价之间的关系

从图2.1可以看出，从确定建设项目，确定和控制基本建设投资，进行基本建设经济管理和施工企业经济核算，到最后核定项目的固定资产，建设项目估算、概算、预算及决算以价值形态贯穿整个基本建设过程。其中，设计概算、施工图预算和竣工决算通常简称为基本建设的"三算"，是基本建设项目概预算的重要内容，三者有机联系，缺一不可。设计阶段要编制概算，施工阶段要编制预算，竣工阶段要编制决算。一般情况下，决算不能超过预算，预算不能超过概算，概算不能超过估算。此外，竣工结算、施工图预算和施工预算被称为施工企业内部的"三算"，它是施工企业内部进行管理的依据。

建设项目概预算中的设计概算和施工图预算，在编制年度基本建设计划，确定工程造价，评价设计方案，签订工程合同，银行拨款、贷款，竣工结算等方面有着共同的作用，都是业主对基本建设进行科学管理和监督的有效手段，在编制方法上也有相似之处。但由于二者的编制时间、依据和要求不同，它们还是有区别的。设计概算与施工图预算的区别有以下几点。

（1）编制内容不完全相同。

设计概算包括建设项目从筹建至竣工交付使用的全部建设费用。施工图预算一般包括建筑工程费用、设备及安装工程费用、临时工程费用等。水利水电工程建设项目的设计概算除包括施工图预算的内容外，还应包括水库淹没处理补偿费和其他费用等。

（2）编制阶段不同。

设计概算是在初步设计阶段，由设计单位编制的。施工图预算是在施工图设计完成后，由设计单位编制的。

（3）审批过程及作用不同。

设计概算是初步设计文件的组成部分，由有关主管部门审批，作为建设项目立项和正式列入年度基本建设计划的依据。只有在初步设计图纸和设计概算经审批同意后，施工图设计才能开始，因此设计概算是控制施工图设计和预算总额的依据。施工图预算应先报建设单位初审，再送交建设银行经办行审查认定，方可作为拨付工程价款和竣工结算的依据。

（4）概预算的分级项目和采用的定额不同。

设计概算采用的概算定额具有较强的综合性。施工图预算用的是预算定额，预算定额是概算定额的基础。另外，设计概算和施工图预算采用的分级项目不同，设计概算一般采用三级项目，施工图预算一般采用比三级项目更细的项目。

4. 水利水电工程造价的构成

水利水电工程一般投资多，规模庞大，包括的建筑物及设备种类繁多，形式各异，因此，在编制水利水电工程造价时，必须深入工程现场，搜集第一手资料，熟悉设计图纸，认真划分工程建设包含的各项费用，既不重复又不遗漏。水利工程造价由工程部分、移民和环境部分组成。其中，工程部分包括建筑工程费、机电设备及安装工程费、金属结构及安装工程费、施工临时工程费、独立费用等。移民和环境部分包括水库移民征地补偿费、水土保持工程费、环境保护工程费。电力系统水力发电工程造价由枢纽建筑物投资及水库淹没补偿投资两大部分组成。枢纽建筑物投资由建筑及安装工程费、设备费、其他费用、预备费和工程建设期贷款利息组成。水库淹没补偿投资由农村移民安置补偿费、城（集）镇迁建补偿费、专业项目复建补偿费、防护工程费用和其他费用组成。水利水电工程造价需要在不同的建设阶段，根据设计深度及掌握的资料，按设计要求编制。因此，针对具体工程情况，认真分析费用的组成，是编制工程造价的基础和前提。

5. 水利水电工程造价编制依据与编制程序

只有正确选择编制依据和遵照一定的编制程序，才能编制好切合实际的水利水电工程造价。

（1）编制依据。

水利水电工程造价编制依据包括以下几个方面。

① 国家、地方政府和主管部门颁发的有关法令、法规、制度、规程。

② 水利水电工程设计概（估）算编制规定。

③ 水利水电建筑工程概预算定额、水利水电设备安装工程概预算定额、水利水电工程施工机械台时费定额和有关行业主管部门颁发的定额。

④ 水利水电工程设计工程量计算规则。

⑤ 初步设计文件及图纸。

⑥ 有关合同、协议及资金筹措方案。

编制水利水电工程造价，选择好现行的定额与费用标准很重要。由于在每个具体工程项目施工时，实际情况与定额规定的劳动组合、施工措施不可能完全一致，这时应选用定额条件与实际情况相近的规定，不允许对定额水平进行修改和变动。当定额条件与实际情况相差较大或定额缺项时，应按有关规定编制补充定额，经上级主管部门审批后，作为编制概预算的依据。随着社会、经济和科学技术的发展，各种定额也在发展，在编制概预算时必须选用现行定额。目前水利水电工程应执行水利部最新颁发的相关定额和规定，如《水利水电设备安装工程概算定额》《水利水电设备安装工程预算定额》等。大中型水力发电工程应采用水利部或电力行业最新颁发的相关定额，如《水电建筑工程概算定额》《水电设备安装工程概算定额》《水电工程施工机械台时费定额》等，以及最新的费用标准、编制办法和规定。在使用定额编制概预算的过程中，要密切注意现行定额的变化，以及有关费用标准、编制办法、规定的变化，做到始终采用现行定额和规定。

（2）编制程序。

水利水电工程建设项目的特点决定了其造价的编制程序与一般建筑工程是有所不同的。水利水电工程造价的编制程序如下。

① 熟悉工程的基本情况。编制工程造价前要熟悉上一阶段设计文件和本阶段设计成果，从而了解工程规模、主要水工建筑物的结构形式和技术数据、工程布置、设备型号、地形地质、施工场地布置、对外交通方式、施工导流、施工进度及主体工程施工方法等。

② 搜集所需的资料。深入实地进行踏勘，了解工程和工地现场情况、砂砾料与天然建筑材料料场开采运输条件、场内外交通运输条件等；搜集人工工资、运杂费、供电价格、设备价格等各项基础资料；了解新技术、新工艺，搜集与分析新定额资料。

③ 编制基础单价。基础单价是编制工程单价时计算人工费、材料费和机械使用费所必需的基本价格资料，水利水电工程概预算基础单价有：人工预算单价、材料预算单价、施工机械台班费，以及水、电、风、砂、石单价等。

④ 计算工程量。按照设计图纸和工程量计算的有关规定计算并列出工程量清单，要对工程量进行检查和复核，以确保工程量计算的准确性。

⑤ 编制分部分项工程概预算和工程总概预算。划分工程项目，按照造价的计算种类，根据基础单价和相应的工程量，计算分部分项工程概预算，汇总分部分项工程概预算及其他费用，计算出工程总概预算。

⑥ 编制各种概预算表、说明书和相应的附件。按照有关的概预算编制办法编制概预算表格、说明书和相应的附件。附件一般是前述各项工作的计算书及成果汇总表。

2.2　水利水电工程项目划分与费用构成

2.2.1　项目划分

1. 基本建设项目划分

一个基本建设项目，尤其是大中型水利水电工程项目，往往规模大，建设周期长，影响因素复杂。因此，为了便于编制基本建设计划和工程造价，组织招投标与施工，进行质量、工期和投资控制，拨付工程款项，实行经济核算和考核工程成本，须对一个基本建设项目进行系统的逐级划分。

基本建设项目是指按照一个总体设计进行施工，由一个或若干个单项工程组成，经济上实行统一核算，行政上实行统一管理的基本建设工程实体，如一座独立的工业厂房、一所学校或一个水利枢纽工程等。基本建设项目通常可按项目本身的内部组成，划分为单项工程、单位工程、分部工程和分项工程。

一个建设项目中可以有几个单项工程，也可以只有一个单项工程，不得把不属于一个设计文件内的、经济上分别核算、行政上分开管理的几个项目捆在一起作为一个建设项目，也不能把总体设计内的工程按地区或施工单位划分为几个建设项目。在一个设计任务书范围内，规定分期进行建设的项目，仍为一个建设项目。

（1）单项工程。

单项工程是一个建设项目中，具有独立的设计文件，竣工后能够独立发挥生产能力和使用效益的工程。如工厂内能够独立生产的车间、办公楼等，一所学校的教学楼、学生宿舍等，一个水利枢纽工程的发电站、拦河大坝等。

单项工程是具有独立存在意义的一个完整工程，也是一个极为复杂的综合体，它是由许多单位工程组成的，如一个新建车间，不仅有厂房建设工程，还有设备安装等工程。

（2）单位工程。

单位工程是单项工程的组成部分，是指具有独立的设计文件、可以独立组织施工，但完工后不能独立发挥效益的工程。如工厂车间是一个单项工程，它又可以划分为建筑工程和设备安装工程两大类单位工程。

每一个单位工程仍然是一个较大的组合体，它本身仍然是由许多的结构或更小的部分组成的，因此还需要对单位工程进行进一步划分。

（3）分部工程。

分部工程是单位工程的组成部分，是按工程部位、设备种类和型号、使用的材料和工种的不同对单位工程所做的进一步划分。如建筑工程中的一般土建工程，按照工种、材料、结构等可划分为土方工程、基础工程、砌筑工程、钢筋混凝土工程等分部工程。

分部工程是编制工程造价、组织施工、质量评定、工程结算与成本核算的基本单位，但在分部工程中影响人工、材料消耗的因素仍然很多。例如，同样都是土方工程，由于土壤类别（普通土、坚硬土、砾质土）、挖土深度、施工方法等不同，单位土方工程所消耗的人工、材料差别很大，因此，还必须把分部工程按照施工方法、材料、规格等做进一步划分。

（4）分项工程。

分项工程是分部工程的组成部分，是通过较为简单的施工过程就能生产出来，并且可以用适当计量单位计算其工程量的建筑或设备安装工程产品，如$1 m^3$的砖基础工程、一台电动机的安装等。一般它的独立存在是没有意义的，它只是建筑或设备安装工程中的基本构成要素。

2. 水利水电工程项目组成

水利水电工程项目常常是由多种性质的水工建筑物构成的复杂的建筑综合体，同其他工程相比，它所包含的建筑种类更多，涉及面更广。例如，大中型水利水电工程除拦河大坝、主（副）厂房外，还有变电站、开关站、输变电线路、引水系统、泄洪设施、公路、桥涵、给排水系统、通风系统、通信系统、辅助企业、文化福利建筑等，难以严格按单项工程、单位工程等确切划分。根据水利部2014年颁发的《水利工程设计概（估）算编制规定》，结合水利水电工程的性质特点和组成内容，水利水电工程项目的组成和划分如下。

（1）两大类型。

水利水电工程项目可划分为两大类型：一类是枢纽工程（水库、水电站和其他大型独立建筑物）；另一类是引水工程及河道工程（供水工程、灌溉工程、河湖整治工程和堤防工程）。

（2）五个部分。

枢纽工程和引水工程及河道工程又可划分为建筑工程、机电设备及安装工程、金属结构设备及安装工程、施工临时工程和独立费用五个部分。

① 第一部分——建筑工程。

a.枢纽工程。本部分指水利枢纽建筑物、大型泵站、大型拦河水闸和其他大型独立建筑物（含引水工程的水源工程）。本部分包括挡水工程、泄洪工程、引水工程、发电厂（泵站）工程、升压变电站工程、航运工程、鱼道工程、交通工程、房屋建筑工程、供电设施工程和其他建筑工程。其中，挡水工程等前七项为主体建筑工程。

b.引水工程。本部分指供水工程、调水工程和灌溉工程。本部分包括渠（管）道工程、建筑物工程、交通工程、房屋建筑工程、供电设施工程和其他建筑工程。

c.河道工程。本部分指堤防修建与加固工程、河湖整治工程以及灌溉工程。本部分包括河湖整治与堤防工程、灌溉及田间渠(管)道工程、建筑物工程、交通工程、房屋建筑工程、供电设施工程和其他建筑工程。

② 第二部分——机电设备及安装工程。

a.枢纽工程。本部分指构成枢纽工程固定资产的全部机电设备及安装工程。本部分由发电设备及安装工程、升压变电设备及安装工程和公用设备及安装工程三项组成。

b.引水工程及河道工程。本部分指构成该工程固定资产的全部机电设备及安装工程。本部分一般由泵站设备及安装工程、水闸设备及安装工程、电站设备及安装工程、供变电设备及安装工程和公用设备及安装工程组成。

③ 第三部分——金属结构设备及安装工程。

该部分指构成枢纽工程、引水工程和河道工程固定资产的全部金属结构设备及安装工程。本部分包括闸门、启闭机、拦污设备、升船机等设备及安装工程，水电站（泵站等）压力钢管制作及安装工程和其他金属结构设备及安装工程。金属结构设备及安装工程的一级项目应与建筑工程的一级项目相对应。

④ 第四部分——施工临时工程。

该部分指为辅助主体工程施工所必须修建的生产和生活用临时性工程。本部分包括导流工程、施工交通工程、施工场外供电工程、施工房屋建筑工程、其他施工临时工程。

⑤ 第五部分——独立费用。

本部分由建设管理费、工程建设监理费、联合试运转费、生产准备费、科研勘测设计费和其他组成。其中，生产准备费包括生产及管理单位提前进厂费、生产职工培训费、管理用具购置费、备品备件购置费、工器具及生产家具购置费；科研勘测设计费包括工程科学研究试验费和工程勘测设计费；其他包括工程保险费、其他税费。

第一、二、三部分均为永久工程，均构成生产运行单位的固定资产。第四部分施工临时工程的全部投资扣除回收价值后，第五部分独立费用扣除流动资产和递延资产后，均以适当的比例摊入各永久工程中，构成固定资产的一部分。

3. 水利水电工程项目划分

根据水利工程性质，其工程项目分别按枢纽工程、引水工程和河道工程划分，工程各部分下设一级、二级、三级项目。其中一级项目相当于单项工程，二级项目相当于单位工程，三级项目相当于分部分项工程。大中型水利基本建设工程概（估）算编制时应按水利部2014年颁发的《水利工程设计概（估）算编制规定》中的表3-1～表3-6划分项目。其中，二级、三级项目仅列示了代表性子目，编制概算时，二级、三级项目可根据初步设计阶段的工作深度和工程情况进行增减。下列项目宜做必要的再划分。

① 土方开挖工程，应将土方开挖与砂砾石开挖分列。

② 石方开挖工程，应将明挖与暗挖，平洞与斜井、竖井分列。

③ 砌石工程，应将干砌石、浆砌石、抛石、铅丝（钢筋）笼块石等分列。

④ 模板工程，应将不同规格形状和材质的模板分列。

⑤ 混凝土工程，应将不同工程部位、不同标号的混凝土分列。

⑥ 灌浆孔工程，应按钻孔机械及钻孔用途分列。

⑦ 灌浆工程，应按不同灌浆种类分列。

对于招标工程，应根据已批准的初步设计概算，按水利水电工程业主预算的项目划分编制业主预算（执行概算）。

2.2.2　费用构成

建设项目费用是指工程项目从筹建到竣工验收、交付使用所需要的费用总和。根据水利部2014年颁发的《水利工程设计概（估）算编制规定》的规定，水利水电工程建设项目费用由建筑及安装工程费、设备费、独立费用、预备费、建设期融资利息组成。

1. 建筑及安装工程费

建筑及安装工程费由直接费、间接费、利润、材料补差和税金组成。

（1）直接费。

直接费指建筑安装工程施工过程中直接消耗在工程项目上的活劳动和物化劳动，由基本直接费、其他直接费组成。

① 基本直接费。

基本直接费包括人工费、材料费、施工机械使用费。

a. 人工费。人工费指直接从事建筑安装工程施工的生产工人开支的各项费用，包括以下内容。

（a）基本工资。基本工资由岗位工资和年应工作天数内非作业天数的工资组成。岗位工资指按照职工所在岗位各项劳动要素测评结果确定的工资。生产工人年应工作天数以内非作业天数的工资，包括生产工人开会学习、培训期间的工资，调动工作、探亲、休假期间的工资，因气候影响的停工工资，女工哺乳期间的工资，病假在六个月以内的工资，以及产、婚、丧假期的工资。

（b）辅助工资。辅助工资指在基本工资之外，以其他形式支付给生产工人的工资性收入，包括根据国家有关规定属于工资性质的各种津贴，主要包括艰苦边远地区津贴、施工津贴、夜餐津贴、节假日加班津贴等。

b. 材料费。材料费指用于建筑安装工程项目上的消耗性材料、装置性材料和周转性材料摊销费，包括定额工作内容规定应计入的未计价材料和计价材料。材料预算价格一般包括材料原价、运杂费、运输保险费和采购及保管费四项。

（a）材料原价。材料原价指材料指定交货地点的价格。

（b）运杂费。运杂费指材料从指定交货地点至工地分仓库或相当于工地分仓库的地方（材料堆放场）所发生的全部费用，包括运输费、装卸费及其他杂费。

（c）运输保险费。运输保险费指材料在运输途中的保险费。

（d）采购及保管费。采购及保管费指材料在采购、供应和保管过程中所发生的各项费用。采购及保管费主要包括材料的采购、供应和保管部门工作人员的基本工资、辅助工资、职工福利费、劳动保护费、养老保险费、失业保险费、医疗保险费、工伤保险费、生育保险费、住房公积金、教育经费、办公费、差旅交通费及工具用具使用费；仓库、转运站等设施的检修费、固定资产折旧费、技术安全措施费；材料在运输、保管过程中发生的损耗等。

c.施工机械使用费。施工机械使用费指消耗在建筑安装工程项目上的机械磨损、维修和动力燃料费用等，包括折旧费、修理及替换设备费、安装拆卸费、机上人工费和动力燃料费等。

（a）折旧费。折旧费指施工机械在规定使用年限内回收原值的台时折旧摊销费用。

（b）修理及替换设备费。修理费指施工机械使用过程中，为了使机械保持正常功能而进行修理所需的摊销费用和机械正常运转及日常保养所需的润滑油料、擦拭用品的费用，以及保管机械所需的费用。替换设备费指施工机械正常运转时所耗用的替换设备及随机使用的工具附具等摊销费用。

（c）安装拆卸费。安装拆卸费指施工机械进出工地的安装、拆卸、试运转和场内转移及辅助设施的摊销费用。部分大型施工机械的安装拆卸不在其施工机械使用费中计列，包含在其他施工临时工程中。

（d）机上人工费。机上人工费指施工机械使用时机上操作人员人工费用。

（e）动力燃料费。动力燃料费指施工机械正常运转时所耗用的风、水、电、油和煤等费用。

② 其他直接费。

其他直接费包括冬雨季施工增加费、夜间施工增加费、特殊地区施工增加费、临时设施费、安全生产措施费和其他。

a.冬雨季施工增加费。冬雨季施工增加费指在冬雨季施工期间为保证工程质量所需增加的费用。冬雨季施工增加费包括增加施工工序，增设防雨、保温、排水等设施增耗的动力、燃料、材料，以及因人工、机械效率降低而增加的费用。

b.夜间施工增加费。夜间施工增加费指施工场地和公用施工道路的照明费用。照明线路工程费用包括在"临时设施费"中；施工附属企业系统、加工厂、车间的照明费用，列入相应的产品中，均不包括在本项费用之内。

c.特殊地区施工增加费。特殊地区施工增加费指在高海拔、原始森林、沙漠等特殊地区施工而增加的费用。

d.临时设施费。临时设施费指施工企业为进行建筑安装工程施工所必需的但又未被划入施工临时工程的临时建筑物、构筑物和各种临时设施的建设、维修、拆除、摊销等，如供风、供水（支线）、供电（场内）、照明、供热系统及通信支线，土石料场，简易砂石料加工系统，小型混凝土拌和浇筑系统，木

工、钢筋、机修等辅助加工厂，混凝土预制构件厂，场内施工排水，场地平整、道路养护及其他小型临时设施等。

e.安全生产措施费。安全生产措施费指为保证施工现场安全作业环境及安全施工、文明施工所需要的，在工程设计已考虑的安全支护措施之外发生的安全生产、文明施工相关费用。

f.其他。其他包括施工工具用具使用费、检验试验费、工程项目及设备仪表移交生产前的维护费、工程验收检测费等。

（a）施工工具用具使用费。施工工具用具使用费指施工生产所需，但不属于固定资产的生产工具，检验、试验用具等的购置、摊销和维护费。

（b）检验试验费。检验试验费指对建筑材料、构件和建筑安装物进行一般鉴定、检查所发生的费用，包括自设实验室所耗用的材料和化学药品费用，以及技术革新和研究试验费，不包括新结构、新材料的试验费和建设单位要求对具有出厂合格证明的材料进行试验、对构件进行破坏性试验，以及其他特殊要求检验试验的费用。

（c）工程项目及设备仪表移交生产前的维护费。工程项目及设备仪表移交生产前的维护费指竣工验收前对已完工程及设备进行维护所需费用。

（d）工程验收检测费。工程验收检测费指工程各级验收阶段为检测工程质量发生的检测费用。

（2）间接费。

间接费指施工企业为建筑安装工程施工而进行组织与经营管理所发生的各项费用。间接费构成产品成本，由规费和企业管理费组成。

① 规费。

规费指政府和有关部门规定必须缴纳的费用，包括社会保险费和住房公积金。

a.社会保险费。社会保险费包含以下五项。

（a）养老保险费。养老保险费指企业按照规定标准为职工缴纳的基本养老保险费。

（b）失业保险费。失业保险费指企业按照规定标准为职工缴纳的失业保险费。

（c）医疗保险费。医疗保险费指企业按照规定标准为职工缴纳的基本医疗保险费。

（d）工伤保险费。工伤保险费指企业按照规定标准为职工缴纳的工伤保险费。

（e）生育保险费。生育保险费指企业按照规定标准为职工缴纳的生育保险费。

b.住房公积金。住房公积金指企业按照规定标准为职工缴纳的住房公积金。

② 企业管理费。

企业管理费指施工企业为组织施工生产和经营管理活动所发生的费用，包括以下内容。

a.管理人员工资。管理人员工资包括管理人员的基本工资、辅助工资。

b.差旅交通费。差旅交通费指施工企业管理人员因公出差、工作调动的差旅费，误餐补助费，职工探亲路费，劳动力招募费，职工离退休、退职一次性路费，工伤人员就医路费，工地转移费，交通工具运行费及牌照费等。

c.办公费。办公费指企业办公用文具、印刷、邮电、书报、会议、水电、燃煤（气）等费用。

d.固定资产使用费。固定资产使用费指企业属于固定资产的房屋、设备、仪器等的折旧费、大修理费、维修费或租赁费等。

e.工具用具使用费。工具用具使用费指企业管理使用不属于固定资产的工具、用具、家具、交通工具和检验、试验、测绘、消防用具等的购置、维修和摊销费。

f.职工福利费。职工福利费指企业按照国家规定支出的职工福利费，以及由企业支付离退休职工的易地安家补助费、职工退职金、六个月以上的病假人员工资、按规定支付给离休干部的各项经费。职工发生工伤时企业依法在工伤保险基金之外支付的费用，其他在社会保险基金之外依法由企业支付给职工的费用。

g.劳动保护费。劳动保护费指企业按照国家有关部门规定标准发放的一般劳动防护用品的购置及修理费、保健费、防暑降温费、高空作业及进洞津贴、技术安全措施费，以及洗澡用水、饮用水的燃料费等。

h.工会经费。工会经费指企业按职工工资总额计提的工会经费。

i.职工教育经费。职工教育经费指企业为职工学习先进技术和提高文化水平按职工工资总额计提的费用。

j.保险费。保险费指企业财产保险、管理用车辆等保险费用，高空、井下、洞内、水下、水上作业等特殊工种安全保险费、危险作业意外伤害保险

费等。

k.财务费用。财务费用指施工企业为筹集资金而发生的各项费用，包括企业经营期间发生的短期融资利息净支出、汇兑净损失、金融机构手续费，企业筹集资金发生的其他财务费用，以及投标和承包工程发生的保函手续费等。

l.税金。税金指企业按规定缴纳的房产税、管理用车辆使用税、印花税等。

m.其他。其他包括技术转让费、企业定额测定费、施工企业进退场费、施工企业承担的施工辅助工程设计费、投标报价费、工程图纸资料费及工程摄影费、技术开发费、业务招待费、绿化费、公证费、法律顾问费、审计费、咨询费等。

（3）利润。

利润指按规定应计入建筑安装工程费用中的利润。

（4）材料补差。

材料补差指根据主要材料消耗量、主要材料预算价格与材料基价之间的差值，计算的主要材料补差金额。材料基价是指计入基本直接费的主要材料的限制价格。

（5）税金。

税金指国家对施工企业承担建筑、安装工程作业收入所征收的营业税、城乡维护建设税和教育费附加。

2. 设备费

设备费包括设备原价、运杂费、运输保险费、采购及保管费。

（1）设备原价。

国产设备的原价指出厂价。进口设备以到岸价和进口征收的税金、手续费、商检费及港口费等各项费用之和为原价。大型机组及其他大型设备分瓣运至工地后的拼装费用，应包括在设备原价内。

（2）运杂费。

运杂费指设备由厂家运至工地现场所发生的一切运杂费用，包括运输费、装卸费、包装绑扎费、大型变压器充氮费及可能发生的其他杂费。

（3）运输保险费。

运输保险费指设备在运输过程中的保险费用。

（4）采购及保管费。

采购及保管费指建设单位和施工企业在负责设备的采购、保管过程中发生的各项费用，主要包括以下内容。

① 采购保管部门工作人员的基本工资、辅助工资、职工福利费、劳动保护费、养老保险费、失业保险费、医疗保险费、工伤保险费、生育保险费、住房公积金、教育经费、办公费、差旅交通费、工具用具使用费等。

② 仓库、转运站等设施的运行费、维修费、固定资产折旧费、技术安全措施费和设备的检验、试验费等。

3. 独立费用

独立费用由建设管理费、工程建设监理费、联合试运转费、生产准备费、科研勘测设计费和其他组成。

（1）建设管理费。

建设管理费指建设单位在工程项目筹建和建设期间进行管理工作所需的费用，包括建设单位开办费、建设单位人员费、项目管理费。

① 建设单位开办费。建设单位开办费指新组建的工程建设单位，为开展工作所必须购置的办公设施、交通工具等，以及其他用于开办工作的费用。

② 建设单位人员费。建设单位人员费指建设单位从批准组建之日起至完成该工程建设管理任务之日止，需开支的建设单位人员费用，主要包括工作人员的基本工资、辅助工资、职工福利费、劳动保护费、养老保险费、失业保险费、医疗保险费、工伤保险费、生育保险费、住房公积金等。

③ 项目管理费。项目管理费指建设单位从筹建到竣工期间所发生的各种管理费用，包括以下内容。

a. 工程建设过程中用于资金筹措、召开董事（股东）会议、视察工程建设所发生的会议和差旅等费用。

b. 工程宣传费。

c. 土地使用税、房产税、印花税、合同公证费。

d. 审计费。

e. 施工期间所需的水情、水文、泥沙、气象监测费和报汛费。

f. 工程验收费。

g. 建设单位人员的教育经费、办公费、差旅交通费、会议费、交通车辆使用费、技术图书资料费、固定资产折旧费、零星固定资产购置费、低值易耗品摊销费、工具用具使用费、修理费、水电费、采暖费等。

h. 招标业务费。

i. 经济技术咨询费。经济技术咨询费包括勘测设计成果咨询、评审费，工程安全鉴定、验收技术鉴定、安全评价相关费用，建设期造价咨询，防洪影响评价、水资源论证、工程场地地震安全性评价、地质灾害危险性评价及其他专项咨询等发生的费用。

j. 公安、消防部门派驻工地补贴费及其他工程管理费用。

（2）工程建设监理费。

工程建设监理费指建设单位在工程建设过程中委托监理单位，对工程建设的质量、进度、安全和投资进行监理所发生的全部费用。

（3）联合试运转费。

联合试运转费指水利工程的发电机组、水泵等安装完毕，在竣工验收前，进行整套设备带负荷联合试运转期间所需的各项费用，主要包括联合试运转期间所消耗的燃料、动力、材料及机械使用费，工具用具购置费，施工单位参加联合试运转人员的工资等。

（4）生产准备费。

生产准备费指水利建设项目的生产、管理单位为准备正常的生产运行或管理发生的费用。生产准备费包括生产管理单位提前进厂费、生产职工培训费、管理用具购置费、备品备件购置费、工器具及生产家具购置费。

① 生产及管理单位提前进厂费。生产及管理单位提前进厂费指在工程完工之前，生产、管理单位一部分工人、技术人员和管理人员提前进厂进行生产筹备工作所需的各项费用。其内容包括提前进厂人员的基本工资、辅助工资、职工福利费、劳动保护费、养老保险费、失业保险费、医疗保险费、工伤保险费、生育保险费、住房公积金、教育经费、办公费、差旅交通费、会议费、技术图书资料费、零星固定资产购置费、低值易耗品摊销费、工具用具使用费、修理费、水电费、采暖费等，以及其他属于生产筹建期间应开支的费用。

② 生产职工培训费。生产职工培训费指生产及管理单位为保证生产、管理工作顺利进行，对工人、技术人员和管理人员进行培训所发生的费用。

③ 管理用具购置费。管理用具购置费指为保证新建项目的正常生产和管理所必须购置的办公和生活用具等费用，包括办公室、会议室、资料档案室、阅览室、文娱室、医务室等公用设施需要配置的家具器具。

④ 备品备件购置费。备品备件购置费指工程在投产运行初期，由于易损件损耗和可能发生的事故，而必须准备的备品备件和专用材料的购置费，不包

括设备本身配备的备品备件。

⑤ 工器具及生产家具购置费。工器具及生产家具购置费指按设计规定，为保证初期生产正常运行所必须购置的不属于固定资产标准的生产工具、器具、仪表、生产家具等的购置费，不包括设备价格中已包括的专用工具。

（5）科研勘测设计费。

科研勘测设计费指工程建设所需的科研、勘测和设计等费用，包括工程科学研究试验费和工程勘测设计费。

① 工程科学研究试验费。工程科学研究试验费指为保障工程质量，解决工程建设技术问题，而进行必要的科学研究试验所需的费用。

② 工程勘测设计费。工程勘测设计费指工程从项目建议书阶段开始至以后各设计阶段发生的勘测费、设计费和为勘测设计服务的常规科研试验费，不包括工程建设征地移民设计、环境保护设计、水土保持设计各设计阶段发生的勘测设计费。

（6）其他。

① 工程保险费。工程保险费指工程建设期间，为使工程能在遭受水灾、火灾等自然灾害和意外事故造成损失后得到经济补偿，而对工程进行投保所发生的保险费用。

② 其他税费。其他税费指按国家规定应缴纳的与工程建设有关的税费。

4. 预备费

预备费包括基本预备费和价差预备费。

（1）基本预备费。

基本预备费主要为解决在工程建设过程中，设计变更和有关技术标准调整增加的投资以及工程遭受一般自然灾害所造成的损失和为预防自然灾害所采取的措施费用。

（2）价差预备费。

价差预备费主要为解决在工程建设过程中，因人工工资、材料和设备价格上涨以及费用标准调整而增加的投资。

5. 建设期融资利息

根据国家财政金融政策，工程在建设期内需要偿还并应计入工程总投资的融资利息。

第3章 水利水电工程建设监理
进度管理

3.1 工程进度计划

3.1.1 工程进度计划的制定与审批

1. 工程总进度计划

工程总进度计划是水利水电工程建设项目的总体施工进度计划，是用来确定各单位工程的施工顺序、施工时间及相互衔接关系的计划。

工程总进度计划按照国家批复的水利水电工程可行性研究报告中的施工总进度要求，由设计单位负责编制，由业主单位组织审批。

设计单位每年按工程建设管理单位要求的时间提供水利水电工程建设关键项目进度计划建议报告，由技术管理部负责组织审查，工程建设管理单位审批。如果涉及对水利水电工程可行性研究报告中总进度和关键控制节点的调整，需报业主单位组织审批。

2. 监理机构工程进度计划

根据工程总进度计划和合同文件的要求，监理机构应编制监理合同项目工程的总进度计划，以及年度、季度及月度进度计划。

监理机构工程进度计划是监理机构在设计单位编制的工程进度计划的基础上，按照自己对监理合同工程的理解，提出的比较客观、合理和更加详细的工程进度计划。

监理机构工程进度计划是工程总进度计划在单项工程中的细化和深化，用于指导审查承建单位合同工程进度计划。比较监理机构工程进度计划与承建单位合同工程进度计划，既可以找出差异，制定相应的进度控制对策，又对工程进度合理调整和完善具有一定的指导意义。监理机构工程进度计划不具备强制执行的约束力。

监理机构工程进度计划一般在监理规划审批后进行编制,并且每年在承建单位报送合同工程进度计划之前修编一次,同时需要报送项目管理部。

如果监理机构工程进度计划不能满足工程总进度计划的要求,监理机构应提供专题分析报告,说明原因,提出赶工措施。技术管理部应组织相关人员对该专题报告进行讨论,并将讨论结论报送工程建设管理单位审批。

3. 承建单位工程进度计划

根据工程项目施工合同文件的要求,承建单位编制合同工程施工总进度计划,以及年度、季度与月度等阶段进度计划。合同工程月进度计划和年进度计划的审批程序分别见图3.1和图3.2。

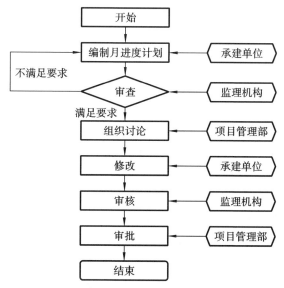

图3.1 合同工程月进度计划审批程序

承建单位应在合同规定的期限内或在接到监理机构发出的开工令后35 d内提交详尽的合同工程施工总进度计划。合同工程年进度计划应在前一年的12月5日前提交。合同工程季进度计划应分别在前一年的12月5日前和当年的3月25日、6月25日、9月25日前提交。合同工程月进度计划应在前一个月的25日前提交。

监理机构对承建单位合同工程进度计划进行审查并汇总,其提出的工程进度审查意见应在承建单位提交合同施工总进度计划和阶段(年、季、月)进度计划的7 d内,提交项目管理部。项目管理部审核后,提交技术管理部。

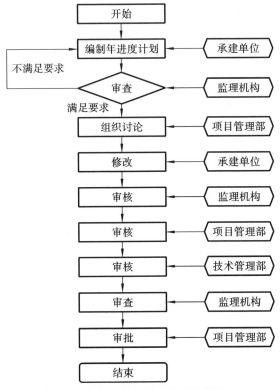

图3.2　合同工程年进度计划审批程序

如果承建单位工程进度计划不能满足工程总进度计划的要求，监理机构应组织专题会议进行分析，研究对策，提出赶工措施，并提供专题分析报告。技术管理部对该专题报告进行审核，然后报送工程建设管理单位审批。

3.1.2　合同工程施工进度计划编制要求

1. 合同工程施工进度计划的内容

承建单位提供的合同工程施工进度计划报告至少包括两个部分：一是对前一时段工程完成情况的总结和分析；二是对未来时段施工进度计划的安排。

（1）前一时段工程完成情况的总结和分析。

① 主体工程完成情况。

② 大型临时设施准备、完成或运行情况。

③ 承建单位人员、设备、物资的到位情况。

④ 工程质量、安全和资金计划完成情况。

⑤ 工程建设管理单位应提供的条件满足情况（物资、水电、骨料的供应，施工场地及工作面移交时间安排，技术资料和图纸供应情况等）。

⑥ 实际完成与进度计划的对比情况，特别是关键线路上进度的对比分析。

⑦ 存在的问题及原因分析，特别是未完成项目对合同工程施工总进度的影响。

⑧ 施工合同文件规定的其他内容。

（2）未来时段施工进度计划的安排。

① 年度、季度和月度的工作重点。

② 为完成项目所采取的施工方案和措施。

③ 合同工程计划施工形象进度和工程量。

④ 主要物资和材料消耗量。

⑤ 施工现场各类人员安排计划。

⑥ 设备和材料的订货、交货与使用计划。

⑦ 下一时段预计完成工程投资。

⑧ 施工设计图纸需求计划。

⑨ 其他要求说明的事项。

2. 合同工程施工进度计划网络编制要求

（1）工程项目分解和编码。

① 合同项目应分解成可方便进行进度、成本、质量控制的单元。

② 编码分作业分类码、作业代码和资源代码三种形式。

（2）合同工程施工进度计划网络编制内容。

① 作业和相应节点的序号说明。

② 作业间逻辑关系。

③ 作业持续时间。

④ 最早开工和完成日期。

⑤ 最晚开工和完成日期。

⑥ 总时差和自由时差。

⑦ 反映项目完成提前或滞后的前锋线。

⑧ 各类资源直方图和累计曲线。

3. 合同工程施工进度计划输出要求

（1）使用工具。

① 文字及表格统一使用 Microsoft Word 软件进行编辑，文件格式一律采用 RTF。

② 工程进度计划网络使用 Primavera Project Planner（简称 P3）软件编制。

③ 制图软件统一使用 AutoCAD，文件格式一律采用 DWG。

（2）文字及表格要求。

文字及表格编制格式按照《党政机关公文格式》（GB/T 9704—2012）执行。

（3）工程形象进度图要求。

工程形象进度图以平面图和剖面图为主，力求形象、生动、全面地反映工程建设面貌。工程形象进度图包括已完工程、计划工程和未完工程三个部分，其绘制内容如下。

① 施工总进度计划的形象进度图以每年末到达的进度形象和关键点工期为主。

② 年进度计划的形象进度图以每季度末到达的进度形象和关键点工期为主。

③ 季进度计划的形象进度图以每月末到达的进度形象和关键点工期为主。

④ 月进度计划的形象进度图以每周末到达的进度形象和关键点工期为主。

（4）输出成果。

文字成果的幅面以 A4 为准；表格成果的幅面以 A4 或 A3 为准；图形成果的幅面以 A3 为准。

3.2 工程进度管理

3.2.1 工程进度管理的工作内容

（1）编制、审查、审批工程进度计划。

承建单位报送的合同工程进度计划由监理机构审查或组织会审，在审查中发现问题应及时提出书面修改意见。

由于水利水电工程建设项目单位工程多，施工工期长，且分期、分批进行工程施工项目的发包，受监理项目可能选择多个总承建单位，因此，监理机构需要在各承建单位报送的合同工程进度计划的基础上，汇编受监理项目施工总进度计划。

（2）审批年度、季度、月度工程进度计划。

在审批按计划期编制的工程进度计划时，监理机构应重点审查各承建单位施工进度计划之间、施工进度计划与资源保障计划之间，以及外部协作条件的延伸性计划之间的综合平衡与相互衔接问题，并根据上期计划完成情况对本期计划做必要的调整，以此作为承建单位近期执行的指令性计划。

（3）制定工程进度控制措施。

监理机构应编制工程进度控制工作规程和项目进度控制实施细则，制定工程进度控制措施，为监理人员实施工程进度控制进行指导。

（4）下达工程开工令。

监理机构根据承建单位和工程建设管理单位在工程开工前的准备情况，选择合理的时机发布开工令。开工令直接影响合同工程完工日期，其延期可能引起承建单位的索赔。

（5）为承建单位实施工程进度计划提供帮助。

监理机构应随时了解工程进度计划执行过程中存在的问题，并协助承建单位予以解决，特别是承建单位无力解决的内外关系协调问题。

（6）工程进度计划实施的检查和监督。

监理机构不仅要及时检查承建单位报送的工程进度报表和分析资料，还要进行现场跟踪检查，核实报送的已完工项目的时间和工程量。

（7）组织现场协调会。

监理机构应每月、每周定期组织召开不同层级的现场协调会，或不定期组织召开专题现场协调会，以解决工程施工过程中的相互干扰和配合问题。在平行、交叉承建单位多，工序交接频繁且工期紧迫的情况下，监理机构甚至要每天召开现场协调会，在会上通报和检查当天的工程进度，确定薄弱环节，部署当天的赶工任务，以便为次日创造正常的施工条件。

（8）工程进度计划的调整与修改。

当实际施工进度与计划施工进度出现偏差时，监理机构在对工程进度进行检查和分析的基础上，应协助承建单位及时调整进度计划，指导下一步的进度控制工作。

（9）审批工程进度变更申请。

造成工程进度变更的原因有两个方面：一是承建单位自身的原因，称为"工程延误"；二是承建单位以外的原因，称为"工程延期"。无论任何原因造成的工期变更，都必须由承建单位申报，监理机构审查，工程建设管理单位审批。

（10）签发工程进度款支付凭证。

监理机构对承建单位申报的已完成的工程量进行核实，在工程质量验收合格的基础上签发工程进度款支付凭证。

（11）进度目标的制定与考核。

在工程进度控制过程中，监理机构除了进行合同工期控制和考核，还可能配合工程建设管理单位制定工程进度责任目标和工程工期延期赶工目标，并对承建单位进行考核。

（12）对工程进度实施结果的奖励与处罚。

根据工程进度合同目标、责任目标和赶工目标考核情况，监理机构提出对承建单位进行奖励或处罚的意见或建议。

（13）工程进度资料整理。

监理机构应定期或不定期对工程进度资料进行整理、归类、建档等，以便于分析工程进度，及时发现问题，提出整改要求，同时为其他工程项目的进度控制提供参考。

（14）工程移交。

工程完工后，监理机构应积极组织办理移交手续，颁发工程移交证书。工程移交后，监理机构应及时督促承建单位处理保修期的问题。当保修期结束且无争议时，工程进度控制与管理工作即告结束。

3.2.2　工程进度计划实施管理

1. 影响工程进度的因素

（1）工程建设相关单位的影响。

与水利水电工程建设有关的单位有政府部门、工程建设管理单位、业主单位、监理单位、设计单位、设备物资供应单位、资金筹措或贷款单位，以及交通、通信和供电单位等，这些单位的工作进度必将对工程施工进度产生影响。

在进行工程施工进度控制时，不仅要加强对承建单位的监督和管理，还要充分发挥监理机构的协调作用，正确处理各参建单位之间的工作衔接关系。

（2）设备和物资供应进度的影响。

施工过程中需要的设备、材料、构配件、机具等如果不能按时运到施工现场，或者运到施工现场后发现其质量不符合有关规定，都会对施工进度产生影响。

（3）施工设计图纸和文件供应的影响。

施工设计图纸和文件是施工的依据，如果设计单位不能及时提供施工设计图纸和文件，则承建单位不能进行施工方案及措施的编制，不能进行施工准备工作，也不能进行工程施工。

（4）资金的影响。

工程施工的顺利进行必须有足够的资金作保证。如果不及时按合同规定拨付工程预付款，或者拖欠工程进度款，会影响承建单位流动资金的周转，进而殃及施工进度。

（5）工程变更的影响。

在施工过程中发生工程变更是难以避免的，有的是由于设计问题需要进行修改，有的是由于工程建设管理单位或上级主管部门提出了新的要求，有的是由于承建单位在施工过程中改变了施工工艺，还有的是由于到货设备与供货合同不符而要求施工现场做必要的改变等。工程变更对设计图纸的提供，以及施工方案和措施的制定都有影响，从而影响施工进度。

（6）施工条件的影响。

在施工过程中，一旦遇到气候、水文、地质及周围环境等方面的不利因素，必然影响施工进度。

（7）风险因素的影响。

风险因素包括政治、经济、技术和自然等方面的各种不可预见或可预见的因素。在进行风险控制时，必须对各种风险因素进行分析，提出控制风险、降低损失和减少对施工进度影响的措施，并对发生的风险事件及时进行适当的处理。

（8）承建单位管理水平的影响。

施工现场的情况千变万化，承建单位的施工方案不当、计划不周、管理不善、解决问题不及时等，都会影响工程施工进度。

2. 工程进度控制的方法和措施

(1) 利用计算机进行进度控制管理。

工程进度控制是一项庞大而且复杂的系统工程，利用计算机可以将庞大的工程进度控制系统有机地整合起来，进行统一协调管理，同时，可以理顺复杂的工程进度控制管理各方面的逻辑关系，明确控制工程进度的关键项目和关键点。

水利水电工程全面利用国际通行的计算机软件 P3 来辅助进行进度控制管理。P3 软件管理由技术管理部负责。项目管理部、监理单位、主体承建单位均应配备 P3 软件，并实行网络化管理。技术管理部负责 P3 软件的配置策划与安装、人才培训、运行管理工作。

(2) 单项工程施工进度控制。

单项工程包括单位工程、分部工程和分项工程。在工程施工总进度计划和各合同工程施工进度计划确定后，应重点对单项工程施工进度实施控制，并逐项定期落实。

单项工程工期以月为控制单元，关键项目以周为控制点。监理机构每周、每月检查单项工程的资源投入和施工进展情况，了解存在的问题或干扰因素，督促承建单位按工程进度计划施工。监理机构应对影响工程进度的因素进行分析、研究，及时督促承建单位解决，或者提出进度控制措施和意见，提请项目管理部解决，并协助承建单位消除已存在或可能存在的干扰因素。同时，监理机构应定期将单项工程进展情况反映到计算机网络计划中。

监理机构应分析单项工程工期对合同工程进度的影响，确保单项工程工期符合工程施工总进度计划的要求。在工程施工总进度计划确定后，合同工程进度控制信息可反馈到单项工程中，指导单项工程进度控制工作，确保施工进度阶段性控制目标的实现。

在单项工程进度控制过程中，项目管理部履行监督责任，定期对监理机构的进度控制工作进行检查，并提出指导性意见。如果发现进度控制存在问题，项目管理部应向监理机构发出整改指令。

(3) 工序施工进度控制。

工序施工进度控制是进度控制的基础，由监理机构负责具体实施控制，项目管理部负责抽查与监督。

在制定单项工程进度计划时，应反映各主要工序之间的逻辑关系。在没有较大的不可预见的干扰因素时，应按照单项工程进度计划制定的工序执行，避免无计划工序施工对工程总体进度的干扰。

当发生不可预见的影响工程进度的事件时，监理机构在授权范围内，在不影响单项工程施工进度计划的前提下，可以协调或指示承建单位修改工序进度计划。

在工序施工进度控制过程中，监理机构应严格进行施工准备工作，认真检查设备和材料的到货时间及质量，切实履行工序开工（仓）会签制度，对重要施工项目和关键施工工序进行旁站监理。对工程质量，在承建单位"三级自检"（班组初检、施工队复检、施工项目部终检）的基础上，监理机构应进行必要的复查，然后签署工序质量合格证。监理机构应要求承建单位严格控制工序质量，杜绝返工或停工，确保工序施工进度满足计划要求。

（4）施工资源投入控制。

监理机构应根据批准的施工组织措施计划或施工技术方案，对每个单项工程，甚至关键工序的施工资源投入进行检查，检查是否符合施工合同规定，检查是否会对工程施工进度产生不利影响。

如果发现承建单位投入的资源数量不足、质量降低或运行效率不高，并且已经影响或可能影响批准的工程施工进度计划的实现，监理机构应及时提供分析报告，将事件的影响因素、可能导致的结果和采取的措施向项目管理部报告，同时敦促承建单位采取切实可行的措施改变资源的投入状态。

对于因赶工而需要投入的附加资源，应采取同样的方法进行监督和控制。

（5）工程形象进度图。

根据工程施工总进度计划和单项工程施工的实际进度，承建单位和监理机构应编制彩色的逐日工程形象进度图，便于直观地进行工程进度比较和分析。监理机构每周向项目管理部报送一次逐日工程形象进度图。

向项目管理部报送的逐日工程形象进度图中，应有工程量柱状图或曲线图、标高或其他形象指标、实际进度与计划进度的对比等。

（6）工程进度综合分析报告。

监理机构在审查合同工程进度计划，检查和督促承建单位实施工程施工进度计划的基础上，搜集进度控制反馈的信息，并进行整理、分析，采取必要的纠偏措施。同时，对合同工程施工过程中遇到的有利或不利因素进行分析，将已经采取的、批准采取的或建议的措施，以及对工程进展的潜在影响因素的分析和对施工项目进展的预测，定期或不定期地编制成工程进度综合分析报告。

监理机构将工程进度综合分析报告报送项目管理部，抄送技术管理部。

（7）工程施工进度协调。

监理机构应密切注意合同工程内和合同工程之间影响施工进度的干扰因素，对已出现的干扰因素要采取必要的措施进行协调；对于预计到的干扰因素，在满足工程施工总进度要求的基础上，调整施工技术方案或改变施工工艺，最大限度地减轻直至消除干扰因素的影响。

工程施工过程中需要工程建设管理单位协调的问题，属于项目内的，由项目管理部协调；属于跨项目的，由技术管理部协调；属于合同变更的，由工程建设管理单位协调。

（8）工程进度优化。

工程的总进度目标是确定不变的，工程进度优化的目的是确保总进度目标按期实现，或者提前实现。

工程进度优化有两种方法：一是工期优化，采取赶工措施，压缩关键工作的持续时间，缩短总工期，其资金投入大，但加快工程总进度的力度也大；二是资源均衡优化，在确保工程总进度目标完成的条件下，充分利用现有资源，并使工程投入的资源尽可能均衡，但是不能保证缩短总工期，资金的投入相对较小。重要或关键项目可以采取工期优化方法加快工程进度；一般或非关键项目可采取资源均衡优化方法进行工程进度优化。

在水利水电工程建设中，承建单位、监理单位、设计单位和工程建设管理单位都可以提出工程进度优化的方案或建议。承建单位提出的工程进度优化方案应报监理机构审查，项目管理部审批，如果涉及合同费用的变更，则需要经合同管理部审核、工程建设管理单位批准。

（9）工程施工外在条件控制。

综合管理部、项目管理部和其他相关部门应按合同规定及时向承建单位提供施工场地，以及现场交通道路、水、电和通信条件等，并保证质量。

设备物资部应做好设备物资供应计划，满足施工进度的要求，同时，确保提供合格的产品。

技术管理部应做好设计图纸供应计划，并满足施工合同的要求，严格控制设计变更，确保设计代表现场服务的质量。

工程建设管理单位应注重工程建设对外的协调工作，减少外部环境对工程施工的干扰。如发生干扰事件，应尽快予以处理。

3. 工程开工管理

（1）开工令管理制度。

合同工程项目、单位工程项目和分部分项工程项目实行开工令管理制度，在项目总监理工程师发布工程项目开工令之后，该工程项目正式开工。

承建单位必须按施工合同规定的开工日期积极组织施工人员、设备进场，并做好开工准备工作，创造开工条件。在合同规定的期限内，承建单位向监理机构办理开工申请手续，监理机构审核开工条件后，由项目总监理工程师签署开工令。

合同工期以开工令确定的日期开始计算。承建单位没有提出开工申请，或监理机构认为因承建单位方面的问题而不具备开工条件，并由此造成开工延误，仍按合同规定的开工日期计算合同工期。若非承建单位方面的问题造成了开工延期，则按监理机构确认的开工日期计算合同工期。

（2）施工准备控制。

在工程项目开工之前，承建单位应在合同规定的时间内报送施工组织设计或单项工程施工方案，并按规定的程序审批。

监理机构在工程开工前应适时组织设计交底工作。

项目管理部和监理机构应及时组织施工场地或施工工作面的准备工作，合同管理部和财务管理部按时支付工程预付款。

承建单位按照批准的施工组织设计或单项工程施工方案做好施工设备，并提供施工原材料、劳动力、水、电、道路等开工条件。

监理机构对施工准备工作进行全面检查、落实，并及时督促各单位或部门履行合同规定的职责。

（3）发布开工令。

① 开工申请和审批。

承建单位在施工准备工作全部完成，并达到合同规定的要求后，向监理机构提出开工申请。监理机构接到承建单位报送的开工申请后，进一步逐项核实开工条件。如果全部满足合同规定的开工条件，或者部分不满足合同规定的开工条件但不影响开工实施，总监理工程师则签署开工令。

总监理工程师签署的开工令报送项目管理部。

② 开工仪式。

合同工程项目开工仪式由项目管理部策划。开工仪式力求简短、隆重、富

有工程进度里程碑意义。开工仪式应邀请工程参建各方、上级主管部门、当地政府部门、业主单位和工程建设管理单位等的代表参加，仪式上应安排上级主管部门领导讲话、业主单位领导讲话和工程建设管理单位领导讲话。最后，由总监理工程师发布开工令。

单位工程项目开工仪式由监理机构策划，单位工程参建各方参加，开工仪式必须简短，最后由总监理工程师发布开工令。

分部、分项工程项目不举行开工仪式，在具备开工条件后，由总监理工程师签署开工令。

4. 工程进度动态检查

（1）文件检查。

监理机构、项目管理部、技术管理部将承建单位报送的有关进度的周报、月报和年报对照工程进度计划进行检查，发现问题及时提出整改意见和措施。

（2）施工现场跟踪检查。

监理机构负责施工现场跟踪检查。施工现场跟踪检查的时间视项目类型、规模、监理范围和现场条件等各方面的因素而定，可以是每天、隔天或其他合理的时间。当施工处于不利的情况时，应缩短检查时间。

（3）会议检查。

会议检查即通过现场例会和专题协调会对工程进度进行检查。在会上，承建单位汇报工程施工进展、现状和存在的问题，与会人员对工程施工中存在的问题进行讨论，研究对策。

5. 工程进度计划的修改与调整

（1）工程进度计划修改与调整的必要性。

检查和分析工程进度动态，如果发现原有工程进度计划已不能适应实际情况，为了确保工程进度控制目标的实现，必须对原有工程进度计划进行修改和调整，以形成新的进度计划，并将新的进度计划作为进度控制的依据。

工程进度计划修改与调整应不涉及合同工程总工期的变更，在满足合同工程进度计划要求的条件下，对施工工序或单项工程项目进度进行合理修改和局部调整。

（2）工程进度计划修改与调整的方法。

①压缩关键工作的持续时间。

在不改变施工工序逻辑关系的情况下，可通过压缩工程进度计划中关键工作的持续时间来缩短工期，以达到工程进度目标控制的要求。

② 组织搭接作业或平行作业。

在压缩施工工序持续时间比较困难的情况下，可以采取增加施工工作面、组织搭接作业或平行作业、增加施工资源的方式来缩短工期，以保证工程进度控制目标的实现。

3.2.3　工程进度推迟管理

1. 工程进度推迟性质的判定

工程进度推迟分为工程延误和工程延期两种情况。承建单位造成的工期延长为工程延误，由此造成的一切损失应由承建单位承担，同时，工程建设管理单位有权对承建单位造成的工程延误处以违约罚款。非承建单位造成的工期延长为工程延期，承建单位有权要求延长合同工期，并给予费用赔偿。

在施工过程中，判定工程进度推迟的性质，是一项非常重要的工作。监理机构在工程进度推迟性质判定过程中，应认真、全面分析工程进度推迟的原因，公平、公正、科学地做出合理判断。

下列原因造成的工程进度推迟应判定为工程延期。

（1）合同涉及的任何可能造成工程延期的原因，如不利的外界条件、设计图纸供应延期、工程暂停、对合格工程的剥离检查等。

（2）监理机构发出工程变更指令而导致工程量增加。

（3）异常恶劣的气候条件。

（4）工程建设管理单位造成的任何延误、干扰或障碍，如未能及时提供施工场地、付款不及时等。

（5）除承建单位自身原因以外的其他任何原因。

2. 工程延期的审批原则

（1）必须符合施工合同条件的规定。工程进度推迟确实不是承建单位造成的方能批准为工程延期。

（2）发生工程延期事件的部位，无论其是否涉及施工进度计划的关键处，当所延长的时间没有超过其相应的总时差时，即使符合批准为工程延期的合同条件，也不能批准为工程延期。

（3）批准的工程延期必须符合实际情况。承建单位应对工程延期事件发生后的有关细节进行详细记载，并及时向监理机构提交详细报告。同时，监理机构应对施工现场进行详细考察和分析，并做好记录，以便为确定工程延期提供可靠依据。

3.工程延期的审批

当工程延期事件发生后，承建单位应在合同规定的有效期或一周内，以书面形式将工程延期意向通知监理机构，随后，承建单位应在合同规定的时间或监理工程师认为合理的期限内，向监理机构提交详细的关于工程延期理由和依据的申诉报告。监理机构在收到该报告后，及时进行调查核实并确定工程延期时间。

当工程延期事件具有持续性，承建单位在合同规定的有效期内不能提交最终详细的申诉报告时，应先向监理机构提交阶段性的详细报告。监理机构在调查核实的基础上，提出审查意见，并由项目管理部审核、技术管理部审批、工程建设管理单位批准。监理机构根据工程建设管理单位批准的意见，做出延长工期的临时决定。

当工程延期事件结束后，承建单位在合同规定的有效期内向监理机构提交最终详细的、完整的报告，监理机构按上述临时决定确认工程延期事件所需要的延期时间。

4.工程延误的处理

如果承建单位自身造成了工程进度推迟，监理机构应立即书面指令承建单位提出加快施工进度的措施，改变合同工期延误的状态。

监理机构如果对承建单位改变工程延误的努力态度和行动不满意，应将工程延误的现状和影响分析报告报送项目管理部。项目管理部组织有关部门进行研究，提出处理意见后，报工程建设管理单位批准。监理机构根据工程建设管理单位的意见向承建单位提出整改要求或发出处罚指令。

如果承建单位没有按照监理机构的指令采取积极的行动改变工程延误状态，可以采取以下手段进行处理。

（1）停止付款。

当承建单位的施工活动不能使监理机构满意时，监理机构有权拒绝承建单位的支付申请。当承建单位的施工进度滞后且不采取积极的补救措施时，监理机构可以采取停止付款的手段制约承建单位。

（2）工程延误损失赔偿。

承建单位未能按照合同规定的工期完成合同范围内的工作时，应进行工程延误损失赔偿。如果承建单位造成工程延误，监理机构应准备相关的证明材料，并做必要的调查，进一步落实向承建单位提出工程延误索赔的依据。

监理机构向承建单位提出工程延误索赔之前，应将索赔报告报送项目管理部审查。监理机构按照工程建设管理单位的审批意见，向承建单位发出索赔函，要求其赔偿工程延误损失，或者由项目管理部发出工程延误索赔函，由监理机构转发给承建单位。

（3）取消承包资格。

如果承建单位严重违反施工合同，又拒不采取任何补救措施，可能或已经严重影响工程建设目标的实现，工程建设管理单位有权取消承建单位的承包资格，并要求承建单位承担由此对工程建设管理单位造成的直接经济损失。

取消承包资格是对承建单位违约采取的最严厉的制约措施，一般不轻易采取，在做出这项决定之前，监理单位、工程建设管理单位和承建单位应进行充分协商和沟通，并在规定的期限内做好法律辩护的准备。

在对承建单位进行处罚时，应尽量避免采取单方面的行动，激化矛盾，造成法律纠纷。

如果承建单位因自身原因不能履行施工合同，监理单位、工程建设管理单位和承建单位应在充分协商的基础上，提出承建单位退场的方案。

5. 赶工措施的制定及实施

（1）工程延期赶工措施的制定及实施。

在监理机构确认工程延期时间后，监理机构根据工程总进度计划和合同工程施工进度要求，分析工程延期的影响程度，并确定是否采取赶工措施。

监理机构提出赶工措施报告，并报送项目管理部审查、合同管理部审核、工程建设管理单位审批。监理机构根据审批的赶工措施报告，向承建单位发出工程项目施工进度赶工通知。

承建单位根据监理机构发出的工程项目施工进度赶工通知，编制赶工措施方案，报送监理机构审查、项目管理部审核、工程建设管理单位审批。

根据工程建设管理单位审批的赶工措施方案，监理机构监督承建单位实施。如果承建单位没有达到赶工措施方案的要求，监理机构将不予通过赶工措

施费用的支付申请，或者不予通过部分赶工措施费用的支付申请。

（2）工程延误赶工措施的制定及实施。

监理机构确认工程延误时间后，应根据工程总进度计划和合同工程施工进度要求，分析工程延误的影响程度，并确定是否采取赶工措施。

如果监理机构认为工程延误对工程总进度计划和合同工程施工进度有影响，应向承建单位发出工程项目施工进度赶工指令，要求承建单位在规定的期限内，采取赶工措施，消除工程延误的影响。

承建单位根据监理机构发出的工程项目施工进度赶工指令，编制赶工措施方案，报送监理机构审批。监理机构对赶工措施方案的资源投入进行审查，如不能满足相应的赶工强度要求，应要求承建单位增加资源投入。

因工程延误而赶工，由此所产生的一切措施费用完全由承建单位承担。

3.3　工程进度考核

3.3.1　工程进度考核的内容

工程进度考核包括工程进度合同目标、责任目标和赶工目标三个方面的考核。

工程进度合同目标是施工合同规定的工期目标，包括工程建设管理单位批准的延期时间。工程进度责任目标是工程建设管理单位对工程总进度计划进行优化，或根据合同工程实施的实际情况确认合同工期可以提前而提出的进度目标。在工程进度控制过程中，将提前的工程建设总进度分解到各承建单位，并确定工程进度责任目标，通过工程进度责任目标管理，确保提前完成合同工程进度，从而提前完成工程总进度。工程进度赶工目标是由于工程进度推迟而提出的赶工进度计划，属于工程建设局部但影响工程总目标的项目阶段性进度目标。

（1）工程进度合同目标考核。

工程进度合同目标按照开工令、合同工期和工程建设管理单位批准的工程延期时间进行目标考核。工程进度合同目标由监理机构根据合同规定的工程项目关键线路节点工期和里程碑工期要求，对照承建单位实际完成的工期进行考核。

工程进度合同目标首先由监理机构进行考核，若承建单位按时或提前完成合同目标，按合同规定予以奖励；若承建单位出于自身原因而没有完成合同目标，按合同规定予以处罚，或者由工程建设管理单位向承建单位提出索赔申请。

（2）工程进度责任目标考核。

① 工程进度责任目标制定。

国家批准的水利水电工程建设预可行性研究报告中确定的工程总进度计划是工程建设的总目标，也是制定合同工程进度目标的依据。在水利水电工程建设中，为了确保工程建设总目标的实现，制定合同工程进度工期时，应留有一定的余量。在合同工程进度管理过程中，由于存在诸多影响工程进度的不确定性因素，工程可能会延期，工程建设总目标可能无法实现。在这种情况下，必须采取工程进度控制措施，确保工程建设总目标按时或者提前实现。

当发生工程延期事件，导致合同工程工期延长，但工程建设管理单位仍然要求承建单位按照合同工期完成工程建设，或者工程建设管理单位对合同工程进度提出新的要求时，工程建设管理单位应与承建单位签订工程进度责任目标书。同时，参与工程建设的相关单位，如监理单位、设计单位、设备和材料供应单位，为完成新的工程进度目标，可能需要对工作任务做必要的调整。工程进度责任目标是一项系统工程，是确保实现工程总进度的管理措施，也是合同工程进度管理的补充。

工程进度责任目标由技术管理部组织设计单位和监理机构共同研究制定，以确保工程总进度目标按期实现或者提前实现。

工程进度责任目标可以分年度制定，也可按工程建设的不同阶段制定。

② 工程进度责任目标分解。

工程进度责任目标制定后，根据合同工程项目进行分解，确定每个承建单位的合同工程进度责任目标。根据确定的合同工程进度责任目标，再按关键项目和里程碑工期对施工进度进行详细分解。

根据工程进度责任目标分解情况，工程建设管理单位与承建单位签订责任目标书。如果需要，还要与完成工程进度责任目标相关的单位，如监理单位、设计单位、设备和材料供应单位签订相应的责任目标书。

责任目标书包括进度目标、考核办法和奖罚措施等内容。

③ 工程进度责任目标的阶段目标考核和最终目标考核。

工程进度责任目标由监理机构分阶段进行考核，项目管理部审核，工程建

设管理单位审批。

工程进度责任目标考核分为阶段目标考核和最终目标考核。阶段目标考核为初步考核。当承建单位达到阶段目标考核要求时，支付阶段目标考核奖金；达不到阶段目标考核要求时，则处以相应的罚金。阶段目标考核是目标考核的过程控制手段，有利于充分调动承建单位加快施工进度的积极性。工程进度责任目标考核以最终目标考核为准，如果最终目标考核合格，则兑现全部目标考核奖金（即使阶段目标考核不合格也照奖不误，并将罚金退还承建单位）；如果最终目标考核不合格，则扣除阶段目标考核合格时发放的奖金。

（3）工程进度赶工目标考核。

由于关键性的单项工程工期延误影响工程进度计划，或者对工程总进度产生不利影响时，工程建设管理单位应与承建单位制定赶工目标。工程进度赶工目标考核由监理机构进行一次性考核，项目管理部审核，工程建设管理单位审批。

工程进度赶工目标考核合格，兑现奖金；不合格，不发放奖金。

3.3.2　合同工程进度考核评分

合同工程进度工期按开工日期、合同工期和工程延期时间确定，同时，扣除工程进度责任目标和赶工目标考核合格时兑现奖金的提前时间。

在每年年初，根据批准的合同工程项目年度计划，项目管理部组织监理机构以及相关部门确定合同工程项目主要工程形象进度、工程量要求和关键线路上的节点工期目标。

各合同工程项目进度计划的考核按季度进行，以分解到各季度的年初确定的考核目标为依据，不考虑客观因素对工期、进度的影响。

考核评分方法：当形象进度要求能够量化时，采取量化评分法；当形象进度要求不能量化时，采取工期折算法。

采取量化评分法时，考核点的基本分为100分，考核点评分＝100×实际完成量占季度计划量的比例。

采取工期折算法时，考核点的基本分为100分，按实际完成工期较计划完成工期拖延或提前的天数与全季度天数（90 d）的比值评分，见式（3.1）和式（3.2）。

$$拖延时考核点评分 = 100 \times (1 - n/90) \qquad (3.1)$$

$$提前时考核点评分 = 100 \times (1 + n/90) \qquad (3.2)$$

式中：n——较计划完成工期拖延或提前的天数。

3.3.3　工程进度考核的奖励与处罚

1. 奖励与处罚实施办法

（1）合同工程进度考核奖励与处罚。

工程建设管理单位根据季度计划考核的结果，对承建单位进行奖励和处罚。罚款及时兑现，年终或者合同完成时，根据合同项目年度总体完成情况决定是否返还。奖励于年终一次性兑现。

① 超额完成季度计划及季度考核评分在100分以上时，给予承建单位奖励。

② 季度考核评分为90~100分时，不奖励、不处罚。

③ 季度考核评分在90分以下时，按季度投资额的一定比例给予处罚。

④ 若季度考核不合格，工地通报批评；若连续两个季度考核不合格，提出警告并通报其总部；若连续三个季度不合格，要求承建单位更换项目负责人。

（2）工程进度责任目标和赶工目标考核的奖励与处罚。

完成工程进度责任目标和赶工目标，予以奖励；未完成责任目标和赶工目标，不予奖励，也不予处罚（承建单位在实施工程进度责任目标和赶工目标时，可能加大了资源投入，这些资源投入不能计入合同结算，虽然没有完成目标，但是不予奖励，也不予处罚）。

2. 奖励与处罚的支付及扣缴

合同工程项目进度考核奖金及罚金在季度考核完成后，由工程建设管理单位发文公布，作为承建单位的信誉和评优的依据，获得奖励的承建单位与工程建设管理单位签订补充协议支付奖金。对于处罚项目，项目管理部下达处罚单。承建单位在接到处罚单7d内，以支票的方式将罚款交到财务管理部。如不能按期缴纳，以罚款1‰的比例按天计算滞纳金，从工程结算款中直接扣除。

第4章 水利水电工程建设监理质量管理

4.1 工程质量控制原则与管理体系

4.1.1 工程质量控制原则

（1）质量第一。

工程质量不仅关系到工程的适用性和建设项目的投资效果，而且关系到国家安全及人民的生命、财产安全。在建设工程管理中，在处理工程投资、进度和质量三者的关系时，应坚持"百年大计，质量第一"的原则，决不能为了抢进度、省投资而降低工程质量要求，造成质量缺陷，留下安全隐患。

（2）坚持质量标准。

质量标准是评价工程质量的尺度。工程质量是否符合合同和规范规定的质量标准要求，应通过质量检验并与质量标准进行对照，符合质量标准要求的才合格，不符合质量标准要求的就不合格，必须返工处理。

（3）全过程控制。

质量产生于过程之中。对设计文件和施工方案进行审查，对工程施工过程进行检查、检验和监督，包括施工单位自检，以及监理机构的旁站、巡视、平行检验和跟踪检验，实施工程质量的全过程控制，将工程质量缺陷消灭于工程管理过程之中。

（4）以预防为主。

由于工程质量的隐蔽性和检验的局限性，在工程质量控制工作中，应采取主动积极的态度行动，事先对影响工程质量的因素加以控制，不要采取消极的态度，等到出现质量问题再进行处理，这样会造成不必要的损失。因此，要重点做好事前控制和事中控制，以预防为主，通过控制过程质量和工序质量来确保工程最终质量满足要求。

（5）以人为核心。

人是工程质量的创造者，所有的工程都是在人的策划、指挥、操作和监督下实施和完成的，人的操作质量可以决定工程的质量。在工程质量控制过程中，应坚持以人为核心的原则，重点提高人的操作素质，控制人的行为，充分发挥人的积极性和创造性，以人的操作质量保证工程质量。

（6）科学管理。

建立科学的质量管理体系。在工程质量控制过程中，要尊重科学，尊重事实，以数据资料为依据，客观、公正地处理工程质量问题。

4.1.2　工程质量管理体系

1. 工程质量管理体系的构成

工程建设管理单位代表业主单位（开发公司）履行水利水电建设工程质量管理的责任，对施工现场的工程质量实行全面管理和控制。

水利水电工程建设管理单位下属的各项目管理部对其所管辖的项目工程质量全面负责，按照合同文件和有关管理办法实施工程质量归口管理。

水利水电建设工程质量管理体系是在工程建设管理单位的统一组织和指导下构建的质量管理体系，是工程建设管理单位各部门、设计单位、监理单位、承建单位、设备与物资供应单位的质量保证体系的有机构成，各单位水利水电建设工程项目负责人为工程质量的第一责任人，接受工程建设管理单位的统一领导，并接受政府部门委托的水利水电建设工程质量监督机构的检查、监督和指导。

水利水电建设工程质量管理体系的总协调机构为水利水电建设工程质量管理委员会（简称"质管会"）。

水利水电建设工程质量管理体系组织机构见图4.1。

2. 质管会

（1）质管会的组成。

质管会由业主单位有关领导、工程建设管理单位、设计单位、承建单位、监理单位和设备供应单位共同组成。工程建设管理单位为质管会的主管单位。

质管会设主任1名，副主任和委员若干名。各成员单位均应派出主要质量管理负责人担任质管会的相应职务。质管会每半年召开一次全体会议，如遇特殊情况，可由主任单位召开临时全体会议，或由半数以上成员单位提出召开

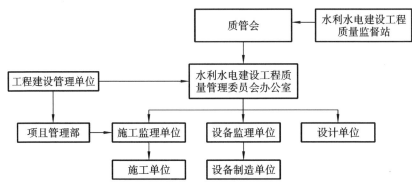

图 4.1 水利水电建设工程质量管理体系组织机构

会议。

水利水电建设工程质量管理委员会办公室（简称"质管办"）为质管会下设的办事机构，具体履行质管会的各项职责及质管会交办的其他工作。

质管办设在水利水电工程建设管理单位，受质管会和工程建设管理单位的双重领导。

水利水电建设工程参建单位必须建立相应的质量管理组织机构，负责本单位的工程质量管理工作，并接受质管会的监督和指导。

（2）质管会的职责。

① 贯彻国家有关工程质量、质量管理的政策、法令和法规。

② 督促有关质量管理规定的实施，搜集质量管理规定实施中各参建单位的意见，并适时组织修订。

③ 对各参建单位的质量保证体系进行检查、评价；督促、协调、指导各参建单位的全面质量管理工作。

④ 全面掌握水利水电建设工程质量状况，对水利水电建设工程的质量管理工作和工程质量进行阶段性的分析、总结和评价。

⑤ 批准工程质量活动计划，组织水利水电建设工程质量宣传、教育、检查、评比、总结、表彰与批评等质量管理活动。

⑥ 协助政府部门委托的水利水电建设工程质量监督机构开展各项检查和监督工作，以及工程安全鉴定工作。

（3）质管办的职责。

① 负责质管会的日常工作，根据质管会的授权，定期召集成员单位研究解决工程质量问题。

② 对水利水电建设工程各参建单位的质量保证体系和质量管理办法进行

检查和指导。

③ 检查项目管理部和监理机构的质量控制与质量管理情况，发现问题及时向质管会汇报。

④ 及时掌握水利水电建设工程质量状况，对工程质量管理问题和质量现状进行阶段性分析与总结，将总结报告提交给质管会。

⑤ 汇总和编写向上级有关部门提供的水利水电建设工程质量汇报材料和文件。工程建设管理单位各部门及工程参建单位应积极支持质管办的工作，及时提供相关质量信息。

⑥ 参与工程质量问题和质量事故的调查和评定，组织审查重大质量事故的处理方案。

3. 工程质量责任体系

（1）工程建设管理单位的责任。

① 建立健全水利水电工程建设管理单位内部的质量保证体系，并建立以工程建设管理单位主任为第一责任人的各级工程质量管理体系，为工程质量管理提供支持与保证。

② 进行资格审查，选择有质量保证能力的设计、施工、监理、工程材料和设备的供应及采购单位。

③ 在招标文件及合同文件中，明确工程、材料及设备等的质量标准以及合同双方的质量义务和责任，并真实、准确、齐全地提供与工程有关的原始资料。

④ 委托监理单位对水利水电建设工程各项目的工程质量进行监督、管理和控制，并授予监理单位开展工作所必需的职权。

⑤ 按照规定组织或参加工程质量检查、签证、验收，以及工程质量事故调查与处理。

⑥ 向工程质量监督机构报告水利水电建设工程质量情况。

⑦ 按合同规定，保证资金及工程建设管理单位负责提供的材料、设备、设计图纸文件的供应，不得因此而影响工程质量和降低工程质量标准，并应负责安排好水利水电建设工程质量管理基金。

⑧ 协助国家有关部门组织工程安全鉴定和验收。

（2）设计单位的责任。

① 建立、健全设计质量保证体系，按有关设计规范、规程进行工程设计，

按设计文件编制规程编制设计文件，按有关规定审签、制定设计文件，确保设计成果的正确性。

②提出工程项目施工合同文件条款和技术规范中的质量标准。

③按设计合同文件约定，保证供图进度和质量。

④提供设计现场服务，解决施工中对设计提出的问题，负责设计变更。

⑤按有关规定参加监理单位和工程建设管理单位组织的工程质量检查、工程事故调查及处理、合同项目验收、工程阶段性验收等工作。

⑥参加国家组织的工程安全鉴定和工程验收工作。

（3）监理单位的责任。

①参加招标设计、招标文件的审查。

②协助项目部进行承建单位资格审查，并对施工总承建单位所选择的分包单位的资质、质量保证能力进行审查。

③审查承建单位的质量保证体系，督促承建单位进行全面质量管理。

④审查批准承建单位提交的施工组织设计、施工技术措施以及按合同规定由承建单位完成的设计图纸和文件。

⑤审核并签发设计单位的施工设计详图和设计文件。

⑥组织设计交底。

⑦建立独立运作的质量监督运行体系，并按合同规定进行全过程全面的施工质量监督和控制。

⑧及时组织单元工程和隐蔽工程的质量检查签证和质量评定，组织进行分部、分项工程验收与质量评定。

⑨向项目管理部报告工程质量事故，组织或参加工程质量事故的调查、事故处理方案的审查，并监督工程质量事故的处理；对工程质量情况进行统计、分析与评价。

⑩对关键部位进行旁站监理，并进行日常监理巡视，同时进行平行检验和跟踪检验。

⑪参加工程安全鉴定工作，以及工程建设管理单位或国家组织的工程验收工作。

（4）承建单位的责任。

①建立健全工程施工质量保证体系，建立责权一致的质量管理机构，落实质量责任制。

②施工组织设计中应制定保证施工质量的技术措施。

③ 组织本单位员工进行技术培训，提高员工的质量意识和质量保证能力，保证施工项目具有足够数量和相应资质的技术人员、管理人员及合格的劳务人员。

④ 按合同规定许可分包的项目，承建单位应事先将所选择的分包单位的资质、质量保证能力报请监理机构审查，并对分包单位及其所使用的合同进行管理和监督，对分包工程项目的施工质量负最终责任。

⑤ 按合同文件规定，采购符合合同规定质量标准的工程材料及设备，并按有关规定对进场工程材料及设备进行试验检测，报监理机构批准后方可使用。

⑥ 按设计文件、有关施工规程和规范，以及合同文件规定的技术要求进行施工，规范施工行为，对施工质量进行严格管理；未经监理机构同意，不得擅自修改设计；不得偷工减料，不得使用不符合设计要求和强制性技术标准要求的产品，不得使用未经检验和试验或不合格的产品。

⑦ 保证所提交的证明施工质量的试验、检测和测量数据的及时性、完整性、准确性和真实性。

⑧ 对监理机构进行的单元工程、隐蔽工程的质量检查签证与质量评定，分项工程和分部工程验收与质量评定，工程质量事故调查和处理等必须给予积极的支持、配合，按时提供相关资料；参加工程安全鉴定工作，以及工程建设管理单位或国家组织的工程验收工作。

⑨ 接受监理机构和工程建设管理单位对施工质量的检查监督，并对其质量检查监督工作进行支持和配合。

（5）设备和物资供应单位的责任。

① 对本单位生产产品的质量负责。

② 必须具备相应的生产条件、技术装备和质量管理体系。

③ 产品质量应符合合同规定，以及国家和行业现行技术标准的要求。

④ 产品必须通过相应的检验或试验，并有产品质量合格证。

⑤ 设备应有详细的使用说明。

（6）参建单位的责任。

① 各参建单位应保证现场技术力量、质量保证体系符合施工质量的要求。

② 各参建单位的行政正职对所参与的水利水电建设工程项目的质量管理工作负领导责任。各参建单位派驻水利水电建设工程现场的项目负责人对本单位在建设中的质量负直接领导责任，技术负责人对本单位的质量工作负技术责

任，具体工作人员为直接责任人。

③ 各参建单位的行政正职和现场项目负责人，应采取措施保证本单位的质量检测部门、质量管理与控制部门能独立行使职能。

④ 各参建单位均应定期进行工程质量总结。

⑤ 工程建设管理单位将年度工程质量总结报告报送水利水电建设工程质量监督机构。工程质量总结的主要内容包括：当期工程项目质量统计汇总、分析和评价；主要质量问题与质量事故发生情况、原因及处理结果；工程质量管理工作情况等。

⑥ 各参建单位均有责任、有权利直接向上级主管部门或水利水电建设工程质量监督机构反映工程质量问题。

4.2　工程质量管理

4.2.1　设计质量管理

1. 设计质量管理的要求

（1）设计质量是保证工程安全、质量的前提，水利水电工程参建各方都应为确保设计质量尽各自的义务和责任。

（2）为保证工程设计质量，水利水电建设工程的主要设计单位可以根据设计工作需要委托其他设计单位承担某些专项设计任务，但被委托的单位必须持有国家有关部门颁发的且与所委托设计任务相适应的设计资质等级证书。严禁无证设计或越级设计。主要设计单位对被委托的设计项目负有总体规划、制定标准、控制投资、组织协调和设计审查的责任，对被委托设计项目的质量负最终的责任。

工程建设管理单位自行委托的设计任务，受委托的设计单位亦应按上述要求执行。

（3）在工程建设管理单位与设计单位签订的设计合同文件的供图协议中应明确对供图进度、设计质量、设计现场技术服务等的要求。

（4）招标设计和施工图设计必须按照国家批准的工程可行性研究报告确定的原则进行，并符合下列设计质量要求。

① 工程招标设计的内容和深度应满足工程招标发包工作的要求，应包括

招标工程项目范围、总体布置、主要结构形式及设备选型、施工程序与主要施工方法、进度安排与控制性工期、主要技术要求与技术标准、总工程量与分项工程量明细、分标建议与招标进度安排等内容。

② 工程的施工图设计应充分考虑在保证工程质量和安全的前提下，方便施工。同时，设计单位还应尽可能使施工图设计在具体结构形式、设备选型、施工技术质量要求、施工难度、工程量等方面与招标设计一致，避免施工合同或设备制造合同发生较大差异的变更，如合同项目的变动、合同工程量调整和施工方法的变动等。

③ 设计图纸、文件的供应必须满足设计合同和供图协议中规定的供图进度要求，满足工程施工进度的要求。

2. 设计审查及设计图纸和文件的签发

（1）设计单位提交的图纸和文件，必须经过其内部严格的校审，且校审手续完备。

（2）工程招标设计由工程建设管理单位及时组织审查并批复审查意见。设计单位应在规定的期限内依据工程建设管理单位批准的设计审查意见对招标设计进行修改、补充和完善。设计单位对审查意见有异议时，应尽快向工程建设管理单位说明缘由。如果工程建设管理单位坚持原审查意见，设计单位应按审查意见执行，同时，工程建设管理单位应承担相应的决策责任。

（3）施工设计图纸和文件按工程建设管理单位内部审签程序审查后，由项目管理部签发监理机构。监理机构应在合同规定的期限内进行审核，然后签发承建单位。未经监理机构审核签证并加盖公章的设计图纸和文件不能作为施工的依据。

（4）承建单位必须在施工前对签收的设计图纸和文件进行认真的梳理与检查，完全理解设计意图并检查无误后方可施工。

（5）对于施工过程中所发现的施工设计图纸和文件的问题，一般按规定的程序先报监理机构审核、确认或组织研究解决。在监理机构未发出"停止执行"或"暂停执行"的书面指令之前，承建单位应按原设计执行。

3. 设计修改和变更

（1）在水利水电建设工程施工中，参建各方都有权提出书面的设计变更建议。监理机构对设计变更与建议进行审查，并提出书面审查意见。设计变更必

须经设计单位正式批准，并以监理机构签发的文件为准。

（2）当设计图纸或文件与国家审定的可行性研究报告中的设计有重大出入时，如工程规模、枢纽总体布置、主要建筑物形式、安全设防标准、施工度汛标准，以及其他涉及工程安全的重大问题，必须由工程建设管理单位组织设计单位编制相应的设计文件，报业主单位审查批准。重要设计变更与工程招标文件和合同文件相比有较大变化，由工程建设管理单位组织有关各方最终审查后批准；一般设计变更由监理机构审查报项目管理部批准。重大设计变更应在审查前三个月提出，重要设计变更提前一个月提出，一般设计变更提前 14 d 提出。

（3）工程设计变更一般会对合同履行及管理产生影响，参建各方应谨慎对待并严格控制。为了保证设计质量，设计单位应切实保证可行性研究、单项工程初步设计、单项工程招标设计、施工图设计等各阶段的设计质量和设计深度，并使各阶段的设计成果能够紧密衔接，以尽可能避免和减少因设计工作质量问题而造成的设计修改和变更。

（4）非设计单位及其设计图纸和文件原因引起的设计修改与变更等，应由工程建设管理单位委托设计单位进行研究，设计单位应认真听取建议并加以论证，积极采纳合理化建议，并对采纳建议后的设计质量负责。对于设计单位不同意采纳的设计变更建议，工程建设管理单位有权做出一般设计变更的决策，并对决策方案的正确性负责，设计单位受工程建设管理单位委托进行变更设计时，对自己设计成果的质量和安全性负责。

4.2.2　设备和材料质量管理

1. 工程设备和材料质量管理的要求

（1）工程设备和材料由合同文件约定的单位招标采购，并确定其供应厂家，严格禁止不合格的工程设备和材料进入水利水电建设工程工地。

（2）采购单位应对可能供货的厂家进行调查和综合考察后，通过招标择优确定工程设备和材料的供应厂家。调查和考察的主要内容包括厂家资质等级和生产许可证书、质量保证体系及质量保证能力、质量检测手段、供货能力、产品性能及采用的标准、产品适用于本工程的试验论证资料及在同类工程中至少两年的使用记录证明、资料历史与用户反映等，新产品、新材料还应提供国家有关部门的鉴定资料。

（3）承建单位在采购工程设备和材料前，应将拟定的供应厂家的资质证明文件及相关调查报告提交监理机构审查批准。

（4）设计单位可以根据工程的需要推荐工程设备和材料的供应厂家，但不能指定厂家或供应单位，尽量避免推荐独家生产厂家生产的产品。

（5）工程设备和材料的采购必须严格按设计技术要求及合同规定的质量标准进行，并把工程设备和材料的质量放在采购工作的首位。严禁为追求降低成本以及获取本单位的利益而擅自降低质量标准，或向无生产资质和质量信誉不佳的厂家采购无质量保证的产品。

2. 工程设备和材料采购及生产过程质量管理

（1）工程设备和材料采购单位必须组织好设备制造监理工作，以及工程材料和设备的出厂检验与验收工作。

（2）设备制造监理单位及其人员应符合国家有关监理资质规定，应对设备制造厂家的质量保证体系进行监督、对设备制造的全过程进行质量跟踪与监督，严格履行设备制造过程中的重要工序及重要阶段的质量检查与签证手续。

（3）重要工程设备的出厂验收，应由采购单位组织施工监理单位、设备制造监理单位、承建单位以及工程建设管理单位有关部门（项目管理部、设备物资部、电站筹备处等）共同进行。设备出厂验收除应遵照国家有关规定及合同文件外，还应特别注重设备制造与安装在质量、技术、工艺等方面的顺利衔接。

（4）采购单位应定期到主要工程材料（如水泥、粉煤灰、钢材等）的生产厂家进行质量检查和抽样检测，对发现的问题应责成厂家限期整改，必要时终止采购合同。

3. 进场设备和材料的质量认定及交接

（1）进场工程材料必须有产品合格证，并按规定进行必要的现场检测和试验。进场的工程材料必须经监理机构验收合格后才能用于本工程。

（2）进场工程设备在合同规定的期限内由采购单位组织承建单位、施工监理单位、设备制造监理单位、设备制造厂家进行交接验收。设备交接验收的主要内容包括设备数量清点、外观检查、必要的检测，以及图纸资料的审核和移交。设备到达工地后的验收程序见图4.2。

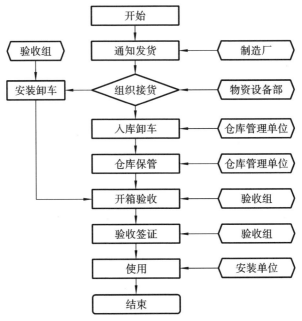

图4.2 设备到达工地后的验收程序

（3）设备安装、调试和试运行中发现并经监理机构确认的设备制造质量问题，仍应由设备采购单位组织制造厂在监理机构确定的期限内予以处理，由此发生的一切费用（包括承建单位因此而提出的工程索赔费用）由采购单位承担。

4.2.3 施工质量管理

1. 工程施工招标阶段的质量管理

（1）监理机构参加工程施工项目的招标工作，应对投标承建单位的资质、施工质量保证能力进行详细了解，认真审查。审查的主要内容如下。

① 投标承建单位的资质和质量保证体系。

② 投标承建单位以往工程业绩和施工质量情况。对近五年来承建工程发生重大以上质量事故的投标承建单位，应视其整改情况取舍。

③ 对近一年内承建工程发生特大质量事故的投标承建单位，不得许可其独立承担水利水电建设工程主体工程项目的施工任务。

④ 投标承建单位应对投标工程项目做完整的施工组织设计，其内容包括

施工方法和措施，投入本工程的项目经理人选、主要技术人员和施工设备等。

（2）监理机构参加评标时，应认真分析投标承建单位的报价水平。监理机构参加决标时，建议拒绝以低于施工成本的价格或其他不利于保证工程质量的价格报价的投标单位。

（3）承建单位进场后，监理机构应对其投标时承诺的进场人员、组织机构、施工设备进行核查。对未能按合同规定履行的，监理机构应督促、责令其履约，直至按合同规定处罚。

（4）非水电专业施工队伍，不能独立或作为联营体责任方承担水利水电建设工程主体工程项目和其他具有水电专业特点的工程项目的施工任务。

2. 工程施工质量保证体系审核

（1）审核组织。

监理机构对承建单位的工程施工质量保证体系进行审核，项目管理部则对其进行监督和检查。

（2）审核内容。

① 施工项目管理组织机构。

② 岗位职责。

③ 合同项目工程施工质量管理责任目标。

④ 质量管理规章制度。

⑤ 人员培训计划。

⑥ 施工资源投入保证（人员、设备和资金等）。

⑦ 施工测量、检测和试验手段。

⑧ 材料和设备采购计划及质量控制体系。

⑨ 质量不合格工程的控制与管理。

⑩ 工程施工质量统计、分析和报告。

3. 工程转包与分包管理

（1）为保证工程质量，有的工程建设管理单位禁止任何形式的转包。

（2）工程分包应按合同文件规定进行，分包工程量宜不超过合同总工程量的20%，且禁止将合同工程项目中的主要部分进行分包，重要工序和工程部位严禁分包。

（3）分包单位不得再次分包，禁止层层分包的行为。

（4）承建单位进行分包时，其分包项目、分包单位资质、分包单位质量保证能力、分包合同等均须报监理机构审查，并提出书面审查意见后报项目管理部批准。项目管理部和监理单位不得对承建单位违反规定的分包行为失察。

（5）监理机构应督促承建单位将分包工程项目的质量管理纳入自身的质量管理体系，对其施工质量进行检查签证，并对其工程质量承担连带责任。

4. 工程质量控制的方法和措施

（1）审查施工技术文件、报告和报表。

① 监理机构审查进入施工现场的分包单位的资质证明文件，控制分包单位的质量。

② 审批承建单位的开工申请，检查、核实与控制其施工准备工作质量。

③ 审批承建单位提交的施工组织设计、施工技术方案、质量控制计划和措施，确保工程施工质量有可靠的技术措施保障。

④ 审批承建单位提交的有关材料、半成品和构配件、设备的质量证明文件（出厂合格证、质量检验或试验报告），确保工程质量有可靠的物资基础。

⑤ 审核承建单位提交的反映工序施工质量的动态统计资料或管理图表。

⑥ 审核承建单位提交的有关工序质量证明文件（检验记录及试验报告）、工序交接检查文件、隐蔽工程质量检查报告等资料，保证施工过程的质量。

⑦ 审核设计图纸和文件、设计变更等，确保设计及施工图纸的质量。

⑧ 审查或审批新技术、新工艺、新材料、新机构等的技术鉴定书，审查其应用申请报告，确保其应用质量。

⑨ 审查或审批有关工程质量事故或质量问题的处理报告，确保工程质量事故或质量问题处理的质量。

⑩ 审核或签署施工现场有关工程质量的技术签证、文件等。

（2）设置工程施工质量控制点。

工程施工质量控制点是为了保证施工过程的质量而确定的重点控制对象、关键部位或薄弱环节。对于质量控制点，一般要事先分析可能造成质量问题的原因，并针对原因制定措施进行预控。

质量控制点包括影响质量的关键工序、操作、施工顺序、技术、材料、机械、自然条件、施工环境等，以及那些保证质量难度大、对质量影响大或发生质量问题危害大的对象。

承建单位在进行工程项目施工前，应根据施工过程质量的控制要求，在施工组织设计或施工技术措施中列出质量控制点明细表，表中详细地列出各质量控制点的名称、控制内容、检查标准和方法等，提交监理机构审查批准后，在此基础上实施工程施工质量预控。

（3）实行施工工序质量合格证制度。

工序是单元工程的组成部分，是施工过程最基本的质量控制单位。施工质量是决定工程质量的基础，应对施工过程中每道工序的质量进行有效控制，保证整个工程的质量处于有效和可靠控制之中。

水利水电建设工程实行施工工序质量合格证制度，在工程施工过程中，每道工序完成后，经过承建单位"三级自检"合格后，再报监理工程师进行复检，合格后签署施工工序质量合格证。只有签署了施工工序质量合格证的工序，才能进入下道工序的施工。实行施工工序质量合格证制度是监理机构进行工程质量控制的重要措施。

监理工程师在签署施工工序质量合格证之前，应先熟悉设计图纸、合同文件和国家规程规范，再对待检对象进行认真仔细的检查，对工序的主要参数或关键技术指标进行必要的复测或试验。对于重要或关键的施工工序或试验，监理人员应实行旁站监理，监理工程师认为施工条件、程序和结果满足规定的要求后，才予以签发施工工序质量合格证。

施工工序质量合格证的格式见表4.1，其附件应根据不同工序进行设计。施工工序质量合格证是进行单元工程质量验收和评定的依据，同时，只有签署施工工序质量合格证的工序才能进行工程计量，并作为结算的依据。

表4.1 施工工序质量合格证的格式

承建单位： 合同编号： No.

以下施工工序业已完成，经承建单位自检合格，并经监理单位确认，特发此施工工序质量合格证，以资办理工程计量			
工序名称		工程量	
单元工程		分项工程	
分部工程		单位工程	
施工依据	图纸编号、图纸名称		

续表

施工记录	施工部位（高程、桩号或位置），测量、检测和试验数据及草图	
验收意见	承建单位自检结论： 　　　　　　　　年　月　日	监理单位验收意见： 　　　　　　　　年　月　日
验收签证	承建单位签证： 班组：　　施工队：　　施工项目部：	监理单位签证： 监理工程师：　　专业监理负责人：

附件：施工测量、检测和试验数据等。

（4）现场监督检查。

① 旁站。

在工程施工过程中，监理人员应对重要施工项目或关键施工工序进行全过程旁站监理，以便及时发现现场施工或操作不当之处，以及不符合规程、标准的施工行为。只有通过监理人员的现场旁站监督与检查，才能发现质量问题并进行及时控制。

监理机构应制定旁站监理规划，明确旁站组织、项目、工序或部位，以及岗位职责等。监理机构将旁站监理规划报项目管理部审批后实施。

② 巡视。

监理人员对正在施工的一般部位或工序现场进行定期或不定期的巡视，监督承建单位的施工活动，保证施工质量控制不出现死角。

③ 平行检验。

监理机构利用检查、测量、检测或试验手段，在承建单位自检的基础上，按照合同规定的比例独立进行平行检验。

平行检验是监理机构进行质量控制的一种重要手段，在技术复核及复验工作中采用，是监理机构对工程质量验收和评定做出自己独立判定的重要依据。

④ 跟踪检验。

在承建单位进行工程质量检查、测量、检测或试验时，监理人员进行现场跟踪，见证承建单位检验全过程。

跟踪检验可以见证承建单位进行工程质量检查、测量、检测或试验的工作结果的真实性，有利于监理人员对工程质量验收和评定做出合理的判定。

（5）实施开工（仓）会签制度。

混凝土仓面浇筑在开工（仓）之前，必须签署开工（仓）会签单。首先，由承建单位对混凝土仓面进行检查验收，合格后通知相关专业项目监理人员实施联合检查，然后签署开工（仓）会签单。在签署开工（仓）会签单之后，承建单位才能进行混凝土浇筑。

（6）下达指令性文件。

下达指令性文件是监理机构根据监理合同的授权使用工程质量决定权的一种形式。监理机构从工程施工全局利益和目标出发，针对某项施工作业或管理问题，经过充分调查、研究、沟通和决策后，必须要求承建单位严格按照监理机构的意图和主张实施工作。对此，承建单位负有全面正确执行指令的责任，监理单位负有指令实施效果的责任。

监理机构下达指令性文件应采用书面形式。如因时间紧迫，不能及时做出正式的书面指令，也可用口头指令的方式下达给承建单位，但随后应立即按合同规定补充书面文件，对口头指令予以确认。

指令性文件由监理机构以监理文件的方式下达给承建单位，包括工程开工令、工程暂停令、工程停工令、工程复工令。

当工程施工准备工作经监理机构检查达到开工条件后，总监理工程师签署开工令。

当出现下列情况需要停工处理时，总监理工程师应下达工程暂停令。

① 施工作业活动存在重大隐患，可能造成质量事故或已经造成质量事故。

② 承建单位未经许可擅自施工或拒绝接受监理机构的管理。

当出现下列情况时，监理机构有权行使质量控制权，由总监理工程师下达工程停工令。

① 施工中出现质量异常情况，经监理人员提出后，承建单位未采取有效措施，或措施不力未能扭转异常情况。

② 隐蔽作业未经规定的程序进行检查和验收并确认合格而擅自封闭。

③ 已发生质量问题但迟迟未按监理机构的要求进行处理，或者已产生质量缺陷或问题，如果不及时停工，则质量缺陷或问题将继续发展。

④ 未经监理机构同意，承建单位擅自变更设计或修改设计图纸进行施工。

⑤ 未经技术资质审查的人员或不合格人员进入现场施工。

⑥ 使用的原材料、半成品和成品不合格或未经监理机构确认；承建单位擅自采用未经监理机构审查认可的代用材料或产品。

⑦ 擅自使用未经监理机构审查认可的分包单位进场施工。

总监理工程师在签发工程暂停令或工程停工令时，应根据停工原因的影响范围和程度，确定工程项目的停工范围。

承建单位经过整改具备重新施工的条件后，由承建单位向监理机构提出复工申请并报送相关材料，证明造成停工的原因已消除。经监理人员现场复查，认为已具备继续施工的条件，造成停工的原因已消除，总监理工程师应及时签署工程复工报审表，指令承建单位继续施工。

总监理工程师下达开工令、工程暂停令、工程停工令、工程复工令时，应向项目管理部报告。对影响范围较大或者影响工程总进度计划的关键项目，在下达上述指令前，应经项目管理部批准。

（7）制定施工质量控制工作程序。

监理机构应制定各方必须遵守的工程施工质量控制工作程序，并监督各方按规定的程序进行工作。工程质量控制的程序化管理可使工程质量控制工作进一步落实，做到科学、规范管理和控制。

（8）实施联合验收制度。

分部（分项）工程或单项工程施工完毕后，由监理机构组织工程建设管理单位有关部门、设计单位、设备制造单位和施工单位组成联合验收小组，对完工项目进行工程质量验收，并进行质量等级评定。通过工程质量联合验收，联合验收小组对工程存在的质量问题提出意见，并要求责任单位进行处理，完全达到设计要求和规程规范的规定后，方可办理验收签证。

（9）工程价款结算控制。

经监理机构检查签认工程施工质量合格的项目，才能签发工程价款支付凭证。工程施工质量不合格的项目不得办理任何结算手续。办理工程价款支付时，应依据合同规定，按月进度款的一定比例逐月扣留承建单位的质量保证金。在工程缺陷期，如果承建单位不按监理机构的指示处理施工质量问题，监理机构将按合同规定扣除部分或全部质量保证金。

5. 工程准备中的质量管理

（1）做好工程开工前的施工准备，是对施工质量进行预控的重要措施。监理机构和承建单位对此应予以高度重视并严加控制。

（2）合同工程项目开工前，监理机构应督促承建单位按施工承包合同的规定，提交详细的施工组织设计，建立健全质量保证体系和质量管理机构，明确承建单位各级管理层次的质量负责人，制定质量保证措施，并报监理机构审查，批准后方可开工。

（3）隐蔽工程以及监理机构明确规定的重要分项工程、分部工程和单元工程开工前，监理机构应督促承建单位提交相应的施工方案、质量保证措施等报监理机构审查，批准后方可开工。

（4）施工前，监理机构应督促承建单位对相关施工部位的场地、施工道路，以及施工机械设备和人员、工程材料和水电供应等的准备情况予以全部落实，经监理机构认真检查，确认达到合同规定后方可开工。

（5）主体工程混凝土大规模浇筑前，监理机构应监督承建单位做好混凝土拌和、运输、入仓、平仓、振捣等工艺试验，通过试验确定施工及质量控制参数，并提出工艺试验报告，报监理机构验证批准后执行。

（6）建基面及特殊部位开挖、预应力锚索、金属结构焊接等关键施工项目应按合同及有关规程规范的规定进行工艺试验，确定施工及质量控制参数，报监理机构批准后执行。

6. 工程施工过程中的质量管理

（1）监理机构应监督承建单位严格按合同规定的质量标准、监理机构签发的设计图纸和文件，以及监理机构批准的施工方案组织施工。施工方法的改变应报监理机构审批。

（2）用于施工的工程材料、永久设备，必须经监理机构检查签证。

（3）监理机构应监督承建单位教育、约束、监督各级施工人员规范施工行为，严格按照水利水电工程施工规程规范及合同的规定进行施工，禁止违规操作。

（4）监理机构应监督承建单位严格实施工序管理，制定并认真实行工序交接检验签证制度，上道工序合格才能进入下道工序施工。

（5）监理机构应加强施工现场的监理工作，对施工的全过程进行全面的检

查和监督。

（6）对于建基面及特殊部位开挖施工、主体工程混凝土浇筑、高边坡预应力锚索及系统锚杆施工、永久设备安装、地下工程施工等项目的重要施工工序，监理机构应采取旁站监理的工作方式。

（7）现场监理人员要对施工方法、施工人员配置、施工设备状况、施工资源保证和施工组织措施等一切可能影响施工质量的因素进行检查和监督，并做好记录，发现问题立即要求承建单位整改。当要求改正的问题未能得到承建单位的响应，并有可能因此而产生工程质量事故时，现场监理工程师有权下达2 h以内的"暂停施工"现场指令，同时应立即向总监理工程师报告。当监理机构认为承建单位对"暂停施工"现场指令仍未采取措施进行有效响应时，在征得项目管理部同意后，下达"暂停施工"的书面指令。

（8）现场监理人员应坚持查阅施工原始记录及检测数据。承建单位有关人员必须接受监理机构现场监理人员的检查和监督，以及其下达的指令。

（9）设计单位应参加施工质量巡视，对违反设计要求和不规范的施工行为，有责任及时向监理机构或项目管理部反映，并提出书面意见，对施工中发现的设计问题、地质问题要及时研究解决。

（10）定期或不定期进行工程质量专项检查，其检查程序见图4.3。工程质量专项检查主要针对工程施工过程中的关键阶段或关键项目，由工程建设管理单位组织，有关参建单位分管工程质量的负责人参加。

7. 工程施工质量检查签证与验收管理

（1）对于涉及国家有关部委、地方政府，以及关系社会公共利益和安全的重大工程的验收，如截流前验收、蓄水前验收、机组启动验收、工程竣工验收等，应按国家有关规定进行。

（2）施工工序应先由承建单位"三级自检"合格，再由监理机构复检或抽检合格后签署质量合格证。

（3）监理机构应及时组织相关单位对单元工程、隐蔽工程、分部工程、分项工程的施工质量进行逐层次的检验签证和质量评定，并协助工程建设管理单位组织单位工程、重要工程阶段和合同工程项目的验收。单元工程、隐蔽工程项目的质量检查验收与签证工作应在收到承建单位申请的12 h内完成。

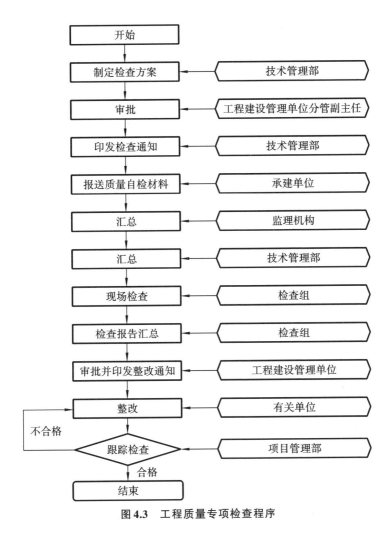

图4.3　工程质量专项检查程序

（4）在合同工程项目验收、国家组织的工程阶段验收和工程竣工验收时，监理机构在提供的监理文件中，对工程质量存在的问题及其处理结果进行翔实的介绍，并提供检查签证资料。

（5）监理机构应督促承建单位提供工程验收文件和施工过程资料，包括工程施工质量检查签证记录、材料和设备试验检测记录、产品出厂合格证、验收签证资料、施工质量评定、质量事故调查及处理报告等，由监理机构审核后移交建设工程管理单位。

4.3　工程质量事故与问题处理

4.3.1　工程质量事故处理

1. 工程质量事故的分类

工程质量事故按对工程耐用性、可靠性和正常使用的影响程度，检查、处理事故对工期的影响时间和直接经济损失，分为一般质量事故、较大质量事故、重大质量事故、特大质量事故四类。不同行业对工程质量事故的分类标准是不同的，大型水利水电建设工程质量事故的分类标准可参见表4.2。

表4.2　大型水利水电建设工程质量事故的分类标准

情况		分类			
		特大质量事故	重大质量事故	较大质量事故	一般质量事故
事故处理所需的物质、器材和设备、人工等直接损失费用/万元	大体积混凝土、金结制作和机电安装工程	>3000	>500，≤3000	>100，≤500	>20，≤100
	土石方工程、薄壁混凝土工程	>1000	>100，≤1000	>30，≤100	>10，≤30
事故处理所需合理工期/月		>6	>3，≤6	>1，≤3	≤1
事故处理后对工程功能和寿命的影响		影响工程正常使用，需限制条件运行	不影响正常使用，但对工程寿命有较大影响	不影响正常使用，但对工程寿命有一定影响	不影响正常使用和工程寿命

注：①直接经济损失费用为必需条件，其余两项主要适用于大中型工程；

　　②小于一般质量事故的质量问题称为"质量缺陷"。

2.工程质量事故的报告

（1）工程质量事故发生后，事故单位应初步判定事故类别并立即报告监理机构，保护好事故现场，同时调查事故原因。监理机构根据事故的性质，报告工程建设管理单位或相应的管理部门。

（2）工程质量事故发生后的3d内，监理机构应在进一步查明事故情况的基础上，向项目管理部提交工程质量事故简要报告，报告事故发生的经过、初步判定的事故原因、初步估计的工期损失和经济损失、处理后仍可能对工程使用及工程寿命产生的影响。

（3）较大质量事故以上的事故在发生后的12h内，项目管理部应向工程建设管理单位报告。其中，发生重大、特大质量事故后的24h内，由工程建设管理单位向水利水电建设工程质量监督机构及业主单位报告事故概况，15d内报告事故详细情况，包括事故发生的时间、部位、经过、估计损失和事故原因初步判定等。事故处理完成后1个月内报告事故发生、调查、处理情况及处理结果。事故处理时间超过2个月的，应逐月报告事故处理的进展。

（4）工程建设管理单位、监理单位、设计单位和承建单位应对工程质量事故的经过做好记录，并根据需要对事故现场进行拍照录像，为事故调查和处理提供依据。

（5）当工程质量事故危及施工安全，或不立即采取措施会使事故进一步扩大甚至危及工程安全时，应立即停止施工并上报。工程建设管理单位应立即组织监理、设计、施工、运行管理等单位和有关专家进行研究，提出临时处理措施，避免造成更为严重的后果。

3.工程质量事故的调查

（1）工程质量事故调查应遵循"三不放过"的原则，即事故原因不查清不放过，主要事故责任者和职工未受到教育不放过，补救措施和防范措施不落实不放过。

（2）工程质量事故调查权限。

① 一般工程质量事故由监理机构负责调查。

② 较大工程质量事故由项目管理部组织专家进行调查。

③ 重大工程质量事故由工程建设管理单位组织专家进行调查。

④ 特大工程质量事故由业主单位组织专家进行调查。

（3）工程质量事故调查的主要内容。

①事故发生的原因、地点、工程项目及部位。

②事故发生的经过和事故状况。

③事故原因及事故责任单位、主要责任人。

④事故类别及处理后对工程的影响，如工程寿命、使用条件等。

⑤对补救措施及事故处理结果的意见。

⑥提出事故责任处罚建议。

⑦今后防范建议。

⑧附件：事故取证材料。

4. 工程质量事故的处理

（1）工程质量事故处理方案应在查清事故主要原因的基础上，按事故类别由相应单位提出。

一般工程质量事故处理方案，由事故责任单位提出，报监理机构。监理机构征求设计单位和项目管理部意见后批准实施。必要时，一般工程质量事故处理方案也可由工程建设管理单位直接委托设计单位提出，征求监理机构意见后批准实施。

较大工程质量事故处理方案，由事故责任单位提出，监理机构组织设计、施工、运行管理等单位共同审查，提出审查意见，经技术管理部和项目管理部会签并报工程建设管理单位审批后实施。

重大及特大工程质量事故处理方案，由工程建设管理单位委托设计单位提出，并组织专家审查后实施。

（2）工程质量事故在监理机构的直接监督下进行处理。

工程质量事故由事故责任单位负责处理。一般和较大工程质量事故处理完成后，监理机构组织检查验收；特大、重大工程质量事故处理完成后，监理机构协助项目管理部组织检查验收。

（3）工程质量事故处理完成后 14 d 内，造成事故的责任单位提交"水利水电建设工程质量事故处理报告"，其基本内容如下。

①工程概要。

②工程项目名称、设计单位、监理单位、承建单位及合同号、合同期限、事故发生前已完成的工程量及工程形象进度。

③工程质量事故发生时间、地点、工程项目和部位。

④ 工程质量事故发生经过、事故状况描述（附图），以及工程质量事故类别。

⑤ 工程质量事故发生原因及主要责任人。

⑥ 工程质量事故处理方案及处理结果。

⑦ 工程质量事故造成的损失（工期、经济损失）以及处理后对工程的影响（工程寿命、工程使用）。

⑧ 对事故责任人（主要责任人及有关人员）的教育与处罚。

⑨ 应吸取的教训与采取的防范措施。

⑩ 其他。

（4）"水利水电建设工程质量事故处理报告"按承建单位、监理机构、项目管理部、工程建设管理单位的顺序逐级上报和审批。"水利水电建设工程质量事故处理报告"及其有关文件（工程质量事故报告、工程质量事故调查报告、工程质量事故处理方案和工程质量事故处理检查验收证书等）均应列入工程验收资料之中。

5. 工程质量事故责任和处罚

（1）工程质量事故的责任单位由事故调查单位或调查专家组判定，并应征求监理机构和工程建设管理单位的意见。

当事方对事故责任的判定有异议时，可在收到调查报告的7d内向水利水电建设工程资料管理委员会提交申诉报告，并由质管会负责签署意见后向调查单位传达。

（2）工程质量事故的经济处罚由工程建设管理单位根据事故大小及其对工程的影响，以及工程质量事故调查单位所提意见，按合同规定具体实施；合同规定不明确或没有规定时，按国家规定和工程建设管理单位有关规定执行。质量事故责任单位应接受相应的处罚，并按合同规定赔偿损失。

（3）凡发生工程质量事故的责任单位，由质管会在全工程范围内进行通报批评；对于发生重大、特大工程质量事故的责任单位，由质管会向其上级主管部门通报情况。

（4）工程建设管理单位有权要求与发生重大、特大工程质量事故的责任单位终止合同。

（5）因工程质量事故危害公共利益和安全，构成犯罪的责任单位，由司法机关依法追究其法律责任。

（6）在工程项目实施过程中，若监理机构未能及时发现和纠正严重设计错误及施工质量问题，对严重违反合同规定和规程规范的施工行为失察或未进行及时有效的制止，则监理机构对工程质量事故应承担相应的责任，并按监理合同的规定由工程建设管理单位予以经济处罚，直至终止监理合同。

（7）发生工程质量事故，且有下列行为之一者，应视情节轻重，对责任单位和责任人加重处罚。

① 在施工中，偷工减料、使用不合格产品、伪造记录、不按规定的要求施工的。

② 在工程质量检查验收中，提供虚假资料的。

③ 发生工程质量事故隐瞒不报或谎报的。

④ 对按规定进行质量检查、事故调查设置障碍的。

⑤ 对严重违反法规和设计要求的施工行为默认、姑息甚至纵容的。

⑥ 在履行职责中玩忽职守的。

⑦ 其他违反有关质量管理规定的。

（8）工程质量管理长期处于混乱和失控状态，工程多次发生重大质量事故或出现特大质量事故，并造成工程安全问题的，除事故直接责任单位应负直接责任外，监理机构应承担连带责任。

4.3.2　工程质量问题处理

若工程质量不合格，且经济损失或处理工期小于表4.2中的规定，则一般认为存在工程质量问题。

1. 工程质量问题处理方式

（1）当施工引起的质量问题处于萌芽状态时，监理机构应及时制止，并要求承建单位立即更换不合格的材料、设备和不称职的人员，或要求承建单位立即改变不正确的施工工艺和操作方法。

（2）当施工引起的质量问题已经出现时，应立即向承建单位发出"监理通知"，指令承建单位对质量问题进行补救处理，并采取有效的质量保证措施。

（3）当某道工序、单元工程或分部分项工程完工验收时，若发现不合格项，监理机构应向承建单位发出"不合格项处理意见单"，要求承建单位及时采取措施予以整改。监理机构应对补救方案进行确认，跟踪处理过程，对处理结果进行验收，否则不允许进行下道工序或工程项目的验收。

（4）在工程移交后的保修期内发现的质量问题，监理机构应及时发出"监理通知"，指令承建单位对出现质量问题的部位进行修复、加固或返工处理。

2. 工程质量问题处理程序

（1）当发生工程质量问题时，监理机构首先调查工程质量问题的情况，判断其严重程度。

（2）当不处理发生的工程质量问题会影响下道工序或项目工程质量时，监理机构应签发"工程暂停令"，指令承建单位停止有质量问题的部位和与其有关部位及下道工序的施工。必要时，要求承建单位采取保护措施。

（3）对可以通过返工、修补解决的工程质量问题，监理机构发出"监理通知"，责令承建单位编写工程质量问题调查报告，提出处理方案，报监理机构审批，承建单位按批复的意见进行处理。必要时，报项目管理部和设计单位认可。监理机构对承建单位的质量问题处理情况进行跟踪检查。对处理结果应重新进行验收。

4.4　工程质量的监督、考核及奖罚

4.4.1　工程质量监督

（1）由工程建设管理单位负责向业主单位申请，并由业主单位联系成立水利水电建设工程质量监督机构，负责水利水电建设工程质量监督工作。

（2）水利水电建设工程接受水利水电建设工程质量监督机构对其工程质量的监督。依照国家有关规定，监督机构对工程质量的监督，不能替代工程建设管理单位和监理机构的工作，监督机构也不参与日常工程质量管理。

（3）水利水电建设工程的参建各方应做到以下几点。

① 接受国家依据有关工程质量、质量管理的政策和法规进行的监督。

② 对工程质量及监理管理状况进行监督。

③ 对重大、特大工程质量事故进行调查，批准重大工程质量事故处理意见。

④ 接受国家组织的工程验收。

⑤ 做好质量监督机构要求的其他监督工作。

（4）参建各方必须接受水利水电建设工程质量监督机构及其派出的人员对水利水电建设工程质量的巡视检查，并积极协助他们了解、掌握工程质量和质量管理状况，对他们指出的问题认真自查、按期整改，对他们提出的建议和要求认真落实。

4.4.2　工程质量考核

在水利水电建设工程中，工程建设管理单位、监理单位、设计单位、承建单位、设备和材料供应单位均应建立比较完善的质量保证体系，并采取切实可行的质量控制和管理措施。

各参建单位应当根据水利水电建设工程的条件，以及合同和国家有关规定，制定明确的工程质量目标。工程建设管理单位与工程参建单位签订工程质量责任目标书，实行工程质量责任目标管理。

根据工程建设管理单位与工程参建各方签订的工程质量责任目标书，监理机构分阶段（季度、半年和年度）对承建单位进行考核。监理机构将工程质量责任目标考核意见报送项目管理部审批，再由工程建设管理单位批准。

工程建设管理单位根据工程质量责任目标考核的结果实施相应的奖励与处罚。

4.4.3　工程质量奖励与处罚

（1）水利水电建设工程质量管理工作遵循工程质量与经济挂钩的原则。业主单位对设计、施工、监理等单位的工作质量进行奖罚的办法应当在相关合同中予以明确。合同中规定不明确或没有规定时，应按工程建设管理单位有关规定执行。

（2）监理机构应按合同规定扣留质量保证金，其具体扣留、返还方式按合同规定执行。

（3）监理机构根据施工过程中揭露的地质条件和设备制造技术等，对设计进行优化或提出合理的建议，经规定程序审批实施后，确有技术经济效益并能保证工程质量的，工程建设管理单位可按合同规定及国家部委有关规定给予适当奖励。

（4）为了保证水利水电建设工程质量管理工作的有效开展，设立水利水电建设工程质量管理专项基金，用于工程质量管理的宣传、奖励及其他日常工作。该专项基金的来源和数额由工程建设管理单位确定，并规定其使用办法。

（5）各参建单位应制定本单位内部的质量经济奖罚办法，实行优奖劣罚。参建单位可以按本行业或本系统有关规定设立质量奖励基金，用以奖励在工程质量和质量管理工作中取得优异成绩的下属单位和个人。对因违规、违纪、失职等导致质量事故、质量低劣或质量管理工作混乱的责任单位和个人给予经济处罚，罚款纳入质量奖励基金。

（6）建立奖励举报制度。任何人都可以对偷工减料、违反质量管理规定的行为进行举报。对举报人给予奖励，对违规者予以相应的处罚。

第5章 水利水电工程建设监理安全管理

5.1 工程安全管理策划与管理体系

5.1.1 工程安全管理策划

技术管理部负责水利水电建设工程的安全管理策划，并每年编制工程安全管理策划报告，为工程建设管理单位提供工程安全管理决策依据。

工程安全管理策划的内容如下。

（1）工程安全宣传策划。

（2）安全隐患的分析与识别。

（3）分析工程安全控制和管理的重点及难点。

（4）制定工程安全控制和管理的对策。

5.1.2 工程安全管理体系

1. 安全管理的组织

（1）安全管理委员会。

根据国家有关安全生产管理法规的规定，结合水利水电建设工程的实际情况，成立由水利水电建设工程参建单位组成的水利水电建设工程安全管理委员会（简称"安委会"）。安委会行使组织、协调、监督、管理的职能。

安委会设主任一名，由工程建设管理单位的人员出任，设副主任若干名，由监理机构、承建单位和设计单位的人员出任，设委员若干名。安委会每季度召开一次全体会议，总结水利水电建设工程安全管理工作，布置下一阶段的安全管理工作。

水利水电建设工程安全生产管理系统见图5.1。

安委会的责任如下。

① 通过并发布工程参建各方应遵守的、统一的建设工程施工安全管理

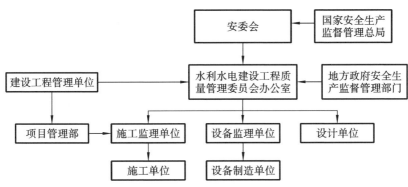

图 5.1　水利水电建设工程安全生产管理系统

规定。

② 决定工程重大安全问题的解决办法。

③ 协调参建各方在涉及安全问题时的关系。

④ 组织安全生产标准化活动，组织推广先进的安全管理经验。

⑤ 负责对监理机构、承建单位和电站运行管理单位的安全组织体系、管理制度的建立，以及责任制的落实进行监督检查。

⑥ 组织项目管理部、监理机构、承建单位定期或不定期地进行安全大检查与专项检查。

⑦ 对监理机构和承建单位的安全管理与控制工作进行监督、检查和考核。

⑧ 参与安全事故的调查与评定工作，并协助处理保险理赔工作。

⑨ 组织召开有关单位参加的安全工作例会。

（2）安全管理委员会办公室。

水利水电建设工程安全管理委员会下设办公室，负责日常的安全管理工作。

安全管理委员会办公室的责任如下。

① 参与对水利水电建设工程各参建单位的安全保证体系、安全规程的检查指导工作。

② 掌握水利水电建设工程的安全状况，对工程的安全管理工作和安全情况进行阶段性的分析和总结。

2. 安全管理的责任

（1）工程建设管理单位的责任。

① 负责统一管理和协调水利水电建设工程施工工地的施工安全、消防、防汛、抗旱和抗灾等工作。

② 审批和发布水利水电建设工程施工安全管理办法，批准重大安全技术方案和实施措施，核定重大安全设施的经费。

③ 负责与安全监管、劳动、公安等各级政府相关部门保持联系，争取其对安全工作的支持和指导。

④ 按照水利水电建设工程总体规划的要求，为安全、文明施工创造基础条件与外部环境。

⑤ 协助或参与重大、特大安全事故的调查和处理工作。

⑥ 承担合同文件规定的安全责任，按照"管项目必管安全"的要求，承担水利水电建设工程项目施工安全管理工作职责。

⑦ 对水利水电建设工程施工安全负有全面的组织、协调、监督管理责任。项目管理部对所管理的合同项目的安全承担直接的管理责任。

⑧ 按照监理合同的有关规定，对监理机构和承建单位的安全管理工作进行监督、检查和考核。

⑨ 在进行工程项目管理时，应充分考虑施工环境、施工强度和施工干扰因素对工程施工安全的影响，按照施工合同的规定，为承建单位的安全生产创造必要的条件。

⑩ 审查投标施工企业的资质、安全生产许可证、安全管理机构、安全工作体系，以及以安全生产责任制为核心的安全管理制度，判断投标施工企业的能力是否符合水利水电建设工程安全施工的要求。

⑪ 在招标或议标文件中，应明确提出合同双方的安全责任、安全技术要求和奖罚规定，必要时，可与承建单位另行签订安全施工协议。

⑫ 审查重大的安全技术方案、措施及相关费用，监督重大的安全技术方案、措施的实施及相关费用的使用。

⑬ 负责交通、消防方面的安全管理工作。委托运行管理单位对水利水电建设工程施工区域的道路和对外专用公路的交通安全进行监督管理，配合公安部门对水利水电建设工程施工区域的安全进行监督管理。

⑭ 监督检查供水、供电、通信等公共设施运行管理单位的安全生产管理工作。

⑮ 当承建单位或运行管理单位的安全管理工作严重失控，且施工或生产安全没有保证时，有权经监理机构或直接指令承建单位和运行管理单位停工或

停产整顿，必要时可终止合同。由此产生的损失，由承建单位或运行管理单位承担。

⑯协助并参与重大安全事故的调查处理工作，并协助处理保险理赔工作。

⑰负责组织制定现场爆破统一管理、重大件运输、交通封闭管理规定，以及重大危险源防范安全措施、重特大安全事故应急救援预案等，报安委会审批后实施。

⑱负责建立水利水电建设工程的安全档案。

⑲组织有关安全生产和安全管理的培训与经验交流活动。

（2）设计单位的责任。

①工程设计符合国家有关规程、规范的要求，必须安全可靠。

②应把施工安全贯穿整个设计过程，努力为施工安全创造良好的条件，承担设计合同规定的安全责任。

③对施工风险较大的项目，在设计时应充分考虑不同施工条件下的施工技术对施工安全的影响；应编制重大安全技术方案、措施等。

④对施工中遇到的影响安全的各种险情、隐患提出安全防护建议。

⑤参加重大、特大安全事故的调查处理工作，并在技术上予以支持。

（3）监理单位的责任。

①监理单位在设置现场监理组织机构和岗位时，必须配备主管工程安全的副总监理工程师，同时，根据监理项目的大小设立安全监理组或配备专职安全监理工程师。所配备的安全监理人员必须满足项目安全管理的需要。

②监督检查承建单位安全生产组织体系、制度体系的建立与落实情况，并提出整改意见，督促其持续改进。

③贯彻执行国家有关职业健康安全的法律、法规，以及工程建设管理单位有关施工安全管理的规定、标准，制定监理机构安全生产管理责任制、监理工程师现场安全监察规定、安全职责考核规定等安全管理规章制度，严格执行下列过程控制规定。

a.施工（运行）项目有安全组织措施和技术措施，并有执行记录。

b.审批高排架安装和拆卸、竖井开挖、高边坡及洞室开挖作业、爆破作业、重大件吊装等危险作业专项安全技术措施，并实行旁站监理。

c.审批施工作业指导书，严格监督检查执行情况。

d.执行土建施工仓面安全措施验收制度。

e.每月至少检查一次承建单位的班前会、预知危险活动及其他强制性规定

的执行情况。

f.执行安全例会、周报、重大险情隐患上报反馈制度，经常参加承建单位周、月例会。

④ 对施工现场安全生产进行经常性的监督和检查。当发现有危及施工安全的因素存在或承建单位的安全生产严重失控时，应及时下达停工整改令，指令承建单位采取措施或整顿，由此而延误的工期和增加的施工费用由承建单位承担。

a.进行汛期工程防汛、度汛，以及冬季、重大假日等季节性或关键时段的安全措施检查。

b.针对不同时段、部位、项目，定期开展施工设备的防火、防雷电、防大风等专项检查。

c.各种安全检查及整改有记录，有整改通知，整改率应达到100%。

d.每周组织承建单位对施工现场进行联合检查。

⑤ 组织或推动承建单位开展安全生产教育，有计划地提高从业人员的安全生产素质。定期检查承建单位对员工的安全培训教育情况。

⑥ 定期做好各合同项目间及其与外部环境间的安全生产协调工作。

⑦ 参加安全事故的检查分析工作，审查承建单位的安全事故报告和安全报表，监督承建单位对安全事故进行处理，并协助政府安全监督管理部门查处违章失职行为。

⑧ 按时向项目管理部和安委会提交监理项目的月度、季度、半年、年度安全工作总结报告，及时反馈安全生产信息。

（4）承建单位的责任。

① 认真执行国家有关职业健康安全的法律、法规，以及工程建设管理单位颁发的安全生产管理办法和管理规定。

② 负责承包工程项目的施工安全，接受政府安全生产监督管理部门的职业健康安全监察和监理机构的监督管理。

③ 建立健全适应水利水电建设工程施工的安全管理组织机构、安全工作体系和安全管理制度。配备一定比例的、称职的专职安全管理人员，并设专职的安全项目副总经理。现场专职安全人员必须佩戴醒目的标识。

④ 承建单位必须制定并执行如下制度。

a.水利水电建设工程安全文明施工公约制度。

b.每周一次施工现场联合安全检查制度。

c. 管理部门对口班组安全管理制度。

d. 班组六项工作（搬迁会、预知危险活动、作业前的安全检查、班种安全检查、班后现场的清理整顿、交接班安全确认）循环制度。

e. 道路交通安全管理三项制度（车辆每周一次检查登记制度、驾驶员每周一次教育制度、每周一次路检制度）。

f. 重大安全隐患停工整改制度。

g. 发生重大险情、重大伤亡事故原因查明制度。

h. 协作或分包单位准入和清退制度。

i. 周、月安全工作例会制度。

⑤ 对协作单位或分包单位要加强安全管理，对其施工安全进行监督、指导，并承担责任。

⑥ 按照《中华人民共和国劳动法》《中华人民共和国安全生产法》及其他有关职业健康安全的法规和施工合同等规定，在工程施工中应保证安全设施、劳动用品等安全用品的投入，做到安全施工，减少或杜绝职业病的危害。

a. 进场道路必须畅通、安全可靠。

b. 凡在粉尘等恶劣环境条件下施工的人员必须按规定着装。

c. 所有进场人员必须佩戴安全帽，高危险作业人员必须佩戴安全带、安全绳，并有专人监护。

⑦ 编制施工组织设计时，应制定安全技术方案、措施及其经费计划，重大安全技术方案、措施实施前，应经监理机构审核，报项目管理部审定。

⑧ 对高危险施工作业应进行危险源辨识，制定重大危险源安全防范措施。

⑨ 对可能发生的重特大安全事故应制定事故应急援救预案，并每年进行演练。

⑩ 计划、布置、检查、总结和评比生产工作时，应将安全工作列为其中的一项重要内容。

⑪ 经常对员工进行安全教育和劳动技能培训，提高员工的安全素质和自我保护能力。每年必须有全体员工培训计划，加强对全体员工进场的三级安全教育，做到先培训，后持证上岗。

⑫ 组织对本单位的一般和较大安全事故进行调查处理，协助重大或特大安全事故的调查处理工作。

⑬ 按照有关规定及时向监理机构、工程建设管理单位、政府安全监督管理部门报告安全生产和伤亡事故情况，并保证材料的真实性和准确性。

⑭ 承担施工合同规定的其他安全责任。

（5）公共设施运行管理单位的责任。

① 建立健全安全管理组织机构，明确分管安全生产的负责人，制定、完善安全运行和事故处理等管理规定，并检查监督执行情况。

② 按照运行管理合同的规定，保证公共设施的安全运行和使用，承担合同规定的安全责任。

③ 落实上级单位和安全监督管理部门的整改意见，持续改进安全管理工作。

5.2 工程安全管理的任务、程序及措施

5.2.1 工程安全管理的任务与程序

1. 工程安全管理的任务

（1）督促承建单位建立健全安全管理工作体系、安全管理制度和安全管理机构，检查安全人员配备是否合理，设施是否齐全，督促承建单位认真执行国家及有关部门颁发的安全生产法规和规定。

（2）审查批准承建单位针对工程施工中的重大安全问题制定的安全技术措施和防护措施，并将施工安全措施是否落实与分项或分部工程开工挂钩，要求和监督承建单位做好施工安全监测，并审查监测资料分析报告。

（3）监督承建单位编制安全手册或安全须知并对其进行审查，审查承建单位的安全教育培训计划，监督承建单位按照批准的手册或须知进行所有的施工作业，监督承建单位按计划定期对现场管理人员进行培训和考试，在作业现场抽查施工人员的安全教育和培训情况。

（4）对施工生产及安全设施进行经常性的检查，对违反安全生产规定的施工行为及时指令整改，如安全帽和其他劳动保护设施的使用、高空和高边坡作业时安全绳和安全网的安装、地下工程施工的通风或照明、在危险区域内作业的人员的标志服，以及安全栏、安全标志和安全警示牌的设置等。

（5）应将混凝土仓面的安全检查合格作为其他工序施工的前提条件。在混凝土浇筑期间监督承建单位设置好施工通道，禁止承建单位在仓面上向下抛投任何物料，监督承建单位对吊罐的缆绳、卡环等安全装置进行定期检查。

（6）监督承建单位每天对起重和提升设备的行程限位器和负荷指示器等进行例行检查与维护，严格按照安全操作规程运行。在吊运重件、大件时，应有专人指挥先试吊成功后再进入正常吊装程序，绝对禁止超载吊运。

（7）对现场交通道路的安全标志或警示标志的设置和完整情况进行检查，若发现缺失或损坏，应立即指令承建单位补充或修复。

（8）在承建单位的施工供电线路架设完成后，监督承建单位对线路的安全设施进行检查，在满足规定的安全要求后，批准承建单位通电。在整个施工过程中，监理工程师应监督承建单位对现场的所有线路及用电设备的接地和保护设施进行检查，不能满足安全要求的，指令并监督承建单位纠正。

（9）在进行明挖爆破时，监督承建单位设置必要的警示信号等，并在批准的时间内进行爆破，协助承建单位疏散影响区域内的人员和设备。在出渣边坡进行集渣作业时，监督承建单位设置专门的安全员和警示标志，以及必要的防护和拦挡设施，对道路的通行和上部作业进行协调控制。

（10）在进行高边坡开挖后的坡面清理和支护作业的过程中，监督承建单位设置必要的安全和警戒装置，并配备现场安全监督人员。

（11）做好防洪、度汛工作，按照工程建设管理单位的统一部署检查承建单位的工程防汛措施并监督落实。

（12）所有监理人员在现场巡视和检查过程中都应将施工安全放在首要位置，若发现安全隐患或违章作业，应立即指令承建单位现场整改，必要的情况下通知承建单位的现场负责人到场处理，定期组织安全生产检查，协助项目管理部做好各合同工程间的安全协调工作。

（13）与承建单位定期或不定期进行会晤，及时对安全工作进行分析和评价，从中发现问题和不足。对承建单位的承诺应检查其实现情况，对于玩忽职守的人员，有权要求承建单位予以解雇。

（14）如果合同文件规定承建单位必须对进入工地的设备和人员做好保险工作，监理机构应对其进行检查和审核。由于工程进行中不断有设备进入工地，同时劳务人员和职员的人数也在变化，监理机构还应经常不定期地对承建单位的保险工作进行检查，对没有及时做好保险工作的项目应指示承建单位及时整改。

（15）及时通报工地上发生的安全事故，参加安全事故的调查分析工作，审查承建单位的安全事故报告及安全报表，监督承建单位对安全事故的处理情况。

（16）每月报告安全生产情况，并按规定编制合同工程的安全统计报表，对整个合同工程的安全生产状况进行分析，找出存在的问题并提出改进意见。

2. 工程安全管理的程序

（1）监理单位按照《建设工程监理规范》（GB/T 50319—2013）和相关行业监理规范的要求，编制含有安全监理内容的监理规划和监理实施细则。

（2）在施工准备阶段，监理单位审查核验施工单位提交的有关安全技术文件及资料，并由项目总监理工程师在有关安全技术文件报审表上签署意见；审查未通过的安全技术措施及专项施工方案不得实施。

（3）在施工阶段，监理单位应对施工现场安全生产情况进行巡视检查，对发现的各类安全事故隐患，应书面通知施工单位，并督促其立即整改；情况严重的，监理单位应及时下达工程暂停令，要求施工单位停工整改，同时报告建设单位。安全事故隐患消除后，监理单位应检查整改结果，签署复查或复工意见。施工单位拒不整改或不停工整改的，监理单位应当及时向工程所在地建设主管部门或工程项目的行业主管部门报告，以电话形式报告的，应当有通话记录，并及时补充书面报告。检查、整改、复查、报告等情况应记载在监理日志、监理月报中。监理单位应核查施工单位提交的施工起重机械、整体提升脚手架、模板等自升式架设施和安全设施的验收记录，并由安全监理人员签收备案。

（4）工程竣工后，监理单位应将有关安全生产的技术文件、验收记录、监理规划、监理实施细则、监理月报、监理会议纪要及相关书面通知等按规定立卷归档。

工程安全管理的程序见图5.2。

5.2.2　工程安全管理的措施

（1）施工安全保证体系的审查与批准。

工程项目开工前，监理机构应督促承建单位建立施工安全保证体系并报监理机构批准。工程施工过程中，监理机构应督促承建单位结合工程进展和工程施工条件、现场施工安全条件的变化，以及施工安全措施执行中的实际情况，定期对施工安全保证体系进行补充、调整和完善，并报监理机构批准。

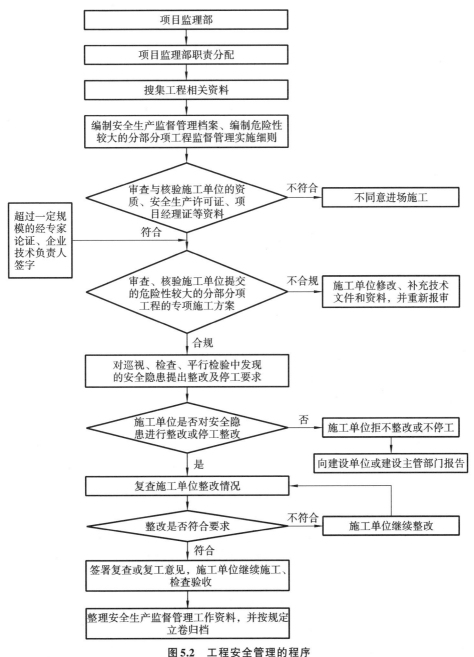

图 5.2 工程安全管理的程序

施工安全保证体系申报的主要内容包括以下几个方面。

① 施工安全管理机构的设置（包括各级施工安全管理机构的设置，各级

施工安全管理机构责任人及其资历、资质情况）、施工安全人员的配置。

② 各级施工安全管理机构的职责、工作制度与岗位责任。

③ 建立安全施工规章制度，包括消防安全责任制度，确定消防安全责任人，制定用火、用电、使用易燃易爆材料等各项消防安全管理制度和操作规程，设置消防通道、消防水源，配备消防设施和灭火器材，并在施工现场入口处设置明显标志。

④ 安全培训、教育制度。

⑤ 施工安全防护设施的总体规划与布置。

⑥ 分项工程施工过程中的施工安全保证措施、劳动保护与防护措施。

⑦ 保证施工安全条件预计所需的资金。

⑧ 对危险性较大的分部分项工程和施工现场易发生重大事故的部位、环节采取的预防措施、监控措施及应急预案。

⑨ 其他报告事项，或发包人、监理机构要求报送的其他资料。

（2）施工安全检查与管理。

① 检查验证承建单位的安全生产许可证、施工项目负责人上岗证、专职安全管理人员上岗证（经建设主管部门考核合格）。

检查验证为从业人员缴纳保险费（依法办理工伤保险、依法为从事危险作业的人员办理意外伤害保险等）的情况。

② 检查验证特种作业人员操作资格证书。

承担运输、爆破、吊装、电焊、气割（焊），以及大型、特种机械设备操作等特殊工种的作业人员，必须按国家法令、法规的规定经培训考核合格后持证上岗。

爆破作业应指定专人负责，参加爆破工作的管理、质检、运输、储存、保管、加工和爆破作业人员必须受过爆破技术训练，熟悉爆破器材性能和爆破作业安全规程，经地方公安部门考核合格、取得爆破作业人员许可证并持证上岗。

③ 个人工作档案（安全教育培训方面）的检查，包括承建单位对管理人员和作业人员每年至少进行一次安全生产教育培训的考核记录；作业人员进入新的岗位或者新的施工现场前，接受安全生产教育培训的考核记录；承建单位在采用新技术、新工艺、新设备、新材料时，对作业人员进行相应的安全生产教育培训的记录。

④ 施工安全档案和报告管理。

监理机构应督促承建单位建立施工安全档案，以及安全隐患登记、整改、复检和销案制度，并按工程承建合同文件规定及时向发包人和监理机构报告施工安全生产情况。

工程施工期间，监理机构应督促承建单位报送施工安全作业月报，其内容包括以下几点。

a.文明施工和施工安全情况与评价。

b.施工安全教育、培训以及安全生产制度执行与检查情况。

c.施工过程中安全检查和安全隐患整改情况。

d.本月施工中存在的主要问题及下月加强施工安全工作的措施计划。

e.其他需要报告和说明的情况。

（3）施工安全措施计划的申报与批准。

① 监理机构应督促承建单位依据建设工程强制性条文，编制施工组织设计、施工安全措施计划（包括施工现场临时用电方案）和专项施工方案（危险性较大的工程，如边坡支护工程、开挖工程、地下工程、高大模板工程、起重吊装工程、高空工程、爆破工程等的施工方案），经承建单位技术负责人、总监理工程师签字后实施，由专职安全生产管理人员进行现场监督；对没有制定施工安全措施或专项施工方案不符合建设工程强制性条文要求的工程，不予签发开工令。

② 监理机构应督促承建单位按合同文件规定，在单位工程、分部分项工程开工前向监理机构提交施工组织设计或施工措施计划，编制详细的施工安全和劳动保护措施计划并报监理机构批准。

③ 对于汛期施工的工程项目，监理机构应督促承建单位在开工前或进入汛期施工前，编制专门的安全度汛和防汛施工组织设计或施工措施计划报送监理机构批准。

④ 对属于高空、高危险区或特种爆破作业的施工项目或工作，监理机构应督促承建单位在施工作业前，编制专门的高空、高危险区或特种爆破施工安全作业措施计划报送监理机构批准。

（4）实施工程开工安全许可。

当单元工程项目、合同工程项目或单项工程项目开工时，监理机构应督促承建单位在申报开工前进行施工安全与劳动保护措施检查，并在施工安全设施、措施和劳动保护工作落实、自检合格的基础上向监理机构申报开工（仓）许可签证。

（5）爆破作业安全管理与要求。

① 施工爆破作业应根据工程要求、地形条件、地质条件、工程量和施工机械等爆破作业条件，合理选用爆破方法并报监理机构批准。

② 炸药必须存放在距工地或生活区有一定安全距离的仓库内，未经监理机构批准，不得在施工现场存放炸药。炸药库的布置和设计及炸药的储存与运输方法必须符合国家的有关规定，并应事先得到监理机构的批准。

③ 爆炸材料的购买、运输、储存、保管等应遵守国家关于爆炸物品的管理条例、技术规范和工程承建合同的规定。监理机构应督促承建单位定期对其爆炸材料的使用和管理情况进行检查，每月向监理机构报送爆炸材料的购买、储存、使用和保管情况，并接受监理机构和施工安全监理工程师的检查与监督。

④ 在施工过程中进行爆破作业时，监理机构应监督承建单位严格遵守经过监理机构批准的爆破操作规程和示警规程，要求承建单位在进行爆破作业时，对所有的人身、工程本体和公私财产采取保护性措施。

⑤ 在浓雾、大雨、大风、雷电或黑夜等不利作业条件下，不得进行起爆作业。

⑥ 坝址与下游城镇距离近，露天爆破应采取固定爆破时间制度，并严格采取警报、警戒措施，同时控制爆破方向和规模，控制爆破飞石。

（6）开挖作业安全管理与要求。

① 开挖作业应自上而下进行，若某些部位必须采用上、下层同时开挖，或者上、下层同时开挖及支护的作业方式，应采取有效的安全和技术措施，并事先报经监理机构批准。

② 在不良地质地段开挖时，应在地质预报的基础上，坚持预防为主的方针，查清地质构造，加强安全检查、岩体变形监测与分析，在确保施工安全的前提下，制定切实可行的施工方案。

③ 对于施工人员必须停留作业或经常穿越的可能存在高空物体或物料掉落的危险区域，承建单位必须设置安全棚、安全通道或采取其他可靠的安全防护措施。

（7）混凝土浇筑作业安全管理与要求。

① 安装、拆卸模板作业和混凝土浇筑作业人员必须站在牢靠的立足点上，不得站在被安装或被拆卸的模板及支撑构件上作业。

② 吊装大型模板或滑模所使用的吊具、机具等安全设施必须经过技术鉴

定合格后方可使用。

③ 交叉作业时，下层作业位置必须处于上层作业物件可能坠落的范围外，否则必须在上、下层作业面之间设置安全防护网。

④ 必须在施工平台、浇筑仓面等边沿部位堆放模板、支架等材料时，堆放高度不得超过规定要求，也不得影响作业面的交通。

⑤ 浇筑、吊运等机械设备设施之间，以及其与钢筋和浇筑埋设件之间必须有足够的防碰撞安全距离。

（8）高空及夜间作业安全管理与要求。

① 对施工人员可能发生高空坠落的施工部位，监理机构应监督承建单位设置安全通道、安全作业平台、安全护栏等安全设施，并张挂安全防护网。

② 对必须采用两台以上设备进行抬吊作业，采用多台设备进行近距离作业，施工人员必须从上层作业区下穿行，以及其他可能发生不安全因素的临时作业场所，监理机构应要求承建单位设置安全岗或流动安全哨。

③ 在夜间或廊道、隧洞等光照不良部位施工时，监理机构应敦促承建单位按合同要求和用电安全规定设置照明系统，并保证道路交通区域、施工作业区域、堆存区域及其他室内外工作区具备交通运行、安全施工等所必需的照明设备容量和照度。

（9）安全用电和劳动保护管理与要求。

① 在廊道、隧洞等地下建筑内施工时，应有足够的通风设备、照明设备及排水设施，以保障人身安全。进入地下建筑物内的施工人员必须佩戴安全防护用具，地下照明系统的电压不得高于有关规定。

② 在工程施工时应配备有害气体监测、报警装置和安全防护用具，如防爆灯、防毒面具、报警器等。一旦发现有害气体，应立即停止施工并疏散人员，同时立即把情况报告监理机构。经过慎重处理，确认不存在危险并得到监理机构的书面指示同意后方能复工。

③ 凡可能漏电伤人和易受雷击的电器设备及建筑物等均应设置接地或避雷装置。监理机构应敦促承建单位负责这些装置的供应、安装、管理和维修，以及定期派专业人员检查这些装置的效果。

（10）工程度汛管理。

每年汛前，承建单位应按设计单位的工程度汛技术要求和工程建设管理单位的工程度汛工作计划，将度汛技术措施、度汛应急处理方案等报监理机构审查，技术管理部组织审批。在工程度汛过程中，按照工程建设管理单位的统一

部署，工程建设管理单位各部门、监理机构、设计单位和承建单位应加强工程度汛工作检查，并履行规定的职责。

5.3 工程安全检查与安全事故

5.3.1 工程安全检查的重点内容

（1）施工爆破作业。

控制施工爆破作业按批准的爆破设计和施工作业措施计划进行。在进行施工爆破作业前，监理机构应依据规范要求，做好安全警戒及下列安全准备工作检查。

① 爆破设计已经报批。

② 现场爆破作业的指挥机构已经到位，其职责分工已经明确。

③ 现场爆破作业的告警系统运行有效。

④ 在爆破危险区内的建筑物、构筑物、管线和不可撤离的设备已采取安全保护措施，并经检查符合要求。

⑤ 在爆破危险区内应撤离的设备、人员等已经撤离。

⑥ 钻爆参数和起爆网络连接经检查符合要求。

⑦ 其他必须检查的安全和防护设施经检查符合要求。

（2）边坡安全监控。

当发生边坡滑塌或观测资料表明边坡处于危险状态时，监理机构应督促承建单位做好以下工作。

① 及时向监理机构报告并采取相应防范措施，防止事故或事态范围扩大和延伸。

② 记录事故或事态的发生、发展过程和处理经过，并及时报送监理机构。

③ 会同设计、地质、监理等各方查明原因，及时提出处理措施，报监理机构批准后执行。

（3）金属结构设备吊装。

在进行金属结构设备或金属构件的吊装和安装，以及大型钢模板的安装和拆卸等高空作业前，监理机构应督促承建单位编制专门的施工安全作业措施和安全作业规程报送监理机构批准。

（4）高空作业。

① 承担高空作业指挥及施工作业的人员，应通过施工安全和安全作业培训，经考试合格并获得监理机构的认可后方可挂牌上岗。

② 施工期间，监理机构应督促承建单位定期（每半年或每年末）对施工安全防护设备、设施，以及告警、指示等信号和标志进行检查，及时补充、修复或更换不符合要求的设备、设施和信号标志，以保证施工安全保护措施始终处于良好、可靠的运行和使用状况。

③ 高空施工作业期间，监理机构应督促承建单位定期对施工作业安全和劳动保护设备、设施用品进行检查，及时补充、修复或更换不符合安全作业要求和安全、劳动防护质量检验标准的设备、设施与用品。

（5）施工设备运行。

钻机、灌浆、吊装等大型施工设备，以及混凝土生产系统中的施工设备、设施运行期间，监理机构应督促承建单位做好下列工作。

① 加强对施工机械、设备、设施的管理、运行、保养和维护人员的培训与考核，确保其持证上岗。

② 严格遵守施工机械的安全操作规程。

③ 按施工机械保养规程规定配备安全警示灯、警示牌、灭火装置及其他必需的安全装置，并保持其始终处于正常运行状态。

④ 按《水电水利工程施工机械安全操作规程》系列标准规定的周期，做好施工机械、设备、设施的安全检查和保养维护。

（6）施工安全防护。

工程施工过程中，监理机构应督促承建单位建立班前安全作业教育制度，加强班前安全交接和施工过程中的安全作业检查，检查内容包括以下几点。

① 上班期间不得喝酒，严禁指挥人员、施工管理人员和作业工人喝酒后进行机械设备操作和高空作业。

② 严禁未配备合格安全防护设备、器具和用品的人员进行高空、高压电作业。

③ 严禁未配备合格劳动保护设备、器具和用品的人员在存在有毒、有害气体的场所和在不良施工环境中作业。

④ 严格制止其他违反施工安全作业规定与不符合劳动防护事项的行为。

（7）安全标志。

工程施工期间，承建单位必须在属于其使用或管理区域的下列部位设立告警、指示等必要的信号和标志。

① 施工现场的洞、坑、沟、升降口、漏斗等危险处，应设置防护设施或明显的警告标志。

② 交通频繁的交叉路口，应安排专人指挥交通，并设置路杆。

③ 危险地段，陡坡、高边坡、急弯、限制高度、行人或施工作业人员频繁穿越、路况不良以及可能遭受其他危险源影响的路段，应悬挂"危险"或"禁止通行"标志牌，夜间设红灯示警。

④ 大型施工机械设备作业和运行区域。

⑤ 高压电器、高压设备和埋设有防雷、接地等设备、设施的保护区域。

⑥ 限制非施工管理、监理检查与施工作业人员进入的施工区域。

⑦ 其他可能存在安全危险的施工部位和作业区域。

（8）安全度汛检查。

监理机构应督促承建单位编制详细的防汛抢险预案并审批，检查落实。

监理机构应按照工程建设管理单位的统一部署检查承建单位的工程防汛措施并监督实施。

承建单位必须重视水情和气象预报，应有专人负责。水情和气象预报由发包人统一发布，一旦发现有可能危及工程和人身、财产安全的洪水或气象灾害预兆，应立即采取有效的防洪和防止气象灾害的措施，以确保工程和人身、财产的安全，并保证工程顺利进行。同时，承建单位有责任协助发包人和其他单位、部门采取有力的防护、救灾措施，以减少灾害对工程和工区所有人员、财产造成的损失。在汛期，承建单位应服从发包人有关防洪、抢险和其他防汛工作的统一调度和指挥。

（9）施工营区安全检查。

监理机构应督促承建单位按工程承建合同文件规定配备相应的消防人员和消防灭火设备、器材。消防人员应熟悉消防业务。消防设备和器材应随时检查保养，使其始终处于良好的待命状态。承建单位在向监理机构递交施工总规划的同时，应递交包含上述内容的消防措施和规划报告，报送监理机构审批。

（10）施工用电安全检查。

施工照明及线路应符合下列要求。

① 存有易燃、易爆物品的场所，或有瓦斯的巷道内，照明设备必须采取

防爆措施。

② 电源线路不得破损、裸露线芯和接触潮湿地面，不得接近热源和直接绑挂在金属构件上。

③ 严禁将电源线芯弯成裸钩挂在电源线路或电源开关上通电使用。

④ 保险丝不得超过荷载容量的规定，更不得以其他金属丝代替保险丝使用。

⑤ 照明设备拆除后，不得留有带电的部分；若有必要保留，则应切断电源，线头包以绝缘材料，并距离地面适当高度固定。

⑥ 临时建筑物的照明线路应固定在绝缘子上，且距建筑物不得小于规定的安全高度；穿过墙壁时，应套绝缘管。

⑦ 工地施工线路的架设高度不得超过规范规定的高度，电源开关应有质量良好的漏电保护装置。

（11）施工人员安全检查。

① 进入施工现场的人员必须按规定穿戴好防护用品和必要的安全防护用具，严禁穿拖鞋、高跟鞋或赤脚工作。

② 凡经医生诊断，患高血压、心脏病、贫血、精神病以及其他不适于高处作业病症的人员，不得从事高处作业。

③ 高处作业下方或附近有煤气、烟尘及其他有害气体时，必须采取排除或隔离等措施，否则不得施工。

④ 在建筑屋顶、陡坡、悬崖、杆塔、吊桥脚手架以及其他危险边沿进行悬空高处作业时，临空一面必须搭设安全网或防护栏杆。安全网或防护栏杆应严格按建筑行业安全防护标准设置。

⑤ 在带电体附近进行高处作业时，距带电体的最小安全距离必须满足安全距离的规定，如遇特殊情况，则必须采取可靠的安全措施。

⑥ 高处作业人员在使用电梯、吊篮、升降机等设备垂直上下时，必须装有灵敏、可靠的控制器、限位器等安全装置。

（12）拆除工作安全检查。

大型项目拆除工作开始前，监理机构应监督承建单位制定安全技术措施及编制详细的作业程序指导书，监督各项措施的落实；一般拆除工作要求有专人指挥，以免发生事故。

（13）机电安装、运行管理安全检查。

① 机械的传动带、开式齿轮、电锯、砂轮，接近行走面的联轴器、转轴、

皮带轮和飞轮等危险部分，要求安设防护装置。

②机械如在高压线下进行工作或通过时，其最高点与高压线之间的垂直距离不得小于相关规定。

（14）施工防火安全检查。

施工现场各作业区与建筑物之间的防火安全距离应符合以下要求。

①用火作业区距所建的建筑物和其他区域不得小于25m，距生活区不小于15m。

②仓库区及易燃、可燃材料堆集场距修建的建筑物和其他区域不小于20m。

③易燃废品集中站距所建的建筑物和其他区域不小于30m。防火间距内不应堆放易燃和可燃物资。

（15）爆破器材保管、运输及仓库安全检查。

①爆破器材必须储存于专用仓库内，不得任意存放。严禁将爆破器材分发给承包商或个人保存。

②仓库和药堆与住宅区或村庄边缘的距离，应符合相关规定要求。对于不同保护对象，要求的最小安全距离不同。

③爆破器材库的储存量应符合规定。地面单一库房允许的最大储存量不得超过规定要求；地面总库的炸药容量不超过本单位半年生产用量，起爆器材容量不超过一年生产用量；地面分库的炸药容量不超过3个月生产用量，起爆器材容量不超过半年生产用量。

④仓库布局应符合规定。仓库位置必须选择在远离被保护对象的地方；其外部安全距离和库房彼此间的距离应符合相关规定；避免设在有山洪或地下水危害的地方，并充分利用山体等自然屏障；周围应设围墙，防止人员自由出入。仓库值班室应设在围墙外侧。食堂、宿舍距危险品库房应有符合要求的安全距离。

⑤应按照规定运输爆破器材。禁止用翻斗车、自卸汽车、拖车、机动三轮车、人力三轮车、摩托车和自行车等运输爆破器材；车厢、船底应加软垫。

（16）安全防护规程手册编制。

监理机构应监督承建单位根据国家颁布的各种安全规程，结合实践经验编制通俗易懂且适合本工程使用的安全防护规程手册。在监理机构下达书面开工令后，承建单位应立即将手册送交监理机构备案。这类手册应分发给承建单位的全体职工以及监理机构。安全防护规程手册的内容包括（但不限于）以下方面。

① 防护衣、安全帽、防护鞋袜及其他防护用品的使用。

② 升降机、起重机、钻机及运输机械的使用。

③ 用电安全。

④ 灌浆作业、混凝土浇筑的安全。

⑤ 钢结构安装作业的安全。

⑥ 机修作业的安全。

⑦ 压缩空气作业的安全。

⑧ 高空作业的安全。

⑨ 焊接、防腐作业的安全和防护。

⑩ 意外事故和火灾的救护程序。

⑪ 化学制品作业的安全和有害气体的防护。

⑫ 防洪和防气象灾害措施。

⑬ 告警信号相关知识。

⑭ 其他有关规定。

（17）安全会议和安全防护教育。

① 监理机构应督促承建单位在工程开工前组织有关人员学习安全手册，并进行安全作业考核，考核合格的职工才准进入工作面工作。

② 监理机构应督促承建单位定期举行安全会议，检查、分析并解决施工安全中存在的问题，确保工程施工的有序进行和顺利进展。

③ 监理机构应督促承建单位在各作业班组设置安全员对该班组作业情况进行检查和总结，并及时发现和处理安全作业中存在的问题。

④ 对于危险作业，监理机构应督促承建单位加强安全检查，建立专门监督岗，在危险作业区附近设置标志，以引起工作人员的注意。

5.3.2　安全事故的分类、报告及处理

1. 安全事故的分类

施工过程中因违规违章、管理不善、意外造成的人身伤亡和机械设备事故，均称为"安全事故"。安全事故按伤亡人数或直接经济损失，分为一般事故、较大事故、重大事故和特别重大事故四类，参见表5.1。

表5.1 安全事故分类

情况	安全事故分类			
	有以下情况之一者为一般事故	有以下情况之一者为较大事故	有以下情况之一者为重大事故	有以下情况之一者为特别重大事故
人员重伤数量/人	<10	≥10，<50	≥50，<100	≥100
人员死亡数量/人	<3	≥3，<10	≥10，<30	≥30
直接经济损失/万元	<1000	≥1000，<5000	≥5000，<10000	≥10000

2. 安全事故的报告

（1）凡发生一般事故及以上等级事故，事故单位应立即向监理机构报告，并按隶属关系逐级快速上报。发生死亡、重伤事故的单位，必须在事故发生24 h内向上级主管单位或部门报告事故概况，7 d内报告事故详细情况，同时上报地方政府安全监督管理部门。

（2）事故报告应包括以下内容。

①事故发生的时间、地点和单位。

②事故的简要经过、伤亡人数及情况、直接经济损失的初步估算。

③事故发生原因的初步判断。

④事故发生后采取的措施及事故控制情况。

⑤事故报告单位。

（3）事故调查处理完成后，报告事故发生、调查、处理情况及处理结果。

（4）事故处理时间超过2个月的，应逐月报告事故处理进展。

（5）在较大事故及以上等级事故发生后，隐瞒不报、谎报，或者故意拖延报告时间的，由事故调查组建议有关部门或单位对有关人员给予行政处分；构成犯罪的，由司法机关追究其刑事责任。

3. 安全事故的调查、处理和结案

（1）施工安全事故发生后，监理机构安全员应及时到达事故现场，督促承建单位迅速采取必要措施抢救人员和财产，防止事故扩大，保护事故现场。在需要移动现场物品时，应当做出标记和书面记录，并妥善保管有关物品，为事故调查、处理提供依据。

（2）对发生的较大事故及以上等级的安全事故，监理机构应及时成立由发包人、承建单位组成的事故调查组，协助发包人按国务院有关职工伤亡事故报告和处理规定以及合同文件规定进行调查、处理与结案。

（3）人身伤害事故的调查、处理和结案，必须严格按照国务院颁发的《生产安全事故报告和调查处理条例》（中华人民共和国国务院令第493号）和合同规定进行。发生事故的单位及其主管部门，应按照事故调查组提出的处理意见和防范措施进行处理。

（4）作为确定人身伤害事故等级依据的人员受伤程度、经济损失等，可按《企业职工伤亡事故经济损失统计标准》（GB 6721—1986）的规定执行。

（5）机械设备事故调查处理，按业主单位的有关规定执行。

安全事故处理程序见图5.3。

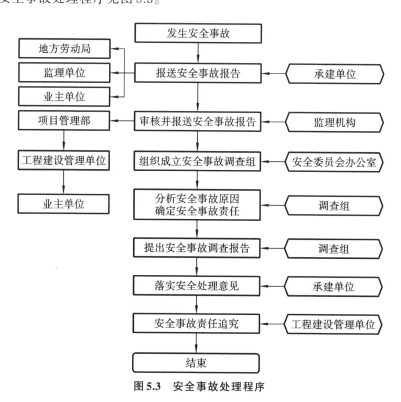

图5.3　安全事故处理程序

5.4 工程安全考核与奖罚

5.4.1 工程安全考核

1.制定安全责任目标

根据技术管理部编制的水利水电建设工程安全管理策划报告,确定工程安全管理的重点和安全管理目标,每年由工程建设管理单位与监理单位、设计单位、承建单位分别签订工程安全责任目标。

2.安全责任目标考核

每年年底由监理机构对承建单位的工程安全责任目标进行考核,然后报项目管理部审批;项目管理部对监理机构的工程安全责任目标进行考核;技术管理部对设计单位的工程安全责任目标进行考核。

工程安全责任目标考核结果作为奖罚的依据。

5.4.2 工程安全奖罚

(1)水利水电建设工程安全生产工作遵循以责论处的原则,并设立安全专项奖励基金,对为安全工作做出突出贡献的集体和个人,给予奖励;对因安全工作严重失职、违章作业、违章指挥而造成一定不良后果的单位和个人,给予处罚。

(2)安全工作的奖罚遵循精神鼓励和物质奖励相结合、批评教育与经济处罚相结合的原则,以奖罚为手段,以教育为目的。

第6章 水利水电工程建设监理合同管理

6.1 工程合同概述

6.1.1 工程合同的概念、作用及分类

1. 工程合同的概念

经济合同是随着商品交换而产生、发展和不断完善的。它是平等民事主体的法人、其他经济组织、个体工商户、农村承包经营户之间为实现一定的经济目的、明确权利义务关系而签订的协议，也是当事人双方从自身经济利益出发，根据国家法律、法规，遵照平等、自愿、互利的原则，彼此协商所达成的有关经济活动内容的需要共同遵守的协议。社会商品交换活动形式丰富多彩，形成了多种多样的经济合同。

工程合同是业主和承包商为完成特定的工程建设任务而签订的明确了双方权利、义务、责任、风险的契约，具有法律效力。我国建设领域习惯上把工程合同的当事人称为"发包方"和"承包方"。双方当事人应当在合同中明确各自的权利、义务，但主要是承包人进行工程建设，发包人支付工程款。工程建设行为包括勘察、设计、施工。建设工程实行监理的，发包人也应当与监理人采用书面形式订立委托监理合同。工程合同是一种诺成合同，合同订立生效后双方应当严格履行。工程合同也是一种义务合同和有偿合同，当事人双方在合同中都有各自的权利和义务，在享有权利的同时必须履行义务。

合同条款是合同有关各方的行为准则。在实行建设监理制的条件下，合同条款中还必须明确规定业主授予监理工程师合同管理的权限。在合同的约束、规范和协调下，有关各方协调一致地工作，履行自己的职责，进行有效的合作，以保证工程建设的顺利进行。

合同文件是合同管理的基本依据。因此，监理工程师要做好监理工作，就必须详细了解和非常熟悉合同文件。

2. 工程合同的作用

市场经济制度的确立和完善，为工程建设市场的形成和完善提供了有利条件。工程合同的普遍实行，更加有利于建设市场的规范和发展，加速推进建设监理制度的完善和发展。工程合同的科学性、公平性和法律效力，规范了合同各方的行为，使工程建设活动有章可循。

（1）合同确定了工程实施和工程管理的主要目标，是合同双方在工程中进行各种经济活动的依据。

合同在工程实施前签订，它确定了工程所要达到的目标，以及与目标相关的所有主要的细节。合同确定的工程目标主要有以下三个方面。

① 工期。工期包括工程开始、结束的具体日期，以及工程中一些主要活动的持续时间，由合同协议书、总工期计划、双方一致同意的详细进度计划等决定。

② 工程质量、工程规模和范围。该部分包括详细而具体的质量、技术和功能等方面的要求，例如水利水电工程拦河大坝等级、电站装机容量，以及设计、施工等质量标准和技术规范等，它们由合同条件、图纸、规范、工程量表、供应清单等决定。

③ 价格。价格包括工程总价格、各分项工程的单价和总价等，由工程量报价单、中标函或合同协议书等决定。这是承包商按合同要求完成工程责任所应得的报酬。

（2）合同规定了双方的经济关系。

合同一经签订，合同双方便结成了一定的经济关系。合同规定了双方在合同实施过程中的经济责任、利益和权利。签订合同则说明双方互相承担责任，双方居于一个统一体中，共同完成合同的总目标，双方的利益是一致的。另外，合同双方又有各自的局部利益：承包商希望取得尽可能多的工程利润，增加收益，降低成本；业主希望以尽可能少的投资完成尽可能多的、质量尽可能高的工程。合同双方利益的不一致会导致工程实施过程中的利益冲突，从而导致工程实施和管理双方行为不一致、不协调甚至产生矛盾。很显然，合同双方常常从各自的利益出发考虑和分析问题，采用一些策略、手段和措施达到自己的目的。但合同双方的权利和义务是互为条件的，任何一方不严格履行义务必然影响或损害另一方的利益，妨碍工程顺利实施。

合同是调节这些关系的主要手段。双方都可以利用合同保护自己的权益，限制和约束对方的行为。因此，合同应该体现双方责、权、利关系的平衡。如果不能保持这种均势，则往往会导致合同一方的失败，或整个工程的失败。

（3）合同是工程实施过程中双方必须遵守的行为准则。

工程实施过程中的一切活动都是为了履行合同，都必须按合同办事，合同双方的行为主要靠合同来约束。合同一经签订，只要合同合法，双方都必须全面完成合同规定的责任和义务。如果不能认真履行自己的责任和义务，甚至单方面撕毁合同，则必须受经济或法律处罚。除特殊情况（如不可抗力因素等）使合同不能实施外，合同当事人即使亏本，甚至破产也不能摆脱这种法律的约束力。

（4）合同将工程所涉及的生产、材料和设备供应、运输、设计和施工等参与单位的分工协作关系联系起来，协调各参与单位的行为。

各参与单位在工程中承担的角色及其任务和责任，是由与它相关的合同决定的。

由于社会化大生产和专业化分工的需要，且水利水电工程具有规模大、技术复杂的特点，水利水电工程建设往往有几个甚至几十个参与单位。专业化分工越细，参与单位越多，合同的关系协调作用就越重要。在工程实施过程中，合同一方违约，不能履行合同责任，不仅会造成自己的损失，而且会牵及合作伙伴和其他工程参与单位，甚至造成整个工程的中断。如果没有合同和合同的法律约束力，就不能保证工程的参与单位在工程的各方面、工程实施的各个环节都按时、按质、按量地完成自己的义务，也就不会有正常的施工秩序，就不可能顺利实现工程总目标。因此，合同及其法律约束力是工程施工和管理的要求和保证。

合同管理必须协调和处理各方面的关系，使相关的各合同和合同规定的各工程活动之间不产生矛盾，在内容、技术、组织、时间上协调一致，形成一个完整、周密、有序的体系，以保证工程有秩序、按计划地实现。

（5）合同是工程实施过程中合同双方解决争议的依据。

合同双方由于经济利益不一致，在工程实施过程中产生争议是在所难免的。合同争议是经济利益冲突的表现，它常常起因于合同双方对合同理解的不一致、合同实施环境的变化、有一方违反合同或未能正确地履行合同等。

合同对解决争议有以下两个决定性的作用。

① 争议的判定以合同为依据，即以合同条文判定争议的性质、谁对争议负责、应负什么样的责任等。

② 争议的解决方法和解决程序由合同规定。

3. 工程合同的分类

工程项目的复杂性决定了工程合同的多样性。工程合同可以从不同角度进行分类。如从承发包的工程范围和数量来看，工程合同可以分为工程总承包合同、工程承包合同、工程分包合同；从完成承包的内容来看，工程合同可以分为工程勘察合同、工程设计合同、工程建设监理合同、工程施工合同、物资供应合同、设备加工订购合同、工程安装合同等；从计价付款的方式来看，工程合同可分为总价合同、单价合同和成本加酬金合同等。

总价合同又可分为固定总价合同和变动总价合同。固定总价合同是指在合同中确定一个完成建设工程的总价，承包商据此完成项目全部内容的合同。这种合同便于业主在评标时确定报价最低的承包商，也便于业主进行支付计算，但这类合同仅适用于工程量不大且能精确计算、工期较短、技术不太复杂、风险不大的项目。变动总价合同又称为"可调总价合同"，合同价以图纸及规定、规范为基础，按照时价进行计算，是包括全部工程任务和内容的暂定合同价。它是一种相对固定的价格，在合同执行过程中，由于通货膨胀等原因而使人工、材料成本增加时，可以按照合同约定对合同总价进行相应的调整。当然，一般由设计变更、工程量变化和其他工程条件变化引起的费用变化也可以进行调整。因此，通货膨胀等不可预见因素的风险由业主承担，对承包商而言，其风险相对较小；但对业主而言，不利于其进行投资控制，增大了突破投资的风险。采用固定总价合同时，业主必须准备详细、全面的设计图纸（一般要求施工详图）和各项说明，使承包商能准确计算工程量。如果是较大型的工程，可根据FIDIC（International Federation of Consulting Engineers，国际咨询工程师联合会）编制的《FIDIC设计采购施工（EPC）交钥匙工程合同条件（第2版）》来确定合同条件，即采用变动总价合同。合同双方以设计图纸、工程量清单及当时的价格计算工程造价，签订变动总价合同，并在合同条款中商定：如果在执行合同过程中由于通货膨胀引起人工、材料成本增加，合同总价可进行相应的调整。对于这种合同，业主承担物价上涨这一不可预见因素产生的风险，承包商承担其他风险。这种合同通常适用于工期较长、通货膨胀率难以预测，但现场条件等较为简单的工程项目。

单价合同是合同双方依据招标文件及投标文件中部分分项工程的暂定工程量及单价确定合同价而签订的合同。这类合同适用范围比较广，其风险能够得到较合理的分担，并且能鼓励承包商通过提高工效等手段从成本节约方面提高利润。合同成立的关键在于合同双方对单价和估算的工程量的确认。在合同履行过程中需要核实实施工程量，根据实施工程量与固定单价计算结算价。

　　成本加酬金合同是业主向承包商支付建设工程的实际成本，并按事先约定的某一种方式支付酬金的合同。在这类合同中，业主需要承担项目实际发生的一切费用，也就承担了项目的全部风险。因此，业主面临的风险大，难以控制投资，承包商往往不关注工程成本和工期。成本加酬金合同主要适用于紧急工程、新型工程、项目目标成本难以确定的工程等。

6.1.2　水利水电工程项目的合同体系

　　水利水电工程建设经历可行性研究、勘察设计、工程施工和运行等阶段；有土建、机电等专业的设计和施工活动；需要各种材料、设备、资金和劳动力。各参与单位之间形成各种各样的协调合作和经济关系，就有了各种各样的合同。工程项目的建设过程实质上就是一系列合同签订和履行的过程。

　　研究合同必须从工程项目合同体系的角度出发，不仅研究各种合同的关系、合同的作用、各方的权利和义务，还应将各种合同的有机联系、交叉的合同关系置入一个合同体系中进行分析和研究，只有这样才能确保工程项目顺利实施。

　　也就是说，工程项目合同体系中的所有合同都是为了完成业主的工程项目目标，应当围绕这个目标签订和履行合同。

　　工程项目合同体系可用图6.1简单表示。由图6.1可见，虽然有各种各样的合同，甚至合同分为3个层次，而且业主并不是每一个合同中的一方，但业主是工程项目的出资者，是工程项目建成后的拥有者，控制整个合同体系，在主（总）合同中以严密的合同措施制约各合同及各合同方是十分有必要的。例如，主体工程不允许分包，应对分包商进行资格审查，分包工程需要经业主同意，分包商违约就是承包商违约等。又如，在各层次合同中，质量、进度、成本的标准和要求都一样，不能随层次传递而有所降低和变化。

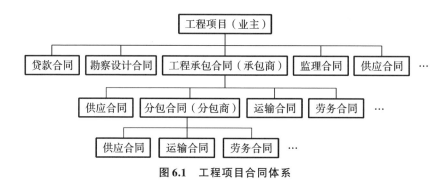

图6.1 工程项目合同体系

6.2 工程合同管理

6.2.1 合同管理的意义与地位

1. 合同管理的意义

绝大多数工程人员非常熟悉工程管理，如工程的成本管理、质量管理、进度管理，但对合同管理常常认识不足。工程人员往往重视工程的施工、维护，却忽视工程的效益、合同的经济制约手段（如保函、违约金等）。衡量工程的标准常常是工程量、质量、进度、成本，而不是合同额、合同价、利润。前者只是工程标准，做到前者也只是履行了合同的部分标准，同时做到后者才是履行合同的全部标准。以上是从承包商角度而言的履行合同的标准。

同样，从业主角度而言，满足工程标准也只是履行了合同的部分标准。全面履行合同标准应是在所控制的投资额内做到投入资金少、产出效益高，工程功能、质量、进度满足要求，工程产生的效益不仅能偿还贷款，还有长远的经济效益。

为全面履行合同标准，必须进行有效的合同管理。只有进行有效的合同管理，才能获取工程的效益和利润。

2. 合同管理的地位

合同管理对效益和利润起着至关重要的作用。业主、监理工程师和承包商都应当把合同管理纳入管理范围，并放在最重要的位置。

合同规定了工程的进度要求、质量标准、工程价格，以及合同双方的责权利。因此，在合同履行过程中，进度控制、质量控制、投资（成本）控制都是工程项目管理的重要内容。合同管理是整个工程项目管理的核心和灵魂。合同管理对进度、质量、成本起总控制和总支配的作用，使得工程项目顺利进行，并获取工程项目的效益和利润。

为了实现工程项目的目标，必须对全部项目、项目实施的全过程和各个环节、项目所有工程活动和事件实施有效的合同管理。

合同管理既是工程项目管理的核心，又要与工程项目的其他管理职能相结合，形成工程项目的管理体系。图6.2为某工程项目管理流程，从中可见合同管理在工程项目管理中的地位与作用。它说明以下几点。

（1）工程项目管理以合同管理为起点，首先作合同分析，它控制着整个工程项目管理工作。

（2）合同管理由合同分析、合同资料、合同网络、合同监督和索赔管理组成。它们构成工程项目的合同管理子系统。

（3）合同管理与其他管理职能，如进度管理、成本管理等之间存在着密切的关系。这种关系既可以看作工作流，即工作处理顺序关系，又可以看作信息流，即信息流通和处理过程。

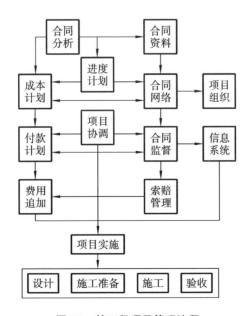

图6.2 某工程项目管理流程

6.2.2 合同管理中各方的权利、义务与职责

1. 业主的权利与义务

业主作为项目的拥有者，承担着项目的决策、规划、设计、施工生产运行管理，以及偿还贷款、资产保值增值等责任，并承担投资风险，是项目建设的核心。在施工过程中，业主的主要权利如下。

（1）决定与本工程有关的各分项工程的合同授标权。必要时，有权指定分包商实施某项工程的土建、安装等任务。

（2）根据施工现场条件及监理工程师的建议，有权增减或取消合同内的工作项目，改变工程量及质量标准。

（3）有权选择某些工作项目，由自己派人施工。

（4）对工程项目的施工进度和质量，有权进行全面的监督检查。

（5）有权选定已建成的某部分工程提前投入使用。

（6）在承包商拖期建成工程项目并影响业主按期使用时，有权申请"拖期损失赔偿费"。

（7）对承包商明显违反合同的行为，有权提出警告，甚至发出施工暂停令。

（8）对无力实施项目的承包商或分包商，有权终止其施工合同。

（9）对承包商提出的延长工期或经济索赔要求，进行评审和决定。

业主的主要义务如下。

（1）向承包商提供施工现场的水文气象及地表以下的情况数据，并组织承包商踏勘现场。

（2）向承包商提供施工现场和通往施工现场的道路。

（3）提供施工场地的测量图，以及与工程有关的已有资料，并向有关部门保证施工地区的社会安全。

（4）统一协调各承包商的工作，定期召开施工协调会议等。

（5）按合同规定的时间，定期向承包商支付工程进度款。

（6）对业主造成的损失，给承包商进行经济补偿或延长工期。

2. 承包商的权利与义务

承包商是实施合同的基本力量，负责施工建设以及缺陷责任期届满以前的全部修补工作。

承包商的主要权利如下。

（1）有权按合同规定的时限取得已完成工程量的工程进度款。

（2）由于客观原因（不是承包商的责任）导致工期拖延或造价提高时，有权延长工期或得到经济补偿。

（3）有权要求业主提供施工场地和进场道路。

（4）由于客观原因或业主责任（不是承包商的责任）导致施工费用增加时，有权提出索赔要求，并应得到合理的经济补偿。

（5）在业主违约或长期拒付工程进度款的条件下，有权提出暂停施工，甚至要求终止合同。

承包商的主要义务可归纳为以下内容。

（1）按合同文件和施工规程的要求，提供必需的设备、材料和劳动力，按时、保质完成项目的施工。

（2）按合同规定，完成部分设计工作，绘制施工详图，经监理工程师审核批准后按图施工。

（3）在施工过程中，根据技术规程的要求进行施工，保证工程质量合格。

（4）向保险公司投保工程保险、第三方责任险、运输险、设备损坏险等。

（5）对监理工程师提出的任何工程变更指令，必须照办。必要时，可提出保留索赔的权利，或重新议定施工单价。

（6）对工程师提出的任何施工缺陷，根据施工规程的要求予以修补或改建。

（7）保证提供的建筑材料和施工工艺符合质量标准，提供的施工设备符合投标文件中填报的型号和数量要求。

（8）向业主提供施工履约担保及预付款担保函。

（9）遵守工程所在国家（地区）的法律和法规，尊重工程所在国家（地区）人民的生活习惯。

（10）保证工程按合同规定的日期完工，并负责做好维修期（即缺陷责任期）内的维护保养工作，直至最终验收合格。

3. 监理工程师的责任

（1）对业主的合同责任，具体如下。

① 提供技术咨询，帮助业主决策。

② 协助业主处理合同问题，避免合同争端。

③ 经常向业主报告工程施工进展，以便与施工计划对比。

④ 提供专业技术服务，如试验、测量、土壤分析等。

⑤ 协助业主处理招标过程中的问题，以便选定合格的分包人。

⑥ 实施与业主签订的技术服务合同，向业主提交符合合同规定的建成的工程项目，维护业主的利益。

（2）对设计单位的合同责任，具体如下。

① 在业主选定专业设计单位进行工程设计的条件下，监理工程师向设计单位提供咨询建议，使设计更合理。

② 与设计单位密切合作，对修改设计或工程变更问题，应尊重设计单位和业主的决定。

（3）对施工承包商的合同责任，具体如下。

① 认真负责地向承包商解释合同条款和施工技术规范的含义。

② 当施工计划变更造成承包商的损失时，应公正行事，给予承包商合理补偿。

③ 要求承包商按合同规定施工，保质、按期地建成工程项目。

④ 审核承包商的工程进度款月报，为其按时得到工程进度款创造条件。

⑤ 工程变更或设计修改使承包商产生附加开支时，对承包商给予公正补偿。

6.2.3　监理工程师合同管理的内容

由于合同双方（业主与承包商）有着不同的权利和义务，其合同管理的内容是不相同的。监理工程师接受业主的委托，对工程合同的履行进行监督管理，在双方合同关系和事件的处理上，监理工程师应担当公正的第三方，但在选择承包商，以及履行技术服务责任进行合同管理、进度控制、质量控制、成本控制时应遵照业主的要求与委托。

1. 签约前合同管理的内容

（1）做好工程项目的可行性研究和设计。

工程项目的可行性研究和设计是工程项目实施的基础。这两个阶段的成果直接影响到工程项目的使用功能、工程质量和成本，特别是对投资控制的影响较大。

合同文件中的投标须知、合同专用条件、技术规范、图纸及工程量清单中的主要内容都来自可行性研究和设计的成果。做好工程项目的可行性研究和设计可以有效地保证业主对工程项目在功能、质量、工期和投资等方面的要求和控制，并在合同文件中反映对承包商的制约。

工程项目可行性研究及设计成果只有达到应有的深度，才能在施工阶段有效地控制工程变更，减少工程变更给投资、质量、进度以及合同履行带来的不利影响。

（2）编制一份有利的招标文件（含合同文件）。

业主是工程项目的买方，是工程项目的拥有者，因此，业主有权为工程项目的实施制定招标文件（含合同文件），从确保业主利益的角度出发编制合同条款，而且不允许承包商修改这些合同条款。业主往往委托监理工程师帮助其编制招标文件。

通常合同条件只是将战争等特殊风险，以及业主提前使用工程、设计不当、不可抵御的自然灾害作为业主的风险，除此之外的大量风险由承包商承担。

合同中一般列有责任开释条款（exculpatory clause），以便出现问题时能够保护业主的利益。业主提供的资料通常被业主列为非合同性质的资料，要求承包商对资料的解释负责，以减轻业主的责任。

承包商必须对招标条件和合同条件完全响应，否则视为无效投标。在合同履行过程中，承包商要严格执行指令，完成工程的施工与维护。

（3）选择理想的承包商签订合同。

业主通过资格预审、资格后审全面了解和审查承包商的资信、实力、经验，以及承包商为实施工程所提供的方案、方法、设施、人员等。只有被认为合格且能够圆满完成项目的承包商才能参加投标。

在竞争性投标和评标中，业主（可以在监理工程师的协助下）再一次审查承包商的资信、实力、经验及其对工程实施的安排，并依据报价选择有优势（报价低且合理）的承包商。

低价、优质、按进度完成的工程项目要靠理想的承包商实现。承包商选择失败有可能导致工程项目失败。如有的承包商报价低但无实力；有的承包商有实力，但中标后转让合同、大量分包工程。因此，有时虽经优选，但实施工程的承包商并不一定理想。

理想的承包商应当是通过资格审查所挑选出的在资信、实力、经验等方面都合格的承包商，同时又是投标中经价格、方案、资质等综合评定的优胜者，更应当是能够全面协作履行合同者。

在选择承包商时往往容易忽视全面、综合的因素，有时报价过低的承包商，以"低报价、高索赔"来获取利润，并不一定对业主有利。

选择理想的承包商是签约前的一项重要的合同管理工作。在资格审查、投标、评标之后，为了进一步考察承包商，还可在发出预中标函后与承包商商谈合同，进一步了解承包商的资信、实力，以及实施本项目的财力、能力和履约的态度等。若认为该承包商是理想的，业主才向其发出中标函，确定其中标，进而签约。

2. 签约后合同管理的内容

签约后，业主、监理工程师、承包商共同履行同一个合同，虽然各方履行合同的义务和责任不同，但从内容的划分上可以认为各方的合同管理都有以下主要内容。

（1）研究项目合同及国家法律、法规。

为了更好地履行合同，必须认真研究项目合同及国家有关法律、法规。

业主、监理工程师是合同条件的编制者，且在合同条件编制阶段，已对合同条件进行了充分的研究，有了深刻的理解，但这毕竟是在编写中的研究。在合同实施过程中，所有合同条件处于动态的合同管理中，常常会发现所编制的合同条件有遗漏、缺陷等，需要在实施的过程中不断完善。业主的买方地位常常使得业主方能够较为方便地以补遗或谈判纪要的方式补充或修改合同条件，但合同变更需要与承包商协商一致。

承包商是在审查和理解业主的招标条件与合同条件之后决定投标和签约的，在签约之前的有限时间内，承包商常常仅对招标条件和合同条件做了粗略的了解。在合同履行过程中，承包商深入研究项目合同，才能更好地履行合同。在掌握各条款之间的有机联系后，才能通过合同管理有效地获取利润。

项目合同必须符合国家法律、法规的规定，业主、监理工程师及承包商都应当认真研究国家有关法律、法规。只有理解国家有关法律、法规，才能更好地履行项目合同。

（2）履行项目合同规定的义务。

项目合同规定了双方的义务和权利。履行合同是指双方依据所订立的合同条款，履行各自应承担的义务，实现各自享有的权利。

业主、监理工程师和承包商都应当通过对项目合同的研究，对合同条件中所规定的己方的义务和责任十分清楚，并采取相应的措施。通常施工合同中规定业主方的义务是提供土地、图纸和资金；监理工程师的义务是颁发图纸、指标，对材料、设备、工程进行检查验收；承包商的义务是提供资源（劳动力、材料、设备），完成工程施工与维护。各方应当在标的、数量、质量、期限、地点、方式等方面完全按照合同规定的要求履行。

当发生违约时，若业主方没有按照合同的要求按时提供场地、图纸或资金，业主方就必须承担违约责任，给予承包商相应的补偿。同样，若工程延误或工程质量存在严重缺陷等，承包商也要承担违约责任，给予业主相应的补偿。

在工程实施过程中，合同管理在履行合同义务方面的主要任务如下。

① 随时检查己方的履约情况。

② 及时发现履约过程中出现的问题并及时纠正。

③ 随时监督对方的履约情况。

④ 对对方的违约行为提出索赔。

⑤ 双方协作履约。

（3）合同价管理。

签订并履行合同的最终目的是完建工程并获取效益。对业主而言，效益是指在预定的投资额及工期内完建具备符合要求的使用功能、能产生经济效益的优质工程。对承包商而言，效益是指完建工程所得到的工程款抵清成本后仍有较高的利润。

合同价的变化体现着效益的变化。在合同履行过程中，不同类型的合同，合同价的变化有着不同的情况。但总体而言，由于工程项目的实施期长、不可预见的因素多、发生变化的情况复杂，实施合同价与签约合同价会有所差异。

如果采用固定单价合同，在签约时根据工程量清单上暂定的工程量与固定单价计算得到签约合同价，在工程实施中根据实际完成的工程量与固定单价计算得到实施合同价。此外，在工程施工中，还会由于工程变更出现变更价，如不利的施工条件等因素引起的价格变化，劳动力、材料等费用上涨引起的物价调整等。

如果采用变动总价合同，显然物价会影响最终的合同价。

如果采用固定总价合同，虽然合同中固定了总价，但只要合同条件中包含

有关工程变更、物价调整、索赔、业主违约、业主的风险等方面的条款，在合同实施过程中都会在一定程度上产生价格调整，也会产生相关方面的管理工作。

在工程实施过程中，进行合同价管理是合同管理的核心工作，其主要任务如下。

① 承包商按照合同价实施工程，业主按照合同价支付工程款。

② 随时发现工程实施过程中因条件变化而产生的合同价差异。

③ 严格审查、控制合同价的变更。

（4）索赔与反索赔管理。

索赔是指要求对方补偿己方所付出的额外费用。这里有以下几方面的含义。

① 索赔的发生是因为在工程实施过程中产生了额外费用。

② 提出索赔是要求对方赔偿。

③ 有索赔就有反索赔。索赔涉及双方的利益，一方是得到方，另一方必定是支出方。

④ 索赔的成效取决于索赔受理。

通常，承包商向业主提出索赔，要求业主补偿己方在施工中所付出的额外费用，业主对其进行的反索赔体现在对承包商提出的索赔的受理上。业主会因工期延误、质量缺陷或者承包商违约向承包商提出索赔，只不过业主的索赔措施已在合同条款中约定，业主可直接采用扣留保留金、没收保函、终止合同等方式向承包商索赔。

（5）合同风险管理。

履行工程合同，无论是对业主还是对承包商而言都有一定的风险。在承担合同风险方面，合同双方（业主和承包商）并不是均等的。合同的主要风险在承包商方面，这是因为业主是买方，是工程的拥有者，对工程的实施具有监督控制权；合同文件由业主或其委托的监理机构编制，承包商由业主方选定；等等。

通常，业主承担的风险主要是战争等特殊风险，以及业主提前使用工程、工程师设计错误、不可抵御的自然灾害风险等。除了业主承担的风险，其他风险都由承包商承担，如不可预见的施工条件、报价失误、资源（劳动力、材料、设备）组织困难、报价及汇率的变化等。

（6）合同争端管理。

在合同履行过程中，合同双方发生争端是不可避免的。这主要是由合同双方对合同条款的理解不同、合同履行过程中因素多变等造成的。合同争端主要反映在双方的责权利、风险的承担、索赔等方面。

合同争端难以避免，但从协作履行合同的角度，应尽可能采用友好协商的方法解决争端。友好协商难以解决时，可邀请第三方调解。仲裁是在双方协商不成，第三方调解也未成功时采用的解决争端的方法。

（7）合同事务与合同谈判。

合同事务是指合同管理中的日常事务工作。合同管理涉及合同履行中的所有事件、各方、各个环节，其主要工作如下。

① 各种工程（日、周、月、年）报表管理，包括所完成的工作情况、有关的合同事件、工程进度计划，以及进一步履行合同的要求。

② 各种财务报表及账单管理，反映合同履行过程中各种账目的收入和支出。

③ 价格分析资料管理，反映市场行情及资源（劳动力、材料、设备）价格的变化。

④ 往来信函、会议纪要的管理，对方来函的分析，己方复函的对策。

⑤ 合同专题档案管理，如工程变更档案、单项索赔档案、工期延长档案、物价调整档案、分包商档案等。

⑥ 工程照片档案管理，既反映工程完成情况，又作为索赔的证据。

合同谈判是双方为了履行合同进行交流和解决问题必须采取的手段。大的合同谈判可由双方多人参加，小的合同谈判只在两人之间进行。有正式的谈判，也有非正式的交谈。

6.3　合同的解释、谈判及签约

6.3.1　合同的解释

合同条款的解释是合同管理的内容之一。在履行合同的过程中，合同双方都会根据对合同条款的解释来履行合同权利和义务，并制约对方履行合同义务。

1. 合同条款解释的原则

（1）符合法律。

项目合同应符合工程所在国家法律、法规的规定，解释合同条款也应依据相关法律、法规。

（2）诚实信用。

合同双方所处的位置与责权利不同，以及合同双方常常会从维护自身利益的角度出发解释合同条款，使得同样的合同条款有时会出现不同的解释。但从协作履约的角度出发，双方都应按诚实信用的原则来解释合同条款。

（3）合同整体解释。

若合同条款或内容存在矛盾与不清楚之处，应从合同整体解释的角度对合同条款或内容进行解释。在具体解释时，通常具体规定优于笼统规定；专用合同条款优于通用合同条款；单价优于总价（对固定单价合同而言）；文字报价优于数字报价；技术规范优于图纸等。

（4）主导语言。

主导语言原则是指以合同规定的语言为准，这是因为不同语言在意思表达上往往不可能完全相同。在国际工程合同中必须规定主导语言。

2. 合同文件的优先顺序

合同文件中的各条款之间是彼此制约和互为说明的，有时难免会有个别地方存在歧义或含糊不清，甚至出现相互矛盾的情况。合同文件各组成部分所包括的内容相当广泛，理想的情况是项目的所有细节都在合同文件中有明确解释并且无相互矛盾之处。但是，实际情况往往是合同内容越复杂，越容易出现各种歧义并造成矛盾。因此，合同文件必须对解释合同和处理歧义的程序做出详细规定。该程序的实质是规定合同各文件的优先顺序，以便当同一事项在不同合同文件中的论述不清楚或有矛盾时，合同双方按照优先性原则处理出现的歧义与矛盾。

合同文件的优先顺序通常在合同的专用合同条款中予以明确，优先顺序一般如下。

（1）合同协议书。

（2）中标函。

（3）投标书（bidding documents）。

（4）专用合同条款。

（5）通用合同条款。

（6）技术规范。

（7）图纸。

（8）已报价的工程量清单。

（9）构成合同组成部分的任何补充文件。

承包商常常在分析合同文件时找出合同条件含糊不清及有矛盾之处，从而采取相应的对策。对于有利于承包商的矛盾或含糊不清之处，承包商常借其获取利益。如投标时，利用招标文件表述不清的情况，假设条件投标报价；签约后，利用合同文件约定不清的情况，为索赔找到依据等。对于不利于承包商的矛盾或含糊不清之处，承包商会要求业主及监理工程师做出解释。

无论承包商是否要求做出解释，只要业主、监理工程师发现合同文件中存在矛盾或含糊不清之处，都应该注意对其按照优先顺序做出有利于合同履行的解释。必要时可通过双方谈判，以谈判纪要的方式补充、修正矛盾或含糊不清之处。

3.合同文件中的责任开释条款

工程合同中都列有责任开释条款，以便出现问题时保护业主利益，避免承包商可能进行的索赔。责任开释条款一般是指合同中对业主或监理工程师有利的条款，目的是当发生特定事件或遇到不利的外界条件时，根据这种条款避免责任。

责任开释条款的措辞应该清楚明确，尽量详细具体，并且明确业主或监理工程师与承包商各自的责任和义务。责任开释条款体现了业主作为买方的监督控制权。承包商尤其应该注意由此可能承担的潜在风险和自身的承受能力。

（1）投标书。

合同条件的特点之一是承包商必须在投标书中确认"研究了……工程的施工合同条件、技术规范、图纸、工程量清单……以后，按照合同条件、技术规范、图纸、工程量清单……要求，同意实施并完成上述工程及修补其任何缺陷"。这就是业主在发标时制定的一种责任开释条款，限定承包商投标的前提条件是充分考虑了各种施工条件和风险，其报价中已经包括了承担合同一切义务所需的费用，出现问题后无法再要求业主调整价格或增加付款，更无法推脱责任。

（2）现场考察和对业主资料的解释。

合同文件中规定承包商应对现场进行考察，并对业主提供的信息和资料的解释负责，这属于典型的业主责任开释条款。该条款认为承包商在投标之前，已对现场及周围环境进行了认真考察，并对所有相关资料进行了分析和理解，因此，承包商对影响工程进度和造价的所有条件是了解和掌握的。一旦现场及周围环境出现与业主提供的资料不符的不利条件，业主和监理工程师即强调承包商考察过现场，并对业主提供的资料进行过分析和研究，承包商在投标报价时已全面考虑了全部情况和因素，业主对此不再负有责任。

（3）不解除承包商的义务和责任。

合同文件中规定承包商呈交的进度计划、施工方案、施工图纸等虽已获得监理工程师的同意或批复，却不意味着可以因此而解除承包商的合同义务和责任。该条款属于监理工程师责任开释条款。

在业主所颁发的接收证书中也常用此类表述，如"本接收证书的颁发，并不意味着可以因此而解除承包商的合同义务和责任"。

（4）在合理的时间内发出图纸和指示。

"工程师在合理的时间内发出图纸和指示……"此类条款属于监理工程师责任开释条款。它既保证图纸和指示发出前有足够的准备和审查时间，又免除了影响工程的实施后监理工程师要承担的责任。

4. 合同文件中的明文条款

合同文件中的明文条款是指通用合同条款、专用合同条款、协议书等合同文件明文列出的条款。明文条款是相对于下述隐含条款而言的。合同条款的解释大多反映在对明文条款的解释上。

5. 合同文件中的隐含条款（或称"默示条款"）

相对于明文条款而言，合同条款的解释还会涉及对隐含条款的解释。

形成隐含条款的条件如下。

（1）从明文条款中引申而来，符合明文条款的规定。

（2）是明确的。

（3）是公正合理的。

（4）是显而易见、不言而喻的。

（5）可以使合同有效实施。

隐含条款常被用来履约和制约对方履约。

6. 可推定情况

可推定情况不是直接对合同条款进行解释，而是按照合同的履行情况来说明合同的履约责任。

承包商常运用可推定工程变更（constructive variation）、可推定加速施工（constructive acceleration）、可推定暂停工程（constructive suspension）向业主提出索赔。

（1）可推定工程变更。

以"可推定工程变更"提出索赔，需具备的条件：实施了工程变更；工程变更是业主、监理工程师要求实施的（虽无书面工程变更指令）；实施工程变更产生了额外费用。

（2）可推定加速施工。

以"可推定加速施工"提出索赔，需具备的条件：非承包商原因导致了工程延期；业主、监理工程师未同意延长工期；加速施工产生了额外费用。

（3）可推定暂停工程。

以"可推定暂停工程"提出索赔，需具备的条件：非承包商原因导致暂停工程；工程暂停是业主、监理工程师要求的（虽无书面暂停工程指令）；暂停工程产生了额外费用。

业主、监理工程师应严格控制承包商按可推定情况提出的各种索赔，要求承包商提供有关的合同依据和证据。

6.3.2　合同谈判与签约

1. 合同谈判的目的

尽管招标文件已经对合同内容做了明确规定，且承包商在投标时已做了响应性投标，但是为了使双方履行合同，顺利实施工程，业主通常在发出中标函后（也有的在发出中标函之前），与中标人（或中标意向人）进行合同谈判。合同谈判的结果通常采用合同谈判纪要的方式呈现，双方签字，成为合同的组成部分。在合同谈判之后，双方再正式签订合同。

由于合同各方的责权利不同，各方对合同谈判有着不同的目的。监理工程师（受业主委托）进行合同谈判的主要目的如下。

（1）通过谈判，进一步审查承包商的资信、资金、技术、经验、管理等实

力，以便放心地向理想的承包商授予合同。

（2）通过谈判，进一步审查承包商对招标的响应性，包括承包商对合同条件的接受程度、对技术规范和图纸的理解程度等。

（3）确认投标及评标已确定的标价和相关施工方案及工期，或者与承包商协商降低报价及缩短工期等。

（4）讨论并共同确认某些招标后、签约前的局部变更，如技术条件或合同条件的变更。

（5）确认业主认可的承包商建议的方案，以及相应降低的报价或缩短的工期。

要使合同顺利履行，必要的谈判是不可少的。当然，招标文件（包括合同文件与技术文件）是双方进行合同谈判的基础，任何一方都有理由拒绝对方提出的超出原招标文件的要求，双方应以招标文件为基础，通过协商达成一致。

2. 合同谈判的基础与准备

在正式谈判前，双方应做好以下准备。

（1）组织谈判代表组。谈判人员应具有责任心、意志力、业务能力、表达能力、判断能力、应变能力等。

（2）确定谈判目标、谈判态度、谈判方案、最佳目标、最后防线（坚持或让步程度与条件）等。

（3）分析与摸清对方情况。摸清对方谈判的目标与态度以及谈判人员的情况，找出谈判的关键问题和人物。

（4）估计谈判的可能结果。

（5）准备有关文件与资料。有关文件与资料包括合同稿、己方谈判所需资料以及对方可能会索取的资料。

（6）安排好谈判议程。谈判议程一般分为初步交换意见、谈判、拟定文件三个阶段。

3. 合同谈判的主要内容

合同谈判的主要内容通常涉及工程内容与范围的确认、合同条款的理解与修改、技术要求及资料的确定、价格及价格构成分析、工期的确认等。

（1）工程内容与范围的确认。

合同有关工程内容与范围的描述及说明应当明确，避免含糊不清。在投标人须知、合同条件、技术规范、图纸及工程量清单各文件中，对工程内容与范围的描述及说明应当完全一致，不应出现二义性或矛盾。承包商应当核实工程量清单中投标报价的项目与招标文件技术规范中所要求的项目是否一致。如有不一致之处，应通过谈判予以澄清和调整。

业主在接受承包商的建议方案时，要进行技术经济比较及经济评价，综合分析其技术可行性、经济合理性及其对合同条件的影响，权衡利弊后再表示接受或拒绝。如果业主对工程内容或范围进行变更，承包商也应针对变更提出相应的变更价格及工期的要求。

（2）合同条款的理解与修改。

招标文件已对合同条款做了规定，承包商在谈判中很难超出招标文件范围大幅度改变合同条款，只能在协商一致的情况下，在合同谈判中提出完善合同条件，争取各方在对合同条款的理解上达成一致，适当修改某些极不合理的条款，并记录在谈判纪要中。承包商对合同条款的修改主要如下。

① 澄清招标文件中责任含糊不清的条款。

② 凡是影响支付的因素都应进行深入研究和协商，并要求在合同条款中写明，如不可预见情况、不可抗力因素、合同价调整、变更、索赔、违约等。

③ 工期过短时，协商确定合理工期。

④ 明确与工程实施相关的其他重要条款，如保函、保险、税收、支付、验收、争端解决等条款。

（3）技术要求及资料的确定。

承包商应严格按照招标文件中对技术规范和图纸的要求编制投标文件和报价。施工方案、方法、进度、技术要求、质量标准等，均应符合招标文件的要求。

业主应尽可能提供较为明确的技术资料，如水文资料、地质资料、气象资料等。

对业主所提供的技术资料，承包商应进行充分分析和理解，并拟订相应的措施与费用。

（4）价格及价格构成分析。

通常，价格是合同谈判的核心问题。价格受工程内容、工期及合同双方责权利的制约。除单价、合价、总价及其他各项费用外，谈判中涉及承包商的还有预付款、保留金、暂定金额、税收、物价调整、后继立法、合同价调整等涉及价格的内容及支付条件等。

业主通常在评标及谈判中坚持招标文件中有关报价的规定，并要求承包商提交单价分析资料，以保证价格的响应性及合理性。

（5）工期的确认。

承包工程项目的工期一般较短。工期虽是时间要求，但与费用息息相关，工期过短常导致产生加速施工费用，甚至产生误期损害赔偿费。承包商在合同谈判中通常要求调整工期，尽可能延长总工期或者分项工期。

业主通常坚持招标文件中已规定的工期，并审查承包商的施工方案及报价与工期的吻合性，要求承包商在签约时予以确认。

4. 合同谈判策略

合同谈判是双方为实现各自目标和维护自身利益而较量的过程，也是双方协商、相互让步，最终达成协议的过程。谈判是一门艺术，工程合同的谈判具有很高的难度，要求合同双方较好地运用策略和技巧。

业主是买方，是工程的拥有者，在招标文件中已对合同条件和技术要求做了深入研究和明确规定，坚持这些条件和要求就能维护自身利益和确保实现己方目标。

承包商是工程的实施者，对工程成本了如指掌，能调整其价格分布使收益增大，也能通过条款的变化和施工方案的调整，争取更大的利益。

双方采取的策略既有相同之处，又有不同之处，以下是双方都可能用到的策略与技巧。

（1）充分准备，熟悉情况，知己知彼。

（2）强调自身优势，促成对方签约合作。

（3）设法保持对会议的控制权，成为谈判中的主动方。

（4）注意倾听，发现对方漏洞与薄弱环节。

（5）从心理上压制对方，具备实力，使对方感到难以应付。对事强硬，对人温和。

（6）抓住实质性问题。涉及工作范围、价格、工期、支付条件、违约责任等实质性问题时，不轻易让步或有限度地让步。防止对方通过纠缠小问题转移视线。

5. 签订合同

双方谈判取得一致意见，并确定书面合同文本后，即应由各方当事人签订合同。

签订合同时，双方应签以法人的全称和签约人的姓名。

签约人应在合同文件中附有公司法人授权签字的委托书。签约人除应在合同协议书末尾签名外，在页与页之间均应签名。

签约当事人不能同时到会签订合同时，也可在不同的时间或地点签署，但签约日期及地点应以最后一个当事人签署合同的日期和地点为准。

6.4　合同价管理

在合同履行过程中，合同价难免会产生变化，这将直接影响业主和承包商的效益。合同价管理是监理工程师合同管理的核心工作。以下以固定单价合同为例对合同价管理进行讲解。

6.4.1　合同价的影响因素

在合同履行过程中，合同价的影响因素多而复杂。图 6.3 列出了合同价的一些主要影响因素。

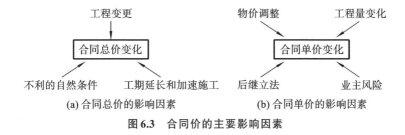

图 6.3　合同价的主要影响因素

1. 不利的自然条件

不利的自然条件或障碍简称为"不利的自然条件（adverse physical conditions）"。在《FIDIC 施工合同条件》中，不利的自然条件是指在工程施工中遇到了不可预见的施工条件，而这种条件是在投标报价、签约时没有考虑到的。

在土建工程施工中，常见的不利的自然条件是地基或隧洞的地质状况恶劣，在开挖过程中遇到了施工障碍物等。至于造成施工困难的气候方面原因，如特大暴雨、飓风等，不属于不利的自然条件，而被列入施工风险。一般的不利气候条件属于承包商的风险；而特殊、异常的气候条件，通常称为"不可抵御的天灾"，则属于业主的风险。

施工中出现不利的自然条件的原因甚多，从客观上讲，包括工程规模大、工期长、不可预见因素多，地基情况在施工开挖前难以查明；从业主角度讲，包括业主提供的资料粗略、深度不够、数据准确性不够，资料的时间、地点有差异等；从承包商角度讲，包括没有考察现场，对现场施工条件了解不够，对业主方提供的资料缺乏理解和分析等。

《FIDIC施工合同条件》中涉及不利的自然条件的条款有以下三条。

（1）承包商应对业主提供的资料的解释负责。

承包商在提交投标书之前，已对现场和周围环境及与之有关的可用资料进行了考察，并对以下几点在费用和时间方面的可行性感到满意。

① 现场的状况和性质，其中包括地表以下的条件。

② 水文和气候条件。

③ 为工程施工和竣工及修补其任何缺陷所需的工作和材料的范围和性质。

④ 进入现场的手段，以及承包商可能需要的食宿条件。

一般应认为承包商已经取得了有关上述可能对其投标书产生影响，以及可能发生的风险、意外事件及所有其他情况的全部必要资料。

应当认为承包商的投标书是以业主提供的可利用的资料和承包商自己进行的考察为依据的。

（2）承包商的报价是完备的。

应当认为承包商对自己的投标书及工程量清单所列的各项费率和价格的正确性与完备性是满意的，所有的报价包括了承包商根据合同应当承担的全部义务（包括有关物资、材料、工程设备、提供的服务，或为意外事件准备的暂定金额），以及该工程正确实施、竣工和修补任何缺陷所必需的全部有关费用，除非合同中另有规定。

（3）遇到有经验的承包商也不可预见的情况时，可要求补偿。

在工程施工过程中，承包商如果遇到了某些不可预见的外界障碍或条件，在他看来这些障碍和条件是一个有经验的承包商也无法预见的，则承包商应立即就此向监理工程师提出有关通知，并将一份副本呈交业主。收到此类通知后，如果监理工程师也认为这类障碍和条件是一个有经验的承包商无法合理预见的，在与业主和承包商协商之后，应决定以下事项。

① 给予承包商延长工期的权利。

② 确定遇到这类障碍或条件可能会使承包商产生的费用额，并将该费用额加到合同价中。

监理工程师应将上述决定通知承包商，并将一份副本呈交业主。这类决定应将监理工程师可能签发给承包商的与此有关的任何指示，以及在无监理工程师具体指示的情况下，承包商可能采取的并可为监理工程师接受的任何合理恰当的措施考虑在内。

在工程施工过程中，遇到了不利的自然条件，承包商一般会表明这是一个有经验的承包商也不能预见的，并根据上述条款要求业主给予费用和工期补偿。但是承包商自己认为不能预见，不一定被业主、监理工程师所接受。

业主、监理工程师在分析施工条件时常常强调上述条款中承包商的责任，认为对于出现的施工条件，承包商在考察现场和分析、解释业主资料时应能预见，而且承包商的报价中已经包括了因此类意外事件而产生的费用，从而不给承包商工期和经济补偿。

是不是产生了不利的自然条件，如何处理不利的自然条件，是不是给承包商工期和经济补偿，反映出工程施工的复杂性，也反映出双方在合同管理中对合同价变化的争取与控制。

产生了不利的自然条件，监理工程师应进行的合同管理工作如下。

① 考察、分析不利的自然条件。考察、分析此类条件是否可以合理预见，所产生的情况与可预见的情况有什么不同，投标前的现场考察及资料分析是否可以发现此类条件，此类条件是否引起费用增加和工期延长。

② 若确属不利的自然条件，应与承包商协商有关的措施，对增加的额外费用及工期给予补偿。

③ 若不属于不利的自然条件，而属于承包商在投标前现场考察或对业主资料解释的失误，则由承包商承担有关措施费用及延误工期责任。

2. 工程变更

在工程施工过程中，不可避免地会发生工程变更。工程变更会对工程项目的质量和进度，特别是投资带来较大的影响。有经验的承包商常常通过工程变更获取改变合同价和工期的机会。在工程施工过程中，监理工程师应特别注意控制工程变更及工程变更的价格。

（1）工程变更的概念。

当业主决定更改合同文件中所描述的工程，使得工程任何部分的结构、质量、数量、施工顺序、施工进度和施工方法发生变化时，即认为发生了"工程变更"。

由于工程项目建设的复杂性、长期性和动态变化，任何承包合同都不可能在履行前预见实施过程中的所有条件和变化。因此，在工程施工过程中，工程变更不可避免。

（2）工程变更的内容。

工程变更涵盖的内容广泛，如设计变更，施工进度计划变更，施工顺序变更，施工技术、规范、标准变更，工程量变更，施工现场条件改变，施工的项目超出了合同指明的工程范围等。《FIDIC 施工合同条件》在"通用条件"部分对工程变更的内容描述如下。

① 增加或减少合同中所包括的任何工作的数量。

② 省略任何工作（但被省略的工作由业主或其他承包商实施的除外）。

③ 改变任何工作的性质、质量或类型。

④ 改变工程任何部分的高程、基线、位置和尺寸。

⑤ 实施工程竣工所必需的任何种类的附加工作。

⑥ 改变工程任何部分的任何规定的施工顺序或时间安排。

（3）工程变更发生的原因。

工程变更发生的原因是多方面的，主要有以下四点。

① 现场施工条件变化。

② 施工中出现不利的自然条件。

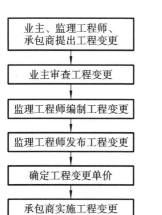

图 6.4 工程变更程序

③ 工程范围发生变化，出现了合同范围以外的工程。

④ 设计变更。

（4）发生工程变更后的合同管理内容。

① 规定工程变更程序。

工程变更程序通常在合同文件中的专用合同条款中规定，主要包括：提出工程变更、审查工程变更、编制工程变更文件、发布工程变更指令、确定工程变更单价及实施工程变更等，如图 6.4 所示。

② 编制工程变更文件。

工程变更文件应包括以下内容。

a.工程变更的理由、变更概况、变更估价及对合同价款的影响。

b.工程量清单，填写工程变更前后的工程量、单价和金额及有关说明。

c.工程变更指令。

③发布工程变更指令。

任何工程变更都必须经业主决定，并授权监理工程师正式发布工程变更指令。承包商必须执行工程变更指令，按工程变更指令施工。若监理工程师发布口头工程变更指令，承包商应书面要求确认口头工程变更指令。此后，监理工程师应确认口头工程变更指令，发布正式的书面工程变更指令。

④确定工程变更单价。

通常按图6.5所示的步骤确定工程变更单价。

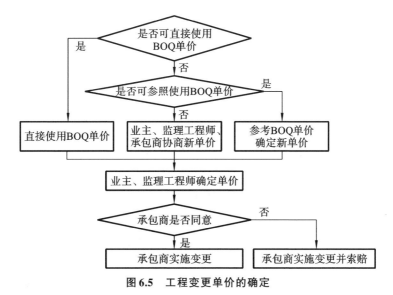

图6.5　工程变更单价的确定

注：BOQ为bill of quantities的缩写，译为"工程量清单"。

a.直接使用BOQ单价。如果监理工程师认为BOQ单价适合于此项变更工程，可按BOQ单价计算。

b.参考BOQ单价确定新单价。若变更工程与合同工程的性质、数量、施工方法、地点差别很大，BOQ单价不适用时，则参考BOQ单价确定一个合理的新单价。

c.协商新单价。若不能参考使用BOQ单价，即变更工程与合同范围内的工程性质截然不同时，则由业主、监理工程师邀请承包商充分协商，确定一个合理的新单价。如果业主与承包商协商不能达成一致，则由监理工程师确定一

个合理的单价，并抄送业主。

⑤业主方控制工程变更的措施。

业主是工程的投资者、拥有者，工程变更直接影响到工程及工程投资，因此，业主具有工程变更及工程变更单价的决定权。

发生工程变更时，业主委托监理工程师发布工程变更指令。有工程变更指令，才有工程变更单价的协商。没有工程变更指令，承包商不得进行任何工程变更。对于以下情况，一般不发布工程变更指令。

a.工程量清单中工程量的变化。

b.删去某一项工作。

c.技术规范、标准、施工方法的变化。

d.维护期修复工程变更。

监理工程师应加强对工程变更指令落实情况的跟踪管理。

工程变更必须按照合同条件中规定的工程变更程序进行。例如先审查工程变更，经业主决定，确需工程变更时由监理工程师发布工程变更指令，随后确定工程变更单价并实施工程变更。

工程变更容易引起费用变更，从而影响工程项目的投资。因此，业主、监理工程师应注意控制工程变更价，应尽可能采用原合同价实施变更工程；当原合同价确实不能采用时，也要在原合同价的基础上适当调整；在不能直接采用又不能适当调整原合同价后再采用的情况下，协商新价，这时应注意防范承包商过高抬价，由监理工程师确定新单价，并抄送业主。

承包商必须服从指令、执行指令。当收到监理工程师发布的工程变更指令时，承包商必须执行工程变更，即使对所确定的工程变更单价不满意，也要实施工程，并在其后索赔。此外，没有工程变更指令，承包商不得做任何工程变更。

3. 工期延长和加速施工

在水利水电工程施工中，工期拖延的情况时有存在。这一方面是由于一般招标工程项目的工期都定得偏紧，另一方面是由于施工过程中种种情况容易导致工期拖延。

当工期拖延又不允许延长工期时，则产生加速施工。

（1）工期拖延的原因。

工期拖延往往是由多种原因引起的，常见的原因如下。

① 客观原因。

如异常气候、灾害、不利的自然条件等。

② 承包商原因。

如开工迟、工效低、管理差等。

③ 业主方原因。

如业主方未按规定的时间提供场地、资金，暂停工程，提出大量工程变更；监理工程师未按时颁发图纸等。

（2）合同中对工期拖延的规定。

工期拖延可分为不可原谅的拖期（non－excusable delay）和可原谅的拖期（excusable delay）两大类。

① 不可原谅的拖期。

不可原谅的拖期是指由承包商引起的工程延误。这种情况承包商不仅无法延长工期和得到经济补偿，还要赔偿工期延误给业主带来的损失。这种赔偿通常称为"误期损害赔偿费"。

② 可原谅的拖期。

凡不是由承包商引起的拖期都属于可原谅的拖期。可原谅的拖期是由客观原因和业主原因造成的。这类工期拖延不是承包商的责任。

对于可原谅的拖期，如果拖期的责任者是业主或监理工程师，则承包商不仅可以延长工期，还可以得到经济补偿，这种拖期被称为"可原谅并给予补偿的拖期"；如果拖期的责任者不是业主，而是客观原因，承包商可以延长工期，但得不到经济补偿。这种拖期被称为"可原谅但不给予补偿的拖期"。

（3）工期拖延的合同管理内容。

监理工程师首先应分析工期拖延的原因。若是业主、监理工程师的原因导致拖期，应允许承包商延长工期并给予相应的经济补偿；但若不允许延长工期，并要求承包商加速施工，则应补偿待工费用及加速施工费用。当然，还应审查拖期项目是否位于关键线路上，如果拖期项目不在关键线路上，拖期不影响竣工日期，则不允许该项目延长工期，也不需要给予相应的经济补偿。

对于客观原因导致的拖期，应允许承包商延长工期。同样要审查拖期项目是否位于关键线路上，只有客观原因导致拖期的项目位于关键线路上，才能允许延长工期。

对于承包商原因导致的拖期，应向承包商提出加速施工要求，并明确不补偿加速施工费用。若加速施工仍未能按期完工，则要求承包商支付误期损害赔偿费。

4. 物价调整

物价调整直接影响到合同价及合同双方的效益或利润。物价调整即根据实施合同工程时人工费、材料费和影响工程实施的其他费用的上涨或降落，对合同价进行增加或减少。

在《FIDIC施工合同条件》中，合同价调整有两类情况：一类由工程变更引起；另一类由物价浮动引起，即物价调整。物价调整使签约合同价变为可变合同价。在合同工程实施过程中，当人工费、材料费或影响工程实施的其他费用上涨时，业主将向承包商补偿调价值。反之，上述费用下降时，承包商将向业主退还调价值。

对于合同期较长的工程，在实施中必然会受到价格浮动的较大影响，合同双方有关物价调整的合同管理极为重要。对于合同工期超过一年的工程，一般给予物价调整。

（1）合同物价调整的计算方法。

大多数合同物价调整采用指数法，可用式（6.1）表示。

$$\Delta P = P_0 \times V \tag{6.1}$$

因式（6.2），所以有式（6.3）。

$$V = \sum_{i=1}^{n}\left(b_i \times \frac{M_{i1} - M_{i0}}{M_{i0}}\right) = \sum_{i=1}^{n}(b_i \times K_i) \tag{6.2}$$

$$\Delta P = P_0 \times \sum_{i=1}^{n}\left(b_i \times \frac{M_{i1} - M_{i0}}{M_{i0}}\right) = P_0 \times \sum_{i=1}^{n}(b_i \times K_i) \tag{6.3}$$

约束条件为式（6.4）。

$$a + \sum_{i=1}^{n} b_i = 1 \tag{6.4}$$

式中：ΔP——调价值；

P_0——可调价工程值，为合同中指定的可以调价的结算工程值，可调价工程值不包括分包商实施的工程值，现场材料、设施值，以及基于现行价格计算的计日工、工程变更值；

V——价格波动因子，简称"调价率"，它是确定价格调整幅度的综合指标；

i——参加调价的因素，如人工费、材料费、设备费等；

n——参加调价的因素的个数；

b_i——参加调价的因素的比率，是将合同规定的不参加调价的因素与参加调价的因素视为整体时，参加调价的因素在其中所占的比率；

M_{i0}——基本价格指数，《FIDIC施工合同条件》规定，采用递交投标文件截止日前28 d的适用价格指数作为基本价格指数；

M_{i1}——现行价格指数，指与提交的结算工程值报表有关的周期最后一天的适用价格指数，价格指数一般从国家统计局公开发布的经济公报上获取，如果在计算时未能得到某一现行指数值，则采用可以得到的最近指数值，并在随后的报表中进行必要的调整；

K_i——指数变化率，$K_i = \dfrac{M_{i1} - M_{i0}}{M_{i0}}$；

a——固定比率，是将合同规定的不参加调价的因素与参加调价的因素视为整体时，不参加调价的因素在其中所占的比率，固定比率在合同中常为0.15～0.35。

当 $M_{i1} > M_{i0}$ 时，指数变化率为正值，代入公式所得调价值为正值，承包商从业主处得到补偿调价值。当 $M_{i1} < M_{i0}$ 时，指数变化率为负值，代入公式所得调价值为负值，承包商向业主退还调价值。

对调价率的计算公式做如下变化，见式（6.5）。

$$V = \sum_{i=1}^{n}\left(b_i \times \frac{M_{i1} - M_{i0}}{M_{i0}}\right) = \sum_{i=1}^{n}\left[b_i \times \left(\frac{M_{i1}}{M_{i0}} - 1\right)\right] = \sum_{i=1}^{n}\left(b_i \times \frac{M_{i1}}{M_{i0}}\right) - \sum_{i=1}^{n}b_i \quad (6.5)$$

又因式（6.6），所以调价率计算公式见式（6.7），调价值计算公式见式（6.8）。

$$\sum_{i=1}^{n}b_i = 1 - a \qquad\qquad (6.6)$$

$$V = \sum_{i=1}^{n}\left(b_i \times \frac{M_{i1}}{M_{i0}}\right) - 1 + a = a + \sum_{i=1}^{n}\left(b_i \times \frac{M_{i1}}{M_{i0}}\right) - 1 \qquad (6.7)$$

$$\Delta P = P_0\left[a + \sum_{i=1}^{n}\left(b_i \times \frac{M_{i1}}{M_{i0}}\right) - 1\right] \qquad (6.8)$$

（2）物价调整的合同管理工作。

指数法是一种简化的物价调整方法，其比基本价格法更简单易行，便于管理。但指数法较为宏观和笼统，不易直接反映人工、材料及设备等费用的真实变化。出现这种现象的原因主要有以下五个方面。

① 指数法是按价格指数、工程成品（结算工程值）对参加调价的因素进

行调价，它所反映的价格调整并不是参加调价的因素自身的价格调整。

② 业主及监理工程师在确定参加调价的因素以及参加调价的因素的比率范围时往往受个人因素影响，如对工程的认识水平、业务技术水平，以及处理调价的内容、方式都不尽相同。

③ 参加调价的因素及其比率范围和固定比率，并不是根据工程实施结果确定的，而是在工程实施之前的招投标阶段就由业主及监理工程师做出了规定和估计。

④ 由于存在国际采购等情况，工程中使用的材料（或设备）不易与投标时确定价格指数时所用的材料（或设备）的来源国一致，常常出现购买B国的材料（或设备），却采用投标时确定的A国的材料（或设备）价格指数的现象。

⑤ 结算工程值与调价时间不易准确对应。

鉴于以上多方面原因，指数法不仅赋予了业主、监理工程师制定物价调整的种种规定来确保自身利益的权力，同时也给予了承包商在一定程度上（要取得业主批准）通过物价调整获取利润的机会。

严格控制物价调整是监理工程师进行投资控制及合同管理的重要内容。如果工程实施过程中人工、材料、设备等费用下降，承包商将退还调价值给业主，这说明物价调整不是单一的投资增加的概念。业主投资是否增加取决于人工、材料、设备等费用是上涨还是下降。

监理工程师对物价调整的合同管理工作主要如下。

① 招标时明确物价调整的相关规定，例如限定可调价工程值、参加调价的因素及其比率范围、不可调价部分的比例、某些情况下不进行物价调整等。

② 统一价格指数来源国与人工、材料、设备来源国的概念。

③ 严格审查承包商提交的工程月报表及价格指数资料。

④ 严格依据合同规定进行物价指数结算的审核与确认。

5. 后继立法

如果国家的法律、法规发生变化，使得承包商在实施合同过程中所需费用增加或减少，此类增加或减少的费用应由监理工程师与业主和承包商协商之后，确定加入合同价或从合同价中扣除。

国家法律、法规的变化使承包商费用变化的主要情况有：所得税率、海关税率、外汇兑换率、外币币种及币种比例、人工工资等发生变化。

绝大多数情况是：由于法律、法规的变化，承包商在实施合同过程中所需费用增加，这时业主应给予承包商有关费用补偿。

《FIDIC 施工合同条件》将后继立法的基准定为投标书递交截止日期前的 28 d，即费用补偿或扣除时按此基准衡量。

承包商在合同管理中应注意国家法律、法规的变化，一旦后继立法造成了成本费用增加，就应及时要求业主给予补偿。

监理工程师在合同管理中也应注意国家法律、法规的变化，及时受理承包商因后继立法引起费用增加所提出的补偿要求。当后继立法引起费用减少时，应从合同价中对相关费用予以扣除。

6. 工程量变化

工程变更会导致工程量发生变化，从而引起合同价的变化。此外，由于投标文件工程量清单中的工程量是暂定工程量，在施工过程中需要实测，实际工程量会发生相当大的变化，即使按照工程量清单中固定的单价计算，合同价也会发生变化。

监理工程师有关工程量变化的合同管理工作主要如下。

（1）招标文件工程量清单中的暂定工程量应尽可能准确。

（2）实时核实工程量计量、净值计量、监理工程师批准计量。

（3）关注工程量变化与合同价的关系。

7. 业主风险

在《FIDIC 施工合同条件》中，由业主承担的风险为：战争等特殊风险，以及业主提前占用部分工程、工程设计错误、不可抵御的自然灾害等风险。相关风险所导致的经济损失或引起的工程延误，由业主承担责任，承包商有权延长工期和得到相应的经济补偿。而所产生的这些费用都会影响到合同价。

监理工程师在合同实施过程中，要注意业主风险防范和风险管理，避免工程设计错误及提前占用部分工程带来费用增加。监理工程师应要求承包商办理工程一切险、第三者责任险、人身意外伤害险等，将意外风险转移给保险公司。

6.4.2　合同价调整

合同价调整直接影响实施合同价。

《FIDIC 施工合同条件》规定：当工程变更引起的价格变化以及工程量清

单中暂定工程量经实测后引起的价格变化（不包括暂定金额、计日工费用，以及物价和后继立法引起的价格调整）使得有效合同价（指不包括暂定金额及计日工费用的合同价）增加或减少15％时，经监理工程师与业主和承包商协商后，在合同价中加上或减去议定的价款。该价款仅以少于或超出有效合同价的15％为基础。

作为一种建议，《FIDIC施工合同条件》"专用条件"部分还提出合同价调整的另一种方法：当某项工作的工程款占合同价的2％以上，该项工作实施的工程量超过或少于工程量清单中暂定工程量的25％时，工程量清单中该项工作的单价应予以调整。

1. 合同价调整的原因

如前所述，不利的自然条件、工程变更、工期延长和加速施工、物价调整、后继立法、工程量变化、业主风险等都是引起合同价变化的原因。

签约合同价是根据暂定工程量确定的，实施工程量显然不会与暂定工程量完全相等，加之工程实施过程中，业主还会根据工程需要委托监理工程师发布工程变更指令，要求承包商实施工程变更，使得工程量和单价两个方面都可能发生变化，从而导致合同价的变化。

以暂定工程量和所报单价形成签约合同价，并允许在工程实施中有工程量变化和工程变更，合同制约要求与合同实施动态变化相结合，这种思路是科学的。

但无论实施情况如何变化，还应回归到合同制约这一法律根本上来，这就要求必须限定实施合同价与签约合同价的差异不能过大，以体现合同的法律性。《FIDIC施工合同条件》第三版将此界限定为10％，第四版将此界限定为15％。显然将此界限定为15％，对承包商更为不利。

2. 合同价调整的合同管理工作

合同价调整涉及的因素多而复杂，加之与业主、承包商的利益直接相关，其合同管理工作难度较大。合同价调整的合同管理综合体现在不利的自然条件、工程变更、工期延长和加速施工、物价调整、后继立法、工程量变化、业主风险等的合同管理中。

监理工程师有关合同价调整的合同管理工作主要如下。

（1）将有关合同价调整的合同管理工作贯穿项目始终。

（2）编制招标文件时，注重与合同价调整有关的条款的编写，工程量清单中的暂定工程量应尽可能准确。

（3）签约后进行合同价管理，随时发现影响合同价的不利因素，严格计算工程量，严格控制工程变更单价，严格调整物价等。

（4）按照合同规定，审理承包商提出的合同价调整要求。

6.5 索赔管理与合同争端管理

6.5.1 索赔管理

1. 索赔的概念

工程合同是业主与承包商之间为承包工程项目，经过平等协商，明确双方权利和义务而达成的协议。合同双方遵循实际履行（指实际工程）、全面履行（指按合同规定的期限、地点、方式，以及工程的数量、质量和价格履行合同）和合作履行的原则，才能顺利、有效地履行合同。

工程建设项目规模大、工期长、结构复杂，实施过程中必然存在着许多不确定因素及风险，加之存在很多主观或客观因素，双方在履行合同即行使权利和承担义务的过程中难免发生与合同规定不一致之处。在这种情况下，索赔是不可避免的。合同中包含索赔条款正是基于这种考虑。

索赔是指根据合同的规定，合同的一方要求另一方补偿其在工程实施过程中所付出的额外费用及工期损失。承包商可以向业主提出索赔，要求对非承包商原因造成的额外费用及工期损失给予补偿。业主也可以向承包商提出索赔，要求承包商补偿业主由承包商原因造成的额外费用及工期损失。

目前工程界一般将承包商向业主提出的索赔称为"索赔"，而将业主向承包商提出的索赔称为"反索赔"。事实上，有索赔就有反索赔。

综上所述，理解索赔应从以下几个方面进行。

（1）索赔是一种合法、正当的权利，它是依据合同的规定，向承担责任方索回不应该由自己承担的损失，是合理合法的。

（2）索赔是双向的。合同双方都可向对方提出索赔要求。

（3）被索赔方可以对索赔方提出异议，阻止对方不合理的索赔要求。

（4）索赔主要是依据合同及有关证据。没有合同依据，没有各种证据，索

赔就不能成立。

（5）在工程实施过程中，索赔的目的是补偿索赔方在工期和经济上的损失。

2. 发生索赔的原因

（1）施工过程的难度和复杂性。

随着社会的发展，以及越来越多新技术、新工艺的出现，业主对工程项目的质量和功能要求越来越高，设计难度不断增大，施工过程也变得更加复杂。

由于设计难度加大，设计人员的设计图纸可能出差错，加之施工条件、施工环境是变化的，施工中有许多不确定性因素难以在实施前确定，往往需要在施工过程中随时发现和解决问题，这些都会导致额外费用的发生和工期的变化，从而产生索赔。

（2）不可预见的情况和意外风险。

在施工中，承包商遇到复杂的地质、地基情况时，常常认为遇到了不可预见的情况，向业主、监理工程师提出协商新方案及相应的价格要求。而业主、监理工程师常认为承包商应能预见这种情况，不给予承包商任何与这种情况有关的施工方案及价格的指示，承包商则只能实施该项工作并提出索赔。

意外风险在施工中时有发生，如洪水冲毁了已施工的建筑物，承包商以洪灾为由要求业主补偿重建的资金。而业主、监理工程师认为该建筑物不是因洪水过大，而是因承包商施工质量不好而被冲毁，拒绝支付重建资金，因此，承包商向业主提出额外费用及工期补偿的索赔。

（3）合同文件措辞不严谨或有矛盾之处。

在合同文件编制中，对措辞应严格要求，不要出现不严谨和矛盾之处。但由于合同关系的多元性、权利义务的多边性及工程施工的复杂性，工程合同文件繁杂，在所编制的合同文件中难免出现措辞不严谨或矛盾之处。合同文件出现措辞不严谨或矛盾之处，会导致施工中产生额外费用和工期损失，从而导致索赔。

（4）与履约有关。

合同规定了合同双方的义务与责任，合同中任何一方不按照合同规定履行合同义务，都会导致对方提出索赔。例如，承包商延误工期时，要按合同规定补偿业主误期损害赔偿费；为防止质量发生缺陷，业主要扣留承包商的质量保证金，若发生质量缺陷，业主可要求承包商返工；若承包商严重违约，则要没收承包商的履约担保金等。同样，业主没有按照合同规定的时间提供场地、支付工程款，承包商可向业主提出索赔，要求补偿由此产生的额外费用及相应的工期。

（5）索要转化为索赔。

索要是指承包商针对影响合同价的种种因素提出额外费用及工期要求。索要主要是通过双方协商，按照变更价格和相应工期给予处理。索要的主要步骤：提出方案→商谈价格→实施。

由于种种原因，如不利的自然条件、不可预见情况的确认具有相当大的难度（不可抵御的天灾与一般异常的气候条件很难区分），双方在协商解决合同价的许多问题上可能产生不一致的理解和看法，从而导致索要转化为索赔。索赔的主要步骤：索赔通知（通知产生了额外费用）→同期记录（证实发生了额外费用）→索赔报告及账单（要求补偿所付出的额外费用及相应的工期）。

从协作履行合同的角度出发，合同双方都应在施工过程中尽可能通过协商处理不利的自然条件、工程变更等带来的施工方案及合同价的变化。只有实在难以解决的问题，才会使用索赔的方式解决。尽量减少索赔是承包商、业主和监理工程师共同的合同职责。

3. 索赔的分类

监理工程师了解索赔的分类，熟悉和掌握索赔的方式，有利于正确处理索赔。

（1）按索赔事件涉及的对象分类。

按索赔事件涉及的对象分类，索赔可分为业主与承包商之间的索赔、承包商与分包商之间的索赔、业主或总包商与供货商之间的索赔、承包商或业主与保险公司之间的索赔。

① 业主与承包商之间的索赔。这类索赔大多是关于工期、质量、工程量和价格等方面的索赔，也有关于外界不利因素、对方违约、暂停施工和终止合同的索赔。

② 承包商与分包商之间的索赔。这类索赔的内容和业主与承包商之间的索赔相似，形式为分包商向总包商索要付款和赔偿，或总包商向分包商罚款或扣留分包商支付款等。

③ 业主或总包商与供货商之间的索赔。实施项目的供货事宜若独立于土建和安装之外，则由业主与招标选定的供货商签订供货合同，涉及的对象将为

业主与供货商。若项目施工中所需材料或设备较少，一般由土建总包商物色和选定供货商，议定供货价格，签订供货合同，则涉及的对象为总包商与供货商。这类索赔的内容多为货品质量问题、数量短缺、交货拖延、运输损坏等。

④ 承包商或业主与保险公司之间的索赔。这类索赔多发生在承包商、业主已受到灾害、事故等保险规定范围内的损害或损失之后。损害或损失发生后，承包商、业主按保险单向所投保的保险公司索取赔偿。

（2）按索赔的依据分类。

按索赔的依据分类，索赔可分为合同规定的索赔、非合同规定的索赔、道义索赔。

① 合同规定的索赔。合同规定的索赔是指承包商所提出的索赔，在合同文件中有文字依据，即合同文件中的明文条款说明了可以进行索赔的情况。依据明文条款进行索赔一般争议不多，但有时由于对索赔事件的分析和理解不同，也会产生索赔争议。

② 非合同规定的索赔。非合同规定的索赔也称为"超越合同规定的索赔"，即承包商通过对合同文件中一些条款的推理，认为具有索赔权。如承包商利用隐含（默示）条款，按可推定情况提出索赔。但此类索赔只是依据承包商的推理提出的，是否能为业主、监理工程师所接受尚不明确。

有时非合同规定的索赔是依据国家法律、法规，或者其他工程项目的惯例提出的，但也需要承包商提供足够的依据。

③ 道义索赔。道义索赔是业主以善良的意愿补偿施工中确实付出了额外费用的履约的承包商。这是合同双方友好信任的体现。

（3）按索赔的目的分类。

按索赔的目的分类，索赔可分为工期索赔和经济索赔。

① 工期索赔。承包商对于非自身原因引起的工期延长，要求业主和监理工程师批准延长施工期限，这种要求称为"延长工期索赔"。例如遇到特殊风险、变更工程量或工程内容等，承包商不可能按照合同工期完成施工任务，为了避免到期不能完工而被追究违约责任，承包商在事件发生后提出延长工期的要求。在一般的合同文件中，列有延长工期的条款，并具体指出在哪些情况下承包商有权延长工期。

对于承包商的原因引起的工期延长，业主会向承包商进行工期索赔，要求承包商自费加速施工，加速施工仍误期时，承包商应向业主支付误期损害赔偿费。

② 经济索赔。经济索赔是指要求对方补偿经济损失或额外费用。如承包商由于在实施过程中遇到不可预见的施工条件，产生了额外费用，可向业主要求补偿。又如业主违约、业主应承担的风险使承包商产生了经济损失，承包商可以向业主提出索赔。同样，对于承包商的质量缺陷、误期、违约，业主也可以向承包商索取赔偿。

（4）按索赔的方式分类。

按索赔的方式分类，索赔可分为单项索赔、综合索赔。

① 单项索赔。单项索赔是采用一事一索的方式，即在单一的索赔事件发生后，马上进行索赔，要求进行单项补偿。单项索赔涉及的事件较为单一，责任分析及合同依据都较为明确，索赔额没那么大，较易获得成功。

② 综合索赔。综合索赔又称为"总索赔"或"一揽子索赔"，指对整个工程（或某项工程）中所发生的数起索赔事项，综合在一起进行索赔。

发生综合索赔是因为施工过程中出现了较多的变更，导致难以区分变更前后的情况，不得不采用总索赔的方式，即对实施工程的实际总成本与原预算成本的差额提出索赔。在综合索赔中，由于许多事件交织在一起，影响因素复杂，责任难以划清，加之索赔额度较大，索赔难以获得成功。

（5）按索赔的原因分类。

按索赔的原因分类，索赔可分为以下几种。

① 不利的自然条件索赔。

② 工程变更索赔。

③ 工期延长索赔。

④ 加速施工索赔。

⑤ 物价调整索赔。

⑥ 后继立法索赔。

⑦ 业主风险索赔。

⑧ 业主违约索赔。

⑨ 合同文件缺陷索赔。

⑩ 暂停施工索赔。

⑪ 终止合同索赔。

4. 承包商向业主的索赔

承包商向业主的索赔是指承包商要求业主对非承包商原因造成的额外费用

及工期损失给予补偿。

（1）承包商向业主索赔的原因及内容。

① 不利的自然条件索赔。承包商在施工中，遇到了不可预见的施工条件，如地质、地基情况使施工的难度增加，承包商在请示业主、监理工程师改变方案、改变价格未得到指示后，只能实施工程并向业主提出额外费用及工期索赔。

② 工程变更索赔。工程变更通常采用确定变更价后才实施的方式。但有时在协商新价时，承包商与业主、监理工程师有不一致的意见，对最后由业主、监理工程师确定的价格不满意，承包商只能实施工程并进行索赔。

在工程变更中还存在着工程量变化、工程性质和质量标准的变化、施工顺序和施工进度的变化等，而这些变更往往未遵循既定的变更计价规则执行，因此成了通过索赔途径来寻求经济补偿的内容。

③ 工期延长索赔。若为客观原因（如气候、灾害、社会条件等）导致工期延长，承包商可提出工期延长索赔。

若为业主方原因（如拖期提供施工现场、拖期提供图纸、拖期支付工程款）导致工期延长，承包商可要求延长工期和补偿经济损失。此类索赔通常是承包商先提出工期延长索赔报告，在其受理之后再提出经济补偿要求。

④ 加速施工索赔。当由于非承包商责任发生延期，业主、监理工程师要求加速施工时，承包商可以提出加速施工补偿要求。在许多情况下，业主、监理工程师只是要求加速施工，而不颁发加速施工令，从而无法协商加速施工费用增加的补偿，承包商只好在实施后提出"可推定加速施工"进行索赔。

在工程变更较多的项目中，实际完工期较变更后的理论工期短，这说明承包商实施了加速施工，可要求业主补偿其加速施工所付出的额外费用。

⑤ 施工效率降低索赔。在工程施工过程中，由于气候、不利的自然条件、工程变更、社会因素等导致施工效率降低，承包商向业主提出的索赔即施工效率降低索赔。进行此类索赔要使用正确的计算方法和提供能证实施工效率降低的证据。

⑥ 物价上涨索赔。当合同中有物价调整条款及调价公式时，可直接按照国家统计局发布的有关价格指数资料进行计算，从而得到物价上涨造成的额外费用。

但有的合同中未列入物价调整条款，或有物价调整条款，但限定条件或论述有不清楚之处，使得承包商只能以索赔的方式要求业主补偿物价上涨费用。

⑦ 后继立法索赔。后继立法又称为"立法变更"，即合同实施中立法变更，使得承包商履行合同的费用较投标时增加，承包商有权为此获得补偿，该补偿费用通常由监理工程师和业主与承包商协商之后确定。只有在未能协商确定的情况下，承包商才能按索赔的方式要求得到补偿。

⑧ 业主风险索赔。业主风险主要是战争等特殊风险，以及业主提前占用部分工程、工程设计错误、不可抵御的自然灾害等风险。

这些风险通常发生于已施工的工程。业主风险导致的经济补偿主要反映在重建工程时，业主应支付重建费用。如果在重建工程前能够协商确定重建费，承包商可直接在实施工程后得到重建费。但有时情况复杂，特别是对灾害常会产生可抵御、不可抵御的看法分歧，使重建费成为承包商的索赔内容。

⑨ 业主违约索赔。业主违约反映在没有按合同规定时间向承包商提供施工现场，从而导致承包商因施工现场待工，造成人工费、设备费、管理费等损失。

业主违约还反映在没有按照合同规定的时间向承包商支付工程款，或干扰、阻碍、拒绝颁发支付证书，导致承包商资金周转困难，影响组织施工，给承包商带来经济损失。

对于监理工程师拖期颁发设计图纸、不当的指示等，承包商也可以对由此产生的额外费用及工期损失提出索赔。

⑩ 合同文件缺陷索赔。当合同文件的条款规定不严谨，甚至出现矛盾或存在遗漏及错误，承包商为此付出了额外费用或影响了工期时，承包商有权向业主提出索赔。

⑪ 暂停施工或终止合同索赔。在施工过程中，由业主方责任导致施工暂停或合同终止时，承包商有权提出经济索赔。

对于暂停施工，属于业主方的原因主要有：需要修改设计，业主资金出现严重困难等。在暂停施工期间，业主要求承包商看管已部分施工的暂停工程。暂停施工导致承包商待工及施工计划改变，承包商可要求业主方对由此产生的额外费用予以补偿，并要求工期延长。

对于终止合同，属于业主方的原因主要有：长期拖欠工程款，干扰、阻碍或拒绝颁发支付证书，业主破产或因资金问题无法履约等。终止合同将给承包商带来重大经济损失，承包商有权提出经济索赔。

（2）承包商向业主索赔的时限及程序。

在《FIDIC施工合同条件》中，承包商向业主索赔的时限及程序如图6.6所示。

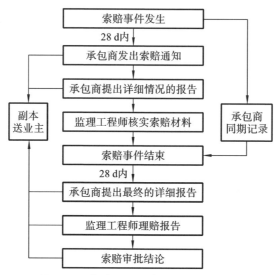

图6.6 承包商向业主索赔的时限及程序

① 索赔通知。当索赔事件发生后，承包商必须在28 d内，将其要求索赔的意向以书面形式通知监理工程师，同时将副本呈交业主。如果承包商未能在索赔事件发生后的28 d内发出索赔通知，业主、监理工程师可以不接受该项事件的索赔。

② 同期记录。索赔事件发生后，承包商一方面将索赔事件通知监理工程师，另一方面从索赔事件发生后至索赔事件的影响结束期间，要认真做好同期记录。

同期记录的内容应当包括索赔事件及与索赔事件有关的各项事宜，例如，索赔事件导致的人员、设备闲置（具体的数量和种类），索赔事件对工程造成的损害，以及索赔事件引起的各项费用。

承包商的同期记录对于处理索赔事件是十分重要的，它能够使监理工程师全面了解索赔事件的详细情况，以便确定合理的索赔费用。这种同期记录可用作已发出的索赔通知的补充材料，应允许监理工程师随时审查，如果监理工程师认为有必要，承包商应向其提供同期记录的副本。

③ 详细情况的报告。在索赔事件进行过程中，承包商应向监理工程师提交索赔事件详细情况的报告。报告应包括索赔事件已产生的索赔款项、提出索赔费用的依据。

对于一般索赔事件的详细情况的报告，应在索赔通知发出后的28 d内，或在监理工程师同意的其他合理的时间内提交。对于具有连续影响的索赔事件，承包商应按监理工程师的要求，以一定的时间间隔，提出阶段性的详细情况的报告。报告中给出索赔的累计总额，以及提出索赔的进一步依据。

④ 最终的详细报告。在索赔事件产生的影响结束后的 28 d 内，承包商应向监理工程师提交索赔事件最终的详细报告，如果监理工程师有要求，承包商应将送给监理工程师的索赔事件最终的详细报告副本送交业主。

索赔事件最终的详细报告应包括以下内容。

a.索赔申请的依据：说明本项索赔根据哪条合同条款提出。

b.索赔费用的金额：本项索赔事件自开始至影响结束，承包商认为索赔费用的总额。

c.要求索赔的工期以及计算依据。

d.各项费用清单：对构成索赔费用的各项费用所列出的清单，说明每项费用包含数量、单价与金额。

e.费用清单说明：说明费用清单中每项费用的来源及索赔原因。

f.附件：与本项索赔有关的各种文件，包括业主、承包商、监理工程师发出的有关文件，以及与索赔有关的证明材料。

（3）承包商向业主索赔的计算方法。

① 工期索赔计算。

工期索赔的计算方法主要有网络图分析法和比例计算法两种。

网络图分析法是利用进度计划的网络图，分析其关键线路。如果延误的工作为关键工作，则延误的时间为索赔的工期。如果延误的工作为非关键工作，当该工作由于延误超过总时差而成为关键工作时，可以索赔的工期为延误时间与总时差的差值；当该工作延误后仍为非关键工作时，则不存在工期索赔问题。

比例计算法的公式如下。

a.若已知受干扰部分工程的拖延时间，工期索赔值根据式（6.9）计算。

$$工期索赔值 = \frac{受干扰部分工程合同价}{原合同总价} \times 受干扰部分工程的拖延时间 \quad (6.9)$$

b.若已知额外增加工程的价格，工期索赔值根据式（6.10）计算。

$$工期索赔值 = \frac{额外增加工程的价格}{原合同总价} \times 原合同总工期 \quad (6.10)$$

比例计算法简单方便，但有时不符合实际情况，不适用于变更施工顺序、

加速施工、删减工程量等事件的索赔。

② 经济索赔计算。

a.分项计算法。

分项计算法是对索赔费用分项进行计算，其内容如下。

（a）人工费索赔。人工费索赔的原因包括额外雇用劳务人员、加班工作、工资上涨、人员闲置和劳动生产率降低等。

额外雇用劳务人员和加班工作产生的人工费，用投标时的人工单价乘以工时数即可得到。

由于工程变更，承包商大量人力资源的使用从前期推到后期，而后期工资水平上调，因此应得到相应的补偿。

人员闲置产生的额外人工费一般通过人工单价乘以某一折减系数来计算。

有时工程师指令使用计日工，则人工费按计日工表中的人工单价计算。

劳动生产率降低产生的额外人工费一般可用以下方法计算。

第一种方法：实际成本和预算成本比较法。这种方法是将受干扰工作的实际成本与合同中的预算成本进行比较，索赔其差额。这种方法需要有正确合理的估价体系和详细的施工记录。

第二种方法：正常施工生产率与受干扰施工生产率比较法。这种方法是指承包商的正常施工受到干扰，生产率下降，通过比较正常条件下的生产率和受干扰状态下的生产率，得出生产率降低值，以此为基础进行索赔。

（b）材料费索赔。材料费索赔的原因包括材料消耗量增加和材料单位成本增加两个方面。

追加额外工作、变更工程性质、改变施工方法等，都可能造成材料消耗量的增加或使用不同的材料。

材料单位成本增加的原因包括材料价格上涨、手续费增加、运输费增加、仓储保管费增加等。

（c）施工机械费索赔。施工机械费索赔的原因包括台班费率上涨、台班数量增加、工作效率降低或机械闲置等。

台班费率按照有关定额和标准手册取值计算。对于租赁的机械，台班费率按租赁合同计算。

台班数量来自机械使用记录。

工作效率降低导致的施工机械费索赔值的计算，参考劳动生产率降低导致的人工费索赔值的计算方法。

机械闲置费有两种计算方法：一是按公布的行业标准租赁费率进行折减计算；二是按有关定额和标准手册的计算方法，一般建议将其中的不变费用和可变费用分别扣除一定的百分比进行计算。

对于工程师指令使用计日工的，施工机械费按计日工表中的费率计算。

（d）现场管理费索赔。现场管理费（工地管理费）包括工地的临时设施费、通信费、办公费及现场管理人员和服务人员的工资等。

一般现场管理费索赔值的计算方法见式（6.11）。

$$现场管理费索赔值 = 索赔的直接成本费用 \times 现场管理费率 \qquad (6.11)$$

现场管理费率可在合同中规定，也可采用各方认可的行业标准现场管理费率、投标报价时确定的现场管理费率或以往相似工程的现场管理费率。

（e）总部管理费索赔。总部管理费是承包商的上级部门提取的管理费，如总部职员工资、交通差旅费、通信费、广告费等费用的分摊。

总部管理费与现场管理费相比，数额较为固定。目前国际上多使用恩克勒（Eichleay）公式计算总部管理费索赔值。

第一种情况：对于工程延期索赔，采用恩克勒公式计算总部管理费索赔值的步骤如下。

该工程应分摊的总部管理费 A 根据式（6.12）计算。

$A =$（该工程合同价/同期公司所有工程合同价之和 ）×

同期公司的总部管理费 $\qquad (6.12)$

该工程总部管理费率 B 根据式（6.13）计算。

$$B = A/合同计划工期 \qquad (6.13)$$

总部管理费索赔值 C 根据式（6.14）计算。

$$C = B \times 工程延期索赔值 \qquad (6.14)$$

利用恩克勒公式计算工程延期时的总部管理费索赔值的思路是：若工程延期，相当于该工程占用了应调往其他合同工程的施工力量，损失了在其他合同工程中应得的总部管理费。也就是说，该工程延期影响了总部该时期在其他合同工程中的收入，应该向延期的该工程项目索赔总部管理费。

第二种情况：对于工程直接成本索赔，总部管理费索赔值也可采用恩克勒公式计算。

该工程应分摊的总部管理费 A_1 根据式（6.15）计算。

$A_1 =$（该工程直接成本/同期公司所有合同工程直接成本之和 ）×

同期公司的总部管理费 $\qquad (6.15)$

每1元工程直接成本包含的总部管理费 B_1 根据式（6.16）计算。

$$B_1 = A_1/合同计划直接成本 \tag{6.16}$$

总部管理费索赔值 C_1 根据式（6.17）计算。

$$C_1 = B_1 \times 工程直接成本索赔值 \tag{6.17}$$

（f）资金成本、利润与机会利润损失的索赔。资金成本即取得和使用资金所付出的代价，其中最主要的部分是支付给资金供应者的利息。由于承包商只有在索赔事件处理完结后一段时间内才能得到其索赔的金额，所以承包商往往需要从银行贷款或以自有资金垫付，这就产生了资金成本问题，主要表现在额外贷款利息的支付和自有资金机会利润的损失，出现以下情况时，可以索赔利息。

业主推迟支付工程款，这种金额的利息通常以合同约定的利率计算。

承包商借款或动用自有资金弥补合法索赔事项所引起的现金流量缺口，在这种情况下，可以参照有关金融机构的利率标准，或者假设把这些资金用于其他工程承包项目可得到的收益计算索赔金额，后者实际上计算的是机会利润的损失。

利润是完成一定工程量的报酬，因此在工程量增加时可以索赔利润。不同的国家和地区对利润的理解和规定有所不同。若将利润归入总部管理费，则不能单独索赔利润。

机会利润损失是由于工程延期或合同终止而使承包商失去承揽其他工程的机会而造成的损失。

b.总费用法。

总费用法又称"总成本法"，即计算出该工程项目实际的总费用，再从该实际总费用中减去投标报价时估算的总费用，得到要补偿的索赔费用额。索赔费用额根据式（6.18）计算。

$$索赔费用额 = 实际总费用 - 投标报价估算总费用 \tag{6.18}$$

若索赔事件难以分出单项来计算，则无法采用分项计算法。只有在分项计算法难以采用时，才使用总费用法。

采用总费用法时，一般要满足以下条件。

（a）实际总费用经过审核，认为是比较合理的。

（b）承包商的原始报价是比较合理的。

（c）费用的增加是由对方原因造成的，其中没有承包商的责任。

（d）由于该项索赔事件复杂、现场记录不足等，难以采用更精确的计算方法。

c.修正的总费用法。

修正的总费用法是对总费用法的改进，即通过对总费用法进行相应的修改和调整，使其更加合理，所进行的主要调整如下。

（a）计算索赔款的时段只是受影响的时段，而不是整个施工期。

（b）索赔损失只计算受影响的时段内受影响的某项工作的损失，而不是计算该时段内所有施工工作的损失。

（c）与该项工作无关的费用，不计入总费用。

（d）在受影响时段内受影响的某项工作中，使用的人工、材料、设备等均有可靠的记录资料。

（e）核算投标报价时估算的总费用，使其尽可能正确、合理。

修正的总费用法能够较准确地反映实际增加的费用，其计算公式见式（6.19）。

索赔费用额 ＝ 某项工作调整后的实际总费用 － 该项工作的报价总费用　（6.19）

（4）监理工程师对承包商索赔的受理。

通常将业主、监理工程师对承包商提出的索赔的受理称为"理赔"。一般情况下，由监理工程师完成理赔报告，最终由业主审批并做出决定。

① 建立索赔及理赔档案。

监理工程师收到承包商发出的索赔通知后，应及时建立索赔及理赔档案。一方面是将承包商的索赔内容归档；另一方面是要对承包商提出的索赔事件（包括与此有关的项目）进行监督，特别是要对这些项目的施工方法、劳动力和设备的使用情况进行详细的了解，并做好日、周、月、年报表记录，以便核查。必要时，监理工程师要留有施工现场的照片甚至摄像等证据。这些档案资料是监理工程师处理索赔事件时，判定责任归属、确定事件影响和决定索赔额度及工期延长与否的基础。

② 索赔权审查。

索赔权审查是审核承包商提交的详细索赔报告及账单之前的初审。索赔权审查是从合同及法律的角度，审查承包商所提交的索赔是否满足时限与程序要求，索赔是否具有合同和法律依据，索赔事件的原因和责任归属，索赔的证据是否充分，索赔额度及工期要求是否合理，索赔事件发生时承包商是否采取了减损措施等。

索赔权审查是从宏观的角度审查承包商提出的索赔是否符合合同与法律的

要求，索赔事实与责任归属是否成立，索赔是否有根据，承包商的索赔动机是否正确等。

索赔权审查不涉及微观数据及工期的详细计算。只有在宏观上确定索赔合法、责任归属正确、证据清楚、动机端正，才能进入具体的索赔计算程序。在进行索赔管理时，若不先进行索赔权审查，就直接进入索赔费用及工期计算程序，易导致工作没有依托，且易对不该进行的理赔花费大量的时间和精力，影响监理工程师的正常工作。

监理工程师进行索赔权审查的主要工作如下。

a.索赔时限与程序的审查。索赔时限与程序的审查主要是审查承包商是否按合同规定，在事件发生后限定的时间内按程序提出索赔。合同中对此都有相应的条款。承包商如果未按照合同规定的时限和程序提交书面的索赔通知、同期记录及最终的详细报告，则将失去索赔的机会和权利。

b.索赔的合同和法律依据审查。索赔应依据合同文件及相关法律。凡是工程项目合同文件中明文规定的索赔事项，承包商均有索赔权。

如果属于非合同索赔，则需要参照工程项目施工索赔的实践惯例和工程项目所在国的法律、法规，判断承包商的索赔是否合法。对于根据隐含（默示）条款进行的索赔，要判别隐含（默示）条款成立的条件。条件不符时，依据隐含（默示）条款进行的索赔不能成立。

道义索赔能否成立，取决于承包商的履约表现。如果承包商积极履约，确实为工程施工付出了额外费用，尽管没有合同条款或相关法律规定，业主也可能接受承包商的索赔要求。

c.索赔事件的原因与责任归属审查。只有非承包商原因造成的额外费用及工期损失才能得到补偿。

对于索赔事件，要分析其是否由承包商自身的原因导致。但在工程施工过程中，所有事件都处于相关联的合同关系及施工条件之中，将原因及责任归属分清十分不易。

对于工期索赔，如果只涉及影响施工的气候、灾害、社会条件等客观原因，一般只允许延长工期，业主不承担经济补偿责任。但对于某些项目，要按预定时间产生工程效益，不允许延长工期，需要加速施工，一旦加速施工，就会带来经济补偿的处理问题，所以即使是客观原因造成工期拖延，也可能需要业主为此承担经济责任。因此，综合分析索赔事件的原因与责任归属十分重要。

承包商自身原因造成的额外费用及工期损失的索赔不能成立，应从复杂的索赔事件中将其剔除。不仅如此，还应追究承包商的责任。

凡是属于承包商在合同中应承担风险的事件（如一般性多雨、施工难度较大等）造成的索赔，业主都不会接受。

d.索赔证据审查。索赔应有充分的证据。

监理工程师应审查承包商所提供的证据。承包商提供的证据有时与要说明的事实不符，有时不能说明索赔事件，有时互有矛盾，有时证实的正是承包商自身的违约。这些情况都需要监理工程师一一鉴别和分析，厘清证据与事件的内在联系。

监理工程师还应将承包商所提供的证据与自己积累的证据相对照，如各种报表、现场照片等，以鉴别承包商证据的真实性与可靠性。

e.索赔额度及工期要求合理性的审查。监理工程师应对所索赔的事件非常熟悉，粗略查看承包商对该事件索赔的费用及工期，就可以发现承包商是否存在夸大行为。如果过分夸大或漫天要价，说明承包商索赔的动机不纯，试图以索赔的名义获取额外利益。对此情况，索赔难以成立，监理工程师可根据情节轻重要求承包商重新计算后提交报告或者拒绝受理。

f.承包商是否采取了减损措施的审查。索赔事件初发时，承包商就应采取减损措施，避免事态发展造成更为严重的损失，这是承包商的合同责任。例如，洪水冲击堤坝，承包商不组织抢险，认为反正可以得到索赔补偿而听之任之，在这种情况下，业主可以拒绝补偿承包商因洪水淹没造成的损失。

③审核索赔报告。

对通过了索赔权审查的索赔事件，监理工程师应详细审核承包商的索赔报告。

监理工程师应从施工的实际情况出发，客观评估索赔事件，认真审核计算过程，推算出索赔事件对承包商造成的经济损失或延误的工期。这就是所谓的"施工可能状态分析"。

在进行施工可能状态分析时，应考虑以下因素。

a.凡是承包商的责任或承包商应承担的风险所引起的额外费用及工期损失，不应列入索赔范围，只有业主原因引起的额外费用或外界因素引起的工期损失才能计入索赔范围。

b.当遇到不可预见情况或工程变更、增加新工程时，应考虑调整施工单价。

c.在计算索赔额时，应排除不合理计价，避免重复计价。例如，在计算设备闲置费时，以台班费计价显然是不合理的，因为台班费中含有燃料费、人员操作费等，在设备闲置时，这些费用是没有发生的。

d.计算延长的工期时，应按照施工计划的关键线路法来判断。只有处在关键线路上的工程的工期延误，才予以考虑。有些工期延误是多种原因造成的，如在某段时间内恶劣天气影响施工，且业主延迟提供施工现场，这时不能把这两种因素的影响叠加起来计算索赔的工期。

④ 谈判协商。

业主、监理工程师完成承包商索赔权审查及索赔报告审核之后，需要与承包商谈判，以在谈判中进一步审查索赔权、决定索赔额度和工期延长时间。

索赔谈判需要必要的谈判准备，包括谈判人员及谈判资料的准备，也包括谈判策略的准备。索赔谈判的内容主要反映在索赔理由、合同依据、索赔事件的责任分析，以及索赔额度和工期延长时间的计算等。业主、监理工程师具有谈判的主动权，要对索赔事件心中有数。

⑤ 对索赔做出决定。

索赔最终由业主做出决定。业主在审查承包商的索赔报告及监理工程师对此做出的理赔报告时，要综合考虑索赔的理由、合同依据、责任归属、证据、工程的投资控制、竣工投产要求，以及承包商的施工质量和进度等，决定是否批准监理工程师的理赔报告。如果业主否定了承包商的索赔申请，则业主与承包商的分歧只能通过解决争端的办法解决。

5. 业主向承包商的索赔

索赔是合同赋予合同双方的权利，承包商可以向业主索赔，业主也可以向承包商索赔。

（1）业主向承包商索赔的原因及内容。

业主向承包商的索赔是指在合同实施过程中，由于承包商全部或部分不履行合同，导致业主遭受损失，业主按照合同的规定向承包商提出的对自己的损害进行补偿的要求。

业主向承包商的索赔，常见的情况如下。

① 工期延误索赔。由承包商的原因造成竣工日期较原定竣工日期拖后，给业主带来损失，使得业主失去了拖期期间应有的盈利与收入，增加了管理费、监理费的支出，还增加了业主超期筹资的利息支出等。为此，业主有权向

承包商提出索赔，要求承包商赔偿"误期损害赔偿费"。

误期损害赔偿费在招标文件编制时确定，并列入合同条件。

在确定误期损害赔偿费时，主要考虑以下因素。

a. 业主在拖期期间应有的收入或盈利。

b. 拖期增加投资引起的贷款利息。

c. 其他有关费用。

在合同条件中，一般规定每延误一天赔偿一定的款额。例如，每延误一天赔偿1/1000的合同额。误期损害赔偿费按日计算，并有封顶标准，如合同额的10％。由于考虑上述因素有不同的情况，各工程合同的规定不尽相同。

② 施工质量缺陷索赔。承包商应按照合同规定的质量标准完成工程。如果承包商的施工质量不符合合同的规定，使用的设备、材料不符合合同的要求，或不进行缺陷修补等，导致业主产生损失，业主有权向承包商提出索赔，要求承包商补偿施工质量缺陷给自己带来的损失。

为保证工程质量，合同文件通常规定扣留"保留金"，即从应支付给承包商的工程款中扣留一部分款额（通常为合同价的5％）作为质量保证金。如果承包商的施工质量符合合同的要求，保留金将分两次退还给承包商，竣工及缺陷责任期满时各退还一半。如果承包商的施工质量不符合合同的要求，业主有权不退还保留金给承包商。

为保证工程质量，业主可要求承包商返工、修补缺陷，费用由承包商承担。虽然未赔付费用给业主，但承包商相当于付出了赔偿。

当承包商未能履行监理工程师的指令拆除、返工有缺陷的工程，或未能调换、运走不合格的材料、设备时，业主有权雇用他人来完成该项工作，所发生的费用由承包商承担。业主可直接从应付给承包商的款项中扣除该费用。

③ 违约索赔。业主有权对承包商的违约行为提出索赔。违约索赔费用有：承包商在运输机械设备和建筑材料时损坏了沿途的公路或桥梁造成的损失；业主补办本应由承包商办理的保险所发生的一切费用；工伤事故给业主人员和第三方人员造成的人身或财产损失；检验不合格材料、设备、工程的检验费；承包商的施工图错误导致业主产生的损失等。

承包商严重违约，如严重误期或严重质量问题导致业主不得不终止合同，承包商应赔偿由此给业主带来的严重损失。

一般的违约索赔可以从应付给承包商的款项中直接扣除。承包商严重违约时，业主可以没收承包商的履约担保金和承包商在工地的财产，如果更换承包

商，进一步发生的费用由原承包商承担。

（2）业主向承包商索赔的特点。

由于业主是工程的投资人，是买方，是工程的拥有者，业主向承包商索赔时，业主处于主动地位，索赔难度较低。业主向承包商索赔的特点如下。

① 业主向承包商索赔的措施可直接编入合同条件。例如，上述误期损害赔偿费、保留金、缺陷责任、违约责任、履约保函等都已在编写招标文件时列入合同条件。承包商签约时都已了解并同意才签字。承包商要避免被索赔，就应当履行合同义务。

② 业主向承包商索赔没有时限与程序的要求，只需要通知承包商，而且各种索赔款额可直接从工程款中扣除，或通过没收银行保函获取。

根据以上两个特点，业主向承包商索赔，应注意按照合同的规定及承包商的履约情况进行。

6. 反索赔及预防索赔

（1）反索赔的概念及意义。

反索赔是指防止或减少对方向己方提出的索赔。从经营的角度出发，反索赔与索赔具有同等重要的地位。这是因为，如果不能进行有效的反索赔，也就不可能进行有效的索赔。从这个角度来说，反索赔和索赔是不可分离的。

反索赔在认真审核对方索赔、防范对方的无理索赔、核减索赔额度、减轻己方经济损失等方面具有重要意义。

（2）预防索赔的概念及意义。

从反索赔是防止或减少对方向己方提出的索赔这一概念出发，预防索赔具有更积极的意义。

预防索赔意味着合同双方合作履约，通过协商解决合同实施中所遇到的各种问题，顺利完成合同中所规定的双方的义务，并且双方在一定程度上都可获得效益。因此，预防索赔既有利于合同履行和工程项目的完成，又有利于维护合同双方的利益。

（3）预防索赔的措施。

合同双方都应为预防索赔做出努力。

业主应尽可能做好可行性研究及设计，认真履约，严格控制工程范围的变化，尽量减少工程变更，及时提供施工现场、图纸和支付工程款，以免导致承包商索赔。

承包商在投标时应按照合同要求，考察现场、分析施工条件、合理报价，实施合同工程时认真履约，严格进行成本管理、质量管理和进度管理。

工程实施并不一定会如设想的那样顺利，常常会出现各种各样的问题和意外情况，这就要求合同双方协作履约，按照合同的规定，随时协商，妥善解决这些问题。

综上所述，有效地预防索赔的措施就是双方履约，并且合作履约。即使索赔难以避免，也应尽量减少索赔。

6.5.2　合同争端管理

在工程合同实施过程中，合同双方发生争端是不可避免的。为使合同有效履行，合同双方都应注重合同争端管理，以协商方式较好地解决合同实施中所发生的各种争端。

1. 合同争端发生的原因

（1）合同双方在合同中有着不同的责权利，从己方的角度和利益出发，必然对合同及合同实施的理解不同。

（2）合同工程规模大、工期长、施工条件复杂、变化因素多且易发生风险，一旦出现问题就需要探讨由哪一方来承担责任。

（3）工程施工的客观环境，包括自然环境和社会环境都是变化的，常常发生与实施前所估计的不一样的情况。情况变化后，合同双方就责权利如何适应变化后的情况，常常会发生争端。

2. 合同争端的主要内容

在实施工程合同的过程中，合同双方发生争端的情况很多。如开工迟，是因为承包商组织开工不力，还是业主提供现场、图纸不及时，双方常常认为是对方的责任。工程实施中业主暂不付款，承包商认为业主拖付工程款，业主认为承包商所完成的工程还不具备支付条件，如质量不好、断面不足等。对于材料、设备、工程的检查，承包商常常认为质量不错，监理工程师却认为质量达不到标准等。

（1）对合同及合同实施的理解的争端。

由于对合同条款和发生的合同事件的理解不同，合同双方常常出现争议，

造成履约责任不清，影响合同的履行。

如不利的自然条件条款，承包商以施工条件不可预见为由要求补偿，而业主则认为可以预见而不给予补偿。又如不可抗力条款，究竟由哪一方承担不可抗力造成的损失，如何承担，承担哪些责任，双方为此发生争议。

（2）工程变更价的争端。

双方对工程变更采用原合同单价还是采用协商的新价有争议，承包商总是希望议定高的新价，业主从控制投资的角度出发，常常提出采用原价，或在原价的基础上协商新价并由监理工程师确定价格。

（3）工程款的支付争端。

由于承包商是卖方，业主是买方，双方站在不同的角度，对于工程款支付，在数额、支付条件、支付时间上都会产生不同的看法。

（4）索赔的争端。

索赔是要求对方补偿已方所付出的额外费用及工期损失。在是否发生了额外费用、发生了多少、是哪一方的责任、有无证据、如何补偿等方面，双方都会发生争端。

在工期拖延时，由于原因混杂不清，双方常常认为是对方的原因造成的。

解决合同争端是为了顺利履行合同。在合同履行过程中应通过合同双方的努力，不断解决所出现的争端。

3.合同争端的解决

合同争端是指合同双方对合同订立和履行情况以及不履行合同的后果所产生的争端。对合同订立产生的争端，一般是对合同是否已经成立及合同的效力产生分歧；对合同履行情况产生的争端，往往是对合同是否已经履行或者是否已按合同约定履行产生异议；而对不履行合同的后果产生的争端，则是对没有履行或者没有完全履行合同的责任应由哪一方承担及如何承担而产生争端。合同是复杂的，因合同引起合同双方的权利和义务的争端是在所难免的，重要的是选择适当的解决方式及时解决合同争端。

《中华人民共和国民法典》规定，"当事人可以通过和解或者调解的方式解决合同争议""当事人不愿和解、调解或者和解、调解不成的，可以根据仲裁协议向仲裁机构申请仲裁。当事人没有订立仲裁协议或者仲裁协议无效的，可以向人民法院提起诉讼。当事人应当履行人民法院或者仲裁机构做出的已经发生法律效力的判决、裁定、调解书、仲裁裁决书；拒不履行的，对方当事人可以向人民法院申请执行"。解决合同争端应本着协作履约的原则，合同实施中出现的争端基本可以通过双方协商解决。双方协商仍未能得以解决的争端才提交第三方调解。

《FIDIC施工合同条件》中规定，由监理工程师对合同双方进行调解，解决争端的程序如图6.7所示。当合同双方发生争端后，应将争端事件的详细情况以书面的形式提交监理工程师。报告中应说明是根据合同中的哪些条款，然后将报告的一份副本提交给合同的另一方。合同任一方的争端报告，无论是在工程施工中还是竣工后的任何时间都可以提出。监理工程师在收到上述文件的84 d内，须将其关于争端处理的决定通知业主和承包商，并说明其决定是根据合同中的哪些条款做出的。业主和承包商收到监理工程师对争端的处理决定通知后，在70 d之内，任何一方都未提出仲裁意向书，则监理工程师的决定就视为最后的决定，对业主和承包商双方均有约束力。

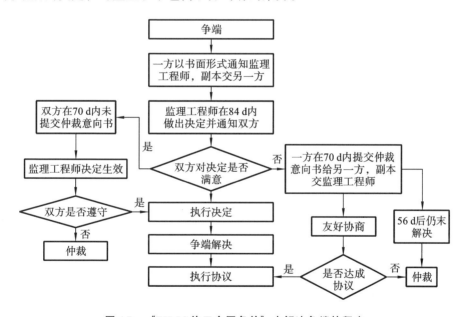

图6.7　《FIDIC施工合同条件》中解决争端的程序

如果业主或承包商任何一方，对监理工程师的决定不满，或者监理工程师未在收到争端报告的84 d内将他所做决定的通知发出，则任何一方都有权在收到上述通知后的70 d内，把有关争端提交仲裁的意向通知另一方，并将一份副本呈交监理工程师。此时，监理工程师对争端处理的决定，不应视为最后的决定，最后的决定应当由仲裁机构提出。但是，《FIDIC施工合同条件》规定，

提出仲裁后，双方首先仍必须设法努力争取友好协商解决，否则不应对这一争端开始仲裁。实际上，如果双方能对解决有关争端进行协商并达成一致意见，比提交仲裁要好得多。因此《FIDIC 施工合同条件》专门规定了一个时间限制，限制的期限为 56 d，以便有充分的时间来友好协商解决争端，但又不会无限期拖延。不管在 56 d 内是否做出争取友好解决争端的努力，56 d 后双方均可提出仲裁。友好协商解决争端作为仲裁前的一个程序，实质上是留给业主和承包商友好协商解决争端的又一次机会。

不仅监理工程师可以作为调解人，在有的合同中还规定可由争端解决委员会（dispute resolution board，DRB）或争端裁决委员会（dispute adjudication board，DAB）作为调解人。

如果双方在限制的时间内未能通过友好协商解决争端，则可以根据双方签订的仲裁协议通过仲裁进行解决。仲裁可以在竣工前或竣工后的任何时间开始。但在工程进行过程中，业主、监理工程师、承包商各自的义务不得以仲裁正在进行为理由而加以改变。仲裁的机构和地点一般在合同中加以规定。提交仲裁的通常是索赔额度较大的索赔事件。仲裁有严密的程序，注重证据，并参照国际类似案例裁决。因此，仲裁结果一般比较公正。但仲裁费用高、耗时长，有时仲裁费用占到胜诉收入的大部分。

有些合同中没有仲裁条款，可采用诉讼的方式解决合同争端。

综上所述，在工程建设过程中，解决合同争端的最好办法是双方友好协商，或通过监理工程师协调。实在解决不了，也可通过 DRB 或 DAB 等解决，尽量避免采用仲裁或诉讼的方式来解决争端。

第7章 水利水电工程建设项目投资控制

7.1 投资控制概述

7.1.1 投资的概念

水利水电工程建设总投资一般是指进行某项水利水电工程建设花费的全部费用。工程建设总投资包括固定资产投资和流动资产投资。固定资产投资由设备及工器具购置费、建筑安装工程费、工程建设其他费用、预备费（包括基本预备费和价差预备费）、建设期贷款利息和固定资产投资方向调节税组成，如图7.1所示。

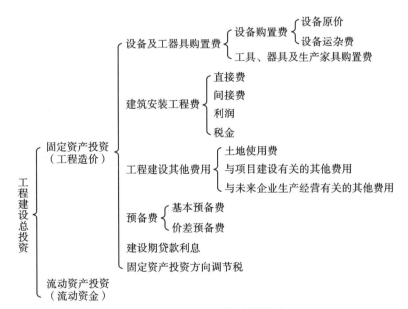

图7.1 工程建设总投资的构成

设备及工器具购置费是指按照建设项目设计文件要求，建设单位（或其委托单位）购置或自制达到固定资产标准的设备和新（扩）建项目配置的首套工器具及生产家具所需的费用。它由设备及工器具原价和包括设备成套公司服务费在内的运杂费组成。在生产性建设项目中，设备及工器具购置费可称为"积极投资"，它占项目投资费用比重的提高，标志着技术的进步和生产部门生产要素构成的优化。

建筑安装工程费是指建设单位用于建筑和安装工程方面的费用，包括用于建筑物的建造及有关准备、清理等工程的费用，用于需要安装设备的安置、装配工程的费用，它是以货币表现的建筑安装工程的价值，其特点是必须通过兴工动料、追加活劳动才能实现。建筑安装工程费用于工程项目决策后的施工阶段，由设计施工图确定。

工程建设其他费用是指未纳入以上两项、由项目投资支付、为保证工程建设顺利完成和交付使用后能够正常发挥效用而发生的各项费用总和。它可分为以下几类。

第一类为土地使用费，包括土地征用及迁移补偿费、土地使用权出让金。

第二类是与项目建设有关的其他费用，包括建设单位管理费、勘察设计费、研究试验费等。

第三类是与未来企业生产经营有关的其他费用，包括联合试运转费、生产准备费等。

固定资产投资可分为静态投资部分和动态投资部分。静态投资部分由设备及工器具购置费、建筑安装工程费、工程建设其他费用和基本预备费组成；动态投资部分是指在建设期内，因建设期贷款利息、建设工程需要缴纳的固定资产投资方向调节税和国家新批准的税费、汇率、利率变动，以及建设期价格变动引起的建设投资增加额，包括价差预备费、建设期贷款利息和固定资产投资方向调节税。

工程建设总投资是作为项目决策阶段的一个非常重要的方面来认识的。它是一个总的概念，是相对于投资部门或投资商而言的。一旦项目进入实施阶段，尤其是指建筑安装工程时，此时的投资往往称为工程项目的造价，特指建筑安装工程所需要的资金。因此，在讨论建设投资时，经常使用"工程造价"这个概念。需要指出的是，在实际应用中，工程造价还有另一种含义，那就是工程价格，即为建成一项工程，预计或实际在土地市场、设备市场、技术劳务市场以及承包市场等交易活动中所形成的建筑安装工程的价格和工程建设的总价格。

7.1.2　投资控制的任务

监理工程师在水利水电工程实施各阶段的主要投资控制任务如下。

（1）在决策阶段，投资控制的主要任务是对拟建项目进行可行性研究、编制和审查建设工程投资控制报告、确定和控制投资估算、进行项目财务评价和国民经济评价。

（2）在设计阶段，投资控制的主要任务是协助建设单位制定建设工程投资目标规划、开展技术经济分析等活动，协助和配合设计单位使设计方案投资合理化，审核设计概、预算并提出改进意见，满足建设单位对建设工程投资的经济性要求，做到概算不超估算、预算不超概算。

（3）在施工招投标阶段，投资控制的主要任务是通过协助建设单位编制招标文件及合理确定标底，使工程建设施工发包的期望价格合理化；协助建设单位对投标单位进行资格审查，协助建设单位进行开标、评标、定标，最终选择最优秀的施工承包单位，通过选择完成施工任务的主体，达到对投资的有效控制。

（4）在施工阶段，投资控制的主要任务是通过工程付款控制、工程变更费用控制、预防并处理好费用索赔、挖掘节约投资潜力来确保实际发生的投资费用不超过计划投资费用。

（5）在竣工验收、交付使用阶段，投资控制的主要任务是合理控制工程尾款的支付，处理好质量保证金的扣留及合理使用事宜，协助建设单位做好建设项目后评估。

7.1.3　投资控制的原理

监理工程师对投资控制应始于设计阶段，并贯穿工程实施的全过程，其控制原理如图7.2所示。

水利水电工程项目投资控制的关键在于施工前的决策阶段和设计阶段；而在投资决策后，设计阶段（包括初步设计、技术设计和施工图设计）就成了控制项目投资的关键。监理工程师应对设计方案进行审核和费用估算，以便与控制投资额进行比较，并对设计方案提出修改建议。

同时，监理工程师还应对施工现场及其环境进行踏勘，对施工单位的水平和各种资源情况进行调查，以便对设计方案的某些方面进行优化，提出意见，

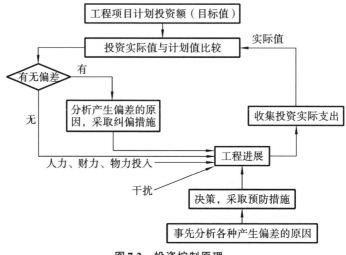

图 7.2 投资控制原理

节约投资。

在施工阶段，投资控制主要是通过审核施工图预算，不间断地监测施工过程中各种费用的实际支出情况，并与各个分部分项工程的预算进行比较，从而判断工程的实际费用是否偏离了控制目标值或有无偏离控制目标值的趋势，以便尽早采取纠偏措施。

7.1.4 投资控制的目标

为了确保投资目标的实现，需要对投资进行控制，如果没有投资目标，也就不需要对投资进行控制。投资目标的设置应有充分的科学依据，是很严肃的，既要有先进性，又要有实现的可能性。如果投资控制目标过高，经努力也无法实现，投资控制也将失去指导工作、改进工作的意义，成为空谈。如果投资控制目标过低，建设者不需要努力即可达到，不仅浪费了资金，而且对建设者失去了激励的作用，投资控制会形同虚设。

水利水电工程项目的建设周期长，各种变化因素多，而且建设者对工程项目的认识过程也是一个由粗到细、由表及里、逐步深化的过程，因此，投资控制目标是随设计的不同阶段而逐步深入、细化的，投资控制目标分阶段设置，越来越清晰，越来越准确。如投资估算是选择设计方案和初步设计时的投资控制目标，设计概算是进行技术设计和施工图设计时的投资控制目标，设计预算或建设工程施工合同的合同价是施工阶段的投资控制目标，它们共同组成项目投资控制的目标系统。

7.1.5　投资控制的措施

在水利水电工程项目的建设过程中，将投资控制目标值与实际值进行比较，当实际值偏离目标值时，分析偏离产生的原因，并采取纠偏措施和对策，这仅仅是投资控制的一部分工作。要更有效地控制项目的投资，还必须从项目组织、技术、经济等多方面采取措施。从组织上采取措施：明确项目组织结构；明确项目投资控制者及其任务，以使项目投资控制有专人负责；明确管理职能分工。从技术上采取措施：重视设计方案的选择；严格审查监督初步设计、技术设计、施工图设计、施工组织设计；深入技术领域研究节约投资的可能性。从经济上采取措施：动态地比较项目投资的实际值和计划值；严格审核各项费用支出；采取节约投资的奖励措施等。

技术与经济相结合是控制项目投资的有效手段。在水利水电工程建设过程中，要使技术与经济有机结合，应通过技术比较、经济分析和效果评价，正确处理技术先进性与经济合理性两者之间的对立和统一关系，力求做到技术先进条件下的经济合理和经济合理基础上的技术先进，把控制工程项目投资的观念渗透到工程建设的各阶段。

7.1.6　确定投资的依据

确定投资的依据是指确定投资所必需的基础数据和资料，主要包括工程定额、工程量清单、工程技术文件、要素市场价格信息、工程环境条件等。

（1）工程定额。

工程定额即额定的消耗量标准，是指按国家有关产品标准、设计规范和施工验收规范、质量评定标准，并参考行业、地方标准以及代表性的工程设计、施工资料确定的，工程建设过程中完成规定计量单位产品所产生的人工、材料、机械等消耗量的标准。定额反映的是在一定的社会生产力发展水平、正常的施工条件、大多数施工企业的技术装备程度、合理的施工工期、合理的施工工艺和劳动组织下，完成某项工程建设产品与各种生产消耗之间特定的数量关系。

定额分为很多种类，按生产要素内容可分为人工定额、材料消耗定额、施工机械台班使用定额；按编制程序和用途可分为施工定额、预算定额、概算定

额、概算指标、投资估算指标；按编制单位和适用范围可分为国家定额、行业定额、地区定额、企业定额；按投资的费用性质可分为建筑工程定额、设备安装工程定额、建筑安装工程费用定额、工器具定额、工程建设其他费用定额。

（2）工程量清单。

工程量清单是依据建设工程设计图纸、工程量计算规则、一定的计量单位、技术标准等计算所得的构成工程实体各分部分项、可供编制标底和投资报价的实物工程量的汇总清单表。工程量清单是体现招标人要求投标人完成的工程项目及其相应工程实体数量的列表，反映全部工程内容以及为实现这些内容而进行的其他工作。

（3）工程技术文件。

工程技术文件是反映建设工程项目的规模、内容、标准、功能等的文件，只有根据工程技术文件才能对工程结构做出分解，得到计算的基本子项。只有依据工程技术文件及其反映的工程内容和尺寸，才能测算或计算出工程实物量，得到分部分项工程的实物数量。因此，工程技术文件是确定建设工程投资的重要依据。

（4）要素市场价格信息。

构成建设工程投资的要素包括人工、材料、施工机械等。要素价格是影响建设工程投资的关键因素，要素价格是由市场形成的。建设工程投资采用的基本子项所需资源的价格来自市场，随着市场的变化，要素价格也随之发生变化。因此，建设工程投资必须随时掌握市场价格信息，了解市场价格行情，熟悉市场上各类资源的供求变化及价格动态。这样得到的建设工程投资才能反映市场，反映工程建设所需的真实费用。

（5）工程环境条件。

工程所处的环境条件也是影响建设工程投资的重要因素，环境条件的差异或变化会导致建设工程投资的变化。工程环境条件包括工程地质条件、气象条件、现场环境与周边条件等。

除上述依据外，工程建设的实施方案、组织方案、技术方案，其他国家对建设工程费用计算的有关规定，按国家税法规定计取的相关税费等，也都是确定建设工程投资的依据。

7.2 不同阶段的投资控制

建设项目的投资主要发生在设计和施工阶段，施工阶段投资控制受自然条件、社会环境条件等因素的影响最突出。如果监理工程师在设计和施工阶段不严格进行投资控制工作，将会造成较大的投资损失以及出现整个建设项目投资失控的现象。因此，下文重点从设计阶段与施工阶段对水利水电工程建设项目投资控制进行阐述。

7.2.1 设计阶段投资控制

1. 设计概算的编制与审查

设计概算是初步设计概算的简称，是指在初步设计或扩大初步设计阶段，由设计单位根据初步设计图纸、定额、指标、其他工程费用定额等，对工程投资进行的概略计算。设计概算是初步设计文件的重要组成部分，是确定工程设计阶段投资的依据。经过批准的设计概算是控制工程建设投资的最高限额。

（1）设计概算的编制依据及内容。

① 设计概算的编制依据。

a. 经批准的建设项目计划任务书。计划任务书由国家或地方基建主管部门批准，其内容因建设项目的性质而异，一般包括建设目的、建设规模、建设理由、建设布局、建设内容、建设进度、建设投资、产品方案和原材料来源等。

b. 初步设计或扩大初步设计的图纸和说明书。有了初步设计或扩大初步设计的图纸和说明书，才能了解其设计内容和要求，并计算主要工程量，这些是编制设计概算的基础资料。

c. 概算指标、概算定额或综合预算定额。这三项指标是由国家或地方基建主管部门颁发的，是计算价格的依据，不足部分可参照预算定额或其他有关资料。

d. 设备价格资料。各种定型设备（如各种用途的泵、空压机、蒸汽锅炉等），均按国家有关部门规定的现行产品出厂价格计算；非标准设备按非标准设备制造厂的报价计算。此外，还应增加供销部门的手续费、包装费、运输费及采购保管费等费用。

e.地区工资标准和材料预算价格。

f.有关取费标准和费用定额。

② 设计概算的编制内容。

设计概算分为三级概算，即单位工程概算、单项工程综合概算、工程建设总概算。其编制内容及相互关系如图7.3所示。

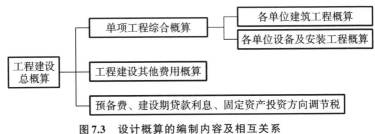

图7.3　设计概算的编制内容及相互关系

（2）设计概算的审查。

① 设计概算审查的内容。

设计概算审查的内容见表7.1。

表7.1　设计概算审查的内容

序号	审查项目	内容
1	设计概算的编制依据	综合国家各部门的文件，国务院主管部门和各省（区、市）根据国家规定或授权制定的各种规定和办法，对建设项目的设计文件等进行重点审查。 （1）审查编制依据的合法性。采用的各种编制依据必须经过国家或授权机关的批准，符合国家的编制规定。未经批准的不能采用，也不能强调情况特殊，擅自提高概算定额、指标或费用标准。 （2）审查编制依据的时效性。各种依据（如定额、指标、价格、取费标准等）都应根据国家有关部门的现行规定进行使用，注意有无调整和新的规定。有的颁发时间较长，并非全部适用；有的应按有关部门确定的调整系数执行。 （3）审查编制依据的适用范围。各种编制依据都有规定的适用范围，如各主管部门制定的各种专业定额及其取费标准，只适用于该部门的专业工程；各地区规定的各种定额及其取费标准，只适用于该地区的工程。特别是地区的材料预算价格区域性更强，如某市有该市区的材料预算价格，又编制了郊区某一个矿区的材料预算价格，若在该市的矿区施工，则其概算应采用矿区的材料预算价格，而不能采用市区的材料预算价格

续表

序号	审查项目	内容
2	设计概算的编制深度	（1）审查编制说明。审查编制说明可以检查设计概算的编制方法、编制深度和编制依据等有无重大原则问题。 （2）审查编制深度。一般大中型项目的设计概算，应有完整的编制说明和三级概算表（即总概算表、单项工程综合概算表、单位工程概算表），并按有关规定的深度进行编制。审查是否有符合规定的三级概算表，审查各级概算的编制、校对、审核是否按规定签署。 （3）审查编制范围。审查设计概算的编制范围及具体内容是否与主管部门批准的建设项目范围及具体工程内容一致；审查分期建设项目的建设范围及具体工程内容有无重复、交叉，是否重复计算或漏算；审查其他费用所列的项目是否都符合规定，静态投资、动态投资和经营性项目铺底流动资金是否分部列出等
3	建设规模、标准	审查设计概算的投资规模、生产能力、设计标准、建设用地、建筑面积、主要设备、配套工程、设计定员等是否符合已批准的可行性研究报告或立项批文的标准。若设计概算总投资超过已批准投资估算的10％，应进一步审查原因
4	设备规格、数量和配置	工业建设项目的设备投资大，一般占总投资的30％～50％，要认真审查。审查所选用的设备规格、台数是否与生产规模一致；材质、自动化程度有无提高标准；引进设备是否配套、合理，备用设备台数是否适当；消防、环保设备是否计算等。还要重点审查价格是否合理、是否符合有关规定，如国产设备应按当时询价资料或有关部门发布的出厂价、信息价编制概算，引进设备应按当时询价资料或合同价编制概算
5	工程费	建筑安装工程投资是随工程量增加而增加的，要认真审查。要根据初步设计图纸、概算定额及工程量计算规则、专业设备材料表、建（构）筑物和总图运输一览表进行审查，审查有无多算、重算和漏算
6	计价指标	审查建筑工程采用的工程所在地区的计价定额、费用定额、价格指数，以及有关人工、材料、机械台班单价是否符合现行规定；审查安装工程所采用的专业部门或地区定额是否符合工程所在地区的市场价格水平；审查概算指标调整系数，以及主材、辅材、人工、机械台班调整系数是否按当地最新规定执行；审查引进设备安装费率或计取标准、部分行业的专业设备安装费率是否按有关规定计算等

② 设计概算审查的步骤。

设计概算审查是一项复杂又细致的技术经济工作，审查人员既应懂得有关专业技术知识，又应具有熟练编制概算的能力，通常可按如下步骤进行。

a.设计概算审查的准备。设计概算审查的准备工作包括：了解设计概算的内容组成、编制依据和方法；了解建设规模、生产能力和工艺流程；熟悉设计图纸和说明书；掌握设计概算的构成和有关技术经济指标；明确设计概算各种表格的内涵；搜集设计概算定额、指标、取费标准等有关文件资料等。

b.进行设计概算审查。根据审查的主要内容，分别对设计概算的编制依据、单位工程概算、单项工程综合概算、工程建设总概算进行逐级审查。

c.进行技术经济对比分析。利用规定的概算定额或指标及有关技术经济指标与设计概算进行对比分析，根据设计概算列明的工程性质、结构类型、建设条件、费用构成、投资比例、占地面积、生产规模、设备数量、造价指标、劳动定员等与国内外同类型工程进行对比分析，从大的方面找出与同类型工程的差距，为审查提供线索。

d.研究、定案、调整概算。对概算审查中出现的问题，要在对比分析、找出差距的基础上深入现场，进行实际调查研究。了解设计是否经济合理，概算编制依据是否符合现行规定和施工现场实际情况，有无扩大规模、多估投资或预留缺口等情况，并及时核实概算投资。若当地没有同类型的项目而不能进行对比分析，可对国内同类型企业进行调查，搜集资料，作为审查的参考。应根据会审决定的定案问题及时调整概算，并经原批准单位下发文件。

2. 施工图预算的编制与审查

施工图预算是在施工图设计完成后，以施工图为依据，根据预算定额、费用标准，以及工程所在地区的人工、材料、施工机械设备台班的预算价格编制的，是确定建筑工程、安装工程预算的文件。

（1）施工图预算的编制依据。

① 各专业设计施工图和文字说明、工程地质勘察资料。

② 当地和主管部门颁布的现行建筑工程与安装工程预算定额（基础定额）、单位估价表、地区资料、构配件预算价格（或市场价格）、间接费用定额和有关费用规定等文件。

③ 现行的有关设备原价（出厂价或市场价）及运杂费率。

④ 现行的有关其他费用定额、指标和价格。

⑤ 建设场地中的自然条件和施工条件，以及据此确定的施工方案或施工组织设计。

（2）施工图预算审查的步骤。

① 做好审查前的准备工作。

a. 熟悉施工图纸。施工图纸是编制施工图预算的重要依据，必须全面熟悉。熟悉施工图纸分为两步：一是核对所有的图纸，清点无误后，依次识读；二是参加技术交底会，解决图纸中的疑难问题，直至完全掌握图纸。

b. 了解施工图预算的范围。根据施工图预算的编制说明，了解施工图预算的范围。例如配套设施、室外管线、道路以及会审图纸后的设计变更等。

c. 熟悉编制施工图预算所采用的单位工程估价表。任何单位工程估价表或预算定额都有一定的适用范围。根据工程性质，搜集相应的单价、定额资料，特别是市场材料单价和取费标准等。

② 选择合适的审查方法，按相应内容审查。

由于工程规模、繁简程度不同，施工企业情况不同，所编施工图预算的繁简程度和质量也不同，因此需要选择相应的审查方法进行审核。常用施工图预算的审查方法见表7.2。

表7.2　常用施工图预算的审查方法

序号	项目	内容
1	逐项审查法	逐项审查法又称全面审查法，即按定额顺序或施工顺序，对各分项工程中的工程细目逐项、全面、详细审查的方法。其优点是审查质量高、效果好；缺点是工作量大，时间较长。这种方法适用于一些工程量较少、工艺较简单的工程
2	标准预算审查法	标准预算审查法是对利用标准设计图纸或通用图纸施工的工程，先集中力量编制标准预算，再以此为依据来审查工程预算的方法。按标准设计图纸或通用图纸施工的工程，一般上部结构和做法相同，只是根据现场施工条件或地质情况不同，对基础部分作局部调整。凡是这样的工程，以标准预算为准，对局部修改部分单独审查即可，不需要逐一详细审查。该方法的优点是时间短、效果好、易定案；缺点是适用范围小，仅适用于采用标准设计图纸或通用图纸施工的工程

续表

序号	项目	内容
3	分组计算审查法	分组计算审查法就是把预算中的有关项目按类别划分为若干组,利用同组中的一组数据审查分项工程量的方法。这种方法首先将若干分部分项工程按相邻且有一定内在联系的项目进行编组,利用同组分项工程间具有相同或相近的计算基数的特点,审查一个分项工程的数量,由此判断同组中其他几个分项工程的数量准确程度。该方法的特点是审查速度快、工作量小
4	对比审查法	对比审查法是指当工程条件相同时,用已完工程的预算或未完但已经过审查修正的工程预算对比审查同类工程预算的方法
5	筛选审查法	筛选审查法是一种能较快发现问题的方法。建筑工程虽面积和高度不同,但其各分部分项工程的单位建筑面积指标变化却不大。将这样的分部分项工程加以汇集、优选,找出其单位建筑面积工程量、单价、用工的基本数值,归纳为工程量、价格、用工三个基本指标,并注明各基本指标的适用范围。用这些基本指标来筛分各分部分项工程,对不符合条件的应进行详细审查,若审查对象的预算标准与基本指标的标准不符,就应对其进行调整。筛选审查法的优点是简单易懂,便于掌握,审查速度快,便于发现问题,但问题出现的原因还需要继续审查。该方法适用于审查住宅工程或不具备全面审查条件的工程
6	重点审查法	重点审查法就是抓住工程预算中的重点进行审核的方法。审查的重点一般是工程量大或者造价较高的各种工程、补充定额、计取的各项费用(计取基础、取费标准)等。重点审查法的优点是能突出重点、审查时间短、效果好

③综合整理审查资料,编制调整预算。

经过审查,若发现有差错,需要进行增加或核减,经与编制单位逐项核实、统一意见后,修正原施工图预算,汇总增加或核减量。

7.2.2　施工阶段投资控制

1. 施工阶段投资控制概述

（1）施工阶段投资控制的措施。

水利水电工程施工阶段的工作周期长、内容多、潜力大，需要采取多方面的投资控制措施，确保投资实际支出值小于计划目标值。监理工程师在本阶段采取的投资控制措施如下。

① 组织措施。

a. 在项目监理班子中落实控制投资的人员及其职能和分工。

b. 编制施工阶段投资控制详细工作流程图。

c. 每项任务都需要有人检查，规定确切的完成日期和提出质量上的要求。

② 经济措施。

a. 对已完成的实物工程量进行计量或复核，对未完成的工程量进行预测。

b. 对预付工程款、工程进度款、备料款等的付款账单进行审核，并签发付款证书。

c. 在工程实施全过程中进行投资跟踪、动态控制和分析预测，对投资目标计划值按费用构成、工程构成、实施阶段、计划进度进行分解。

d. 定期向监理负责人、建设单位提供投资控制报表、投资实际支出值与控制目标值的对比分析报告。

e. 依据投资计划的进度要求编制施工阶段详细的费用支出计划，并控制其执行，编制资金筹措计划和分阶段到位计划。

f. 及时办理和审核工程结算。

g. 制定行之有效的节约投资的激励机制和约束机制。

③ 技术措施。

a. 严格控制设计变更，并对设计变更进行技术经济分析和审查。

b. 进一步寻找节约投资的途径（如完善设计和施工工艺，做好材料和设备管理等），组织"三查四定"（即查漏项、查错项、查质量隐患，定人员、定措施、定完成时间、定质量验收），对查出的问题进行整改，组织相关人员审核降低造价的技术措施。

c. 加强设计交底和施工图会审工作，把问题解决在施工之前。

④ 合同措施。

a.参与处理索赔事宜时以合同为依据。

b.参与合同的修改、补充、管理工作，并分析研究合同条款对投资控制的影响。

c.监督、控制、处理工程建设中的有关问题时以合同为依据。

（2）监理工程师在施工阶段进行投资控制的权限。

为保证监理工程师有效地控制项目投资，必须授予监理工程师相应的权限，并且在建设工程施工合同中做出明确规定，正式通知施工企业。

监理工程师在施工阶段进行投资控制的权限包括以下几种。

① 审定批准施工企业制定的工程进度计划，并督促执行。

② 检验施工企业报送的材料样品，并按规定进行抽查、复试，根据抽查、复试的情况批准或拒绝该材料在本工程中使用。

③ 对隐蔽工程进行验收、签证，并且施工企业必须在隐蔽工程验收、签证后才能进行下一道工序的施工。

④ 对已完工程（包括检验批、分项工程、子分部工程和分部工程）按有关规范、标准进行施工质量检查、验收和评定，并在此基础上审核施工企业完成的检验批、分项工程、子分部工程和分部工程数量，审定施工企业的进度付款申请表，签发付款证明。

⑤ 审查施工企业的技术措施及其费用。

⑥ 审查施工企业的技术核定单及其费用。

⑦ 控制设计变更，并及时分析设计变更对项目投资的影响。

⑧ 做好工程施工和监理记录，注意搜集各种施工原始技术经济资料、设计或施工变更图纸和资料，为处理可能发生的索赔提供依据。

⑨ 协助施工企业做好成本管理和控制，尽量避免工程返工造成的损失和成本上升。

⑩ 定期向建设单位提供有关施工过程中的投资分析与预测、投资控制与存在问题的报告。

（3）施工阶段投资控制的工作程序。

施工阶段投资控制的工作程序如图7.4所示。

2.资金使用计划的编制

施工阶段编制资金使用计划的目的是控制施工阶段投资，合理地确定工程项目投资控制目标值，也就是根据工程概算或预算确定计划投资的总目标值、分目标值、细目标值。

（1）按项目分解编制资金使用计划。

根据建设项目的组成，首先将总投资分解到各单项工程，再分解到单位工程，最后分解到分部分项工程。分部分项工程的支出预算既包括材料费、人工费、机械费，也包括承包企业的间接费、利润等，是分部分项工程的综合单价与工程量的乘积。签订单价合同的招标项目，可使用签订合同时提供的工程量清单所定的单价。其他形式的承包合同，可利用编制招标控制价（标底）时所计算的材料费、人工费、机械费，以及考虑分摊的间接费、利润等确定综合单价，同时核实工程量，准确确定支出预算。

编制资金使用计划时，既要考虑项目的总预备费，也要在主要的分项工程中安排适当的不可预见费。所核实的工程量与招标时的工程量估算值有较大出入时，应予以调整并注明"预计超出子项"。

（2）按时间进度编制资金使用计划。

建设项目的投资总是分阶段、分期支出的，资金应用是否合理与资金时间安排有密切关系。为了合理地制定资金筹措计划，尽可能减少资金占用和利息支付，编制按时间进度分解的资金使用计划是很有必要的。

通过对施工对象的分析和对施工现场的考察，结合施工技术特点，我们可以制定出科学合理的施工进度计划，并在此基础上编制按时间进度分解的资金使用计划。其步骤如下。

① 编制施工进度计划。

② 根据单位时间内完成的工程量计算出这一时间内的预算支出，在时标网络图上按时间编制投资支出计划。

③ 计算工期内各时点的预算支出累计额，绘制时间-投资累计曲线（S形曲线），如图7.5所示。

根据施工进度计划的最早可能开始时间和最迟必须开始时间可绘制出两条时间-投资累计曲线，这两条时间-投资累计曲线形成的图形俗称"香蕉图"（图7.6）。一般而言，按最迟必须开始时间安排施工，对节约建设资金贷款利息有利，但降低了项目按期竣工的保证率，故监理工程师必须合理地确定投资支出预算，达到既能节约投资支出，又能控制项目工期的目的。

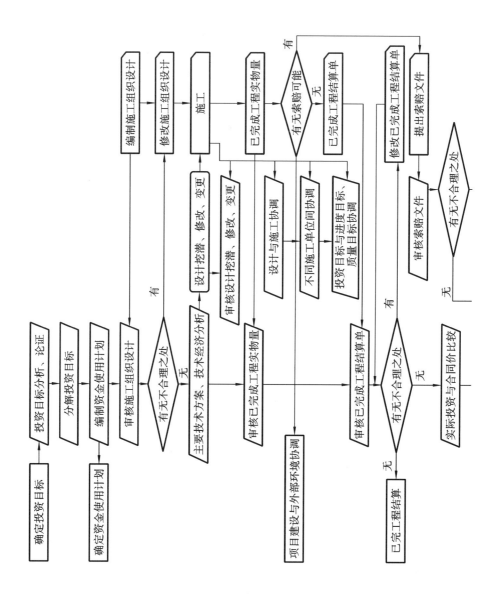

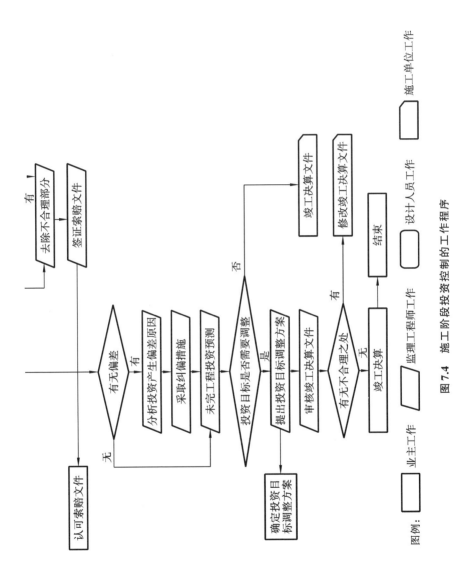

图 7.4　施工阶段投资控制的工作程序

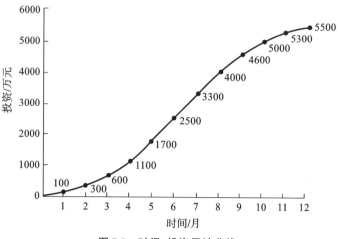

图 7.5 时间-投资累计曲线

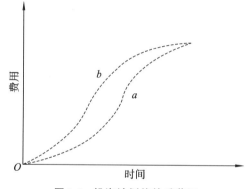

图 7.6 投资计划值的香蕉图

注：a—所有工作按最迟必须开始时间开始的曲线；b—所有工作按最早可能开始时间开始的曲线。

3. 工程计量

（1）工程计量依据与一般原则。

① 合同工程计量（包括应计量支付的工作量，下同）应依据工程承建合同，按规定的程序、方法、范围、内容和单位，通过实际量测与度量进行。

② 不符合工程承建合同计量要求，或未经质量检查合格的工程与工作，应不予计量支付。

③ 因承建单位责任与风险，或因承建单位施工需要而另外发生的工程量，应不予计量支付。

④ 监理机构应通过总价承包项目支付计量手段的运用，为工程建设合同

目标的实现和业主投资效益的有效发挥提供基础保障。

（2）工程计量程序。

《水电水利工程施工监理规范》（DL/T 5111—2012）规定，水利水电工程计量应按以下程序进行。

① 土建工程项目开工前，监理机构应督促承建单位及时完成必需的原始地面地形以及计量起始位置图的测绘，并将测绘成果报送监理机构审查和批准。

② 工程施工过程中，监理机构应督促承建单位按工程承建合同约定，对应计量支付的已完工程、工作项目及时向监理机构提出工程计量申报。

③ 分项工程、分部工程或单位工程完成后，监理机构应督促承建单位按工程承建合同约定，对应计量支付的已完工程、工作项目及时向监理机构提出完工计量申报。

④ 单位工程或分部工程项目完工后，监理机构宜以分项工程为基础及时对该项目应支付的工程量总量进行核算，对超量、欠量支付项目及时进行结算调整。

（3）总价承包项目支付计量。

① 监理机构应督促承建单位按工程承建合同约定编制总价承包项目（包括设计、采购、施工总承包项目，下同）、支付项目细分表，报监理机构审查。

② 监理机构宜以报经批准的项目细分工程量为结算量或参照量，按完成工程实物量并结合工程进展比例审核计量及支付。

③ 对工程施工质量、安全生产、合同工期目标实现有较大影响的总价承包项目，监理机构宜督促承建单位在工程项目实施前，依照分部、分项和单元工程划分要求完成工程项目划分，并报监理机构批准。

④ 总价承包项目支付计量的程序与方法，应依照工程承建合同相关项目、相关计量规定进行。

（4）工程计量批准。

① 在进行合同价款支付签证前，监理机构应按工程承建合同规定，及时完成对承建单位申报的工程计量项目、工程计量范围、工程计量方式与方法、工程计量成果，以及申报支付项目工程质量合格签证的审查与批准。

② 当在工程计量过程中发生争议时，监理机构应对承建单位申报的通过审查而未发生争议的部分工程计量及时予以批准。

（5）工程计量批准后的修正。

① 工程施工过程中的计量属于中间计量。监理机构应随施工进展，以分项工程为基础，及时对已按规定施工完成的分项工程、分部工程、单位工程，直至合同工程进行工程计量清理结算。

② 监理机构可按工程承建合同规定，在事后工程计量结算中，对此前已签认的工程计量再次进行审核、修正和调整，并为此签发修正与调整工程计量的证书。

4. 合同价款支付

（1）合同价款支付的依据与原则。

① 合同价款支付应依据工程承建合同及其技术条款和有效施工图纸等进行。

② 只有按有效施工图纸及技术要求完成，工程质量检查合格，按合同规定应给予计量支付的工程（工作）项目，监理机构才予以工程计量和办理合同价款支付。

（2）合同价款支付申报条件。

① 合同价款支付宜按月进行。

② 监理机构应督促承建单位按工程承建合同约定的程序或格式要求，递交合同价款支付申请报告（或报表）。

（3）合同价款支付申报审查。

① 监理机构应接受符合下述条件的工程（工作）量合同价款支付申报。

a. 当月完成或当月之前完成尚未进行支付结算的。

b. 工程承建合同规定应进行支付结算的。

c. 有相应的开工指令和单元工程施工质量评定表（属于某分部工程或单位工程最后一个单元工程者，还应同时具备该分部工程或单位工程施工质量评定表）等完整的监理认证文件的。

② 监理机构应按照工程承建合同规定及时完成合同价款支付申报审查。审查内容宜包括以下方面。

a. 支付申报格式和手续齐全。

b. 申报支付的项目、范围、内容符合工程承建合同规定。

c. 开工及工程质量检查签证完备。

d. 工程计量有效并准确。

e. 支付单价及合价正确无误。

f.扣留（扣还）款项、返还款项及金额正确无误。

③ 工程施工过程中的支付属于中间支付，监理机构可按工程承建合同规定，在事后对已经签发支付证书的报表再次进行审核、修正和调整，发布修正与调整的支付证书，并计入相应的支付证书中。

（4）合同价款支付管理。

《水电水利工程施工监理规范》（DL/T 5111—2012）规定，合同价款支付管理应符合以下要求。

① 监理机构收到承建单位与业主签订的工程承建合同及履约保函后，应按合同规定和业主的格式要求，及时签发相关预付款支付证书。

② 工程进度款支付按合同规定进行。监理机构应按工程承建合同规定，及时办理工程进度款支付审查与签证。

③ 总价承包项目支付。

a.总价承包项目的合同价款支付宜按合同规定，依据项目施工形象进度及实际完成的工程量或工作量，在工程项目施工报验合格的基础上，按照"形象进度、分批分次、计量支付、总价控制"的原则，随施工进展进行。

b.由于承建单位违规未使用或不当节余的重要总价承包项目费用，监理机构应在合同工程完工结算中予以扣减。

④ 计日工支付。

a.计日工的使用应事先取得业主的批准。

b.计日工的使用指示下达后，监理机构应检查和督促承建单位切实按指示的计日工用工、用料、机械台时/台班清单和作业要求实施，并做好记录。

c.计日工支付应按照工程承建合同规定及合同文件确定的单价与支付方式进行。

⑤ 工程变更价款支付。

a.工程变更价款支付宜随施工进展进行。

b.监理机构应依照工程承建合同规定和工程变更指示所确定的计量与支付的程序和方法，在承建单位提出工程变更价款支付申请后，依据工程变更项目施工进展，在相应工程进度款支付证书中计入工程变更价款。

⑥ 监理机构应按工程承建合同规定的程序和调整方式，及时协助业主办理合同价调整。

⑦ 当遭遇不可抗力、工程承建合同明示的特殊风险，或因业主违约等导致工程承建合同解除时，监理机构应按工程承建合同规定，协助业主及时办理

合同解除后的工程接收，在合同解除日前完成工程和工作的估价与支付，并为此签发支付证书。

⑧ 保留金支付。

a. 合同工程项目完工并签发工程移交证书后，监理机构应协助业主及时把与所签发移交工程项目相应的合同约定的保留金的一部分支付给承建单位，并为此签发保留金支付证书。

b. 当工程缺陷责任期满后，监理机构应协助业主及时把与所签发的缺陷责任期终止证书相应的工程项目的保留金剩余部分支付给承建单位，并为此签发保留金支付证书。

⑨ 工程完工支付。

a. 在收到承建单位提交的完工付款申请后，监理机构应按照工程承建合同规定，对完工付款申请进行审核，并出具完工付款证书报送业主审批。

b. 监理机构应协助业主及时完成对完工支付报告（或报表）的审核，并及时为经合同双方协商一致部分的价款签发支付证书。

⑩ 最终支付。

a. 在收到承建单位提交的最终付款申请后，监理机构应按照工程承建合同规定，及时完成对最终付款申请的审核，并出具最终付款证书报送业主审批。

b. 监理机构应协助业主及时完成对最终支付报告（或报表）的审核，通过监理机构的协调，及时为经合同双方达成一致部分的价款签发支付证书。

第8章 水利水电工程建设监理案例

8.1 工程概况

宁夏固海扬水灌区续建配套与现代化改造工程（三期）是按照黄河流域生态保护和高质量发展先行区建设要求，对制约灌区发展的、存在安全隐患的病险建筑物等进行改造。

本工程改造包括以下内容。

（1）固海一干渠。改造红石咀、乱岔沟涵洞2座，重点加固涵洞进出口及洞身内衬。改造退水闸1座，更换闸门和启闭机。

（2）固海三干渠。拆除重建花豹湾沟涵，其为单孔钢筋混凝土箱涵结构，长63 m。改造花豹湾渠涵，重点加固渠涵进出口及洞身内衬。

（3）固海七干渠。翻建红果子沟、南泥沟和西河3座渡槽，槽身为U形钢筋混凝土预制槽壳，采用钢筋混凝土排架支撑，基础为井柱。改造1号和3号沟涵2座，重点加固涵洞进出口和洞身内衬。维修2、4、5、6、7、8号沟涵6座。

（4）东三支渠。翻建八方沟、洞子沟和八里沟3座渡槽，槽身为U形钢筋混凝土预制槽壳，采用钢筋混凝土排架支撑，基础为井柱。边墙沟、腰八沟、大连沟和砚台沟4座渡槽更换槽壳，配套渡槽进出口连接段。

（5）同心一干渠。利用现状管沟，更换输水管道8.2 km，采用预应力混凝土管，管径为0.8~1.2 m。利用现有渡槽结构，将白娥子沟、沙沟、鹰扑拉沟和石黄沟4座渡槽输水改造为管道输水；对黑梁沟渡槽槽壳进行加固处理。新建路涵1座，翻建2座。配套各类阀井12座，出水池1座。

（6）泵站工程。改造李堡泵站1座，拆除重建进水池，更换水泵机组9台（套）及电气设备。

（7）干渠防洪险工段工程。固海二干渠砌护加高8.9 km，渠堤加固4.25 km；固海三干渠砌护加高6.2 km。

（8）完善相关配套监测系统。

8.2　监理组织与工作

8.2.1　监理组织

1. 监理机构设置

本工程项目监理部组织形式为直线制。监理部设总监理工程师1名，副总监理工程师1名，根据划分的施工标段分别设1标段、2标段两个现场施工监理组。

2. 岗位职责

（1）总监理工程师的职责。

① 主持编制监理规划，制定监理机构工作制度，审批监理实施细则。

② 确定监理机构部门职责及监理人员职责权限，协调监理机构内部工作；负责监理机构中监理人员的工作考核，调换不称职的监理人员；根据工程建设进展情况，调整监理人员。

③ 签发或授权签发监理机构的文件。

④ 主持审核承包人提出的分包项目和分包人，报发包人批准。

⑤ 审批承包人提交的合同工程开工申请、施工组织设计、施工进度计划和资金流计划。

⑥ 审批承包人按有关安全规定和合同要求提交的专项施工方案、度汛方案和灾害应急预案。

⑦ 审核承包人提交的文明施工组织机构和措施。

⑧ 主持或授权监理工程师主持设计交底；组织核查并签发施工图纸。

⑨ 主持第一次监理工地会议，主持或授权监理工程师主持监理例会和监理专题会议。

⑩ 签发合同开工通知、暂停施工指示和复工通知等重要监理文件。

⑪ 组织审核已完成工程量和付款申请，签发各类付款证书。

⑫ 主持处理变更、索赔和违约等事宜，签发有关文件。

⑬ 主持施工合同实施中的协调工作，调解合同争端。

⑭ 要求承包人撤换不称职或不宜在本工程工作的现场施工人员、技术人

员或管理人员。

⑮ 审核承包人提交的质量保证体系文件、安全生产管理机构和安全措施文件并监督其实施，发现安全隐患及时要求承包人整改或暂停施工。

⑯ 审批承包人施工质量缺陷处理措施计划，组织施工质量缺陷处理情况的检查和施工质量缺陷备案表的填写；按相关规定参与工程质量与安全事故的调查和处理。

⑰ 复核分部工程和单位工程的施工质量等级，代表监理机构评定工程项目施工质量。

⑱ 参加或受发包人委托主持分部工程验收，参加单位工程验收、合同工程完工验收、阶段验收和竣工验收。

⑲ 组织编写并签发监理月报、监理专题报告和监理工作报告；组织保管监理档案资料。

⑳ 组织审核承包人提交的工程档案资料，并提交审核专题报告。

（2）副总监理工程师的职责。

① 负责总监理工程师指定或交办的监理工作。

② 按总监理工程师的授权，行使总监理工程师的部分职责和权力。

（3）总监理工程师不得将下列工作委托给总监理工程师代表。

① 主持编制监理规划，审批监理细则。

② 主持审查承包人提出的分包项目和分包人。

③ 审批承包人提交的合同工程开工申请、施工组织设计、施工总进度计划、年施工进度计划、专项施工进度计划和资金流计划。

④ 审批承包人按有关安全规定和合同要求提交的专项施工方案、度汛方案和灾害应急预案。

⑤ 签发施工图纸。

⑥ 主持第一次监理工地会议，签发合同工程开工通知、暂停施工指示和复工指示。

⑦ 签发各类付款证书。

⑧ 签发变更、索赔和违约有关文件。

⑨ 签署工程项目施工质量等级评定意见。

⑩ 要求承包人撤换不称职或不宜在本工程工作的现场施工人员、技术人员或管理人员。

⑪ 签发监理月报、监理专题报告和监理工作报告。

⑫ 参加合同工程完工验收、阶段验收和竣工验收。

（4）专业监理工程师的职责。

① 负责编制本专业的监理实施细则。

② 负责本专业监理工作的具体实施。

③ 组织、指导、检查和监督本专业监理员的工作，当人员需要调整时，向部门负责人提出建议。

④ 审查承包人提交的涉及本专业的计划、方案、申请、变更，并向部门负责人提出报告。

⑤ 负责本专业分项工程验收及隐蔽工程验收。

⑥ 定期向部门负责人提交本专业监理工作实施情况报告，对重大问题及时向部门负责人汇报和请示。

⑦ 根据本专业监理工作实施情况做好监理日志。

⑧ 负责本专业监理资料的搜集、汇总及整理，参与编写监理月报。

⑨ 核查进场材料、设备、构件的原始凭证、检测报告等质量证明文件及其质量情况，根据实际情况认为有必要时对进场材料、设备、构配件进行平行检验，合格时予以签认。

⑩ 负责本专业的工程计量工作，审核工程计量的数据和原始凭证。

⑪ 做好文明、安全施工监理工作，做好施工环境保护监理工作。

（5）监理员的职责。

① 在专业监理工程师和监理组长的指导下开展现场监理工作。

② 检查承包人投入工程项目的人力、材料、主要设备及其使用、运行状况，并做好记录。

③ 复核或从施工现场直接获取工程计量的有关数据并签署原始凭证。

④ 按设计图及有关标准，对承包人的工艺过程或施工工序进行检查和记录，对加工制作及工序施工质量检查结果进行记录。

⑤ 做好旁站工作，发现问题及时指出并向专业监理工程师报告。

⑥ 做好监理日志和有关的监理记录。

8.2.2 监理工作范围、内容与依据

1. 监理工作范围

同心一干渠输水管道更换，固海二干渠和固海三干渠防洪险工段工程，固

海一干渠、固海三干渠、固海七干渠、同心一干渠、东三支渠建（构）筑物改造，李堡泵站改造等。

2. 监理工作内容

（1）设计方面。

① 代表发包人核查设计文件和各项设计变更，提出意见和优化建议。

② 及时向承包人签发设计文件，发现问题及时与设计人联系，重大问题向发包人报告。

③ 组织设计人进行现场设计交底。

④ 审核承包人对设计文件的意见和建议，会同设计人进行研究。

（2）施工方面。

① 协助发包人签订工程建设合同。

② 全面管理工程建设合同，就承包人选择的分包单位的资格进行审查批准。

③ 督促发包人按工程建设合同的规定，落实必须提供的施工条件，检查工程施工单位的开工准备工作，并在检查与审查合格后签发开工批复文件。

④ 审批承包人提交的施工组织设计、施工进度计划、施工技术措施、作业规程、工艺试验成果、临建工程设计以及原材料试验报告等。

⑤ 签发设计文件、施工图纸等，答复承包人提出的建议和意见。

⑥ 工程进度控制。根据工程建设总进度计划，审查批准承包人提出的施工进度计划和检查其实施情况。督促承包人采取措施，实现合同的工期目标要求。当实际进度与计划进度发生较大偏差时，及时向发包人提出调整控制性进度计划的建议，经发包人批准后，完成进度计划的调整。

⑦ 施工质量控制。审查承包人的质量保证体系和措施，核实质量文件；依据工程建设合同文件、设计文件、技术标准，对施工的全过程进行检查，对重要工程部位和主要工序进行跟踪监督。以单元工程为基础，按 DL/T 5113 系列标准的要求，对施工单位评定的工程质量等级进行复核。

⑧ 工程投资控制。协助发包人编制投资控制目标和分年度投资计划；审查承包人提交的资金流计划；审核承包人完成的工程量和单价费用，并签发计量和支付凭证；受理索赔申请，进行索赔调查与谈判，并提出处理意见；处理工程变更，下达工程变更指令。

⑨ 施工安全管理。审查承包人编制的安全技术措施、施工现场临时用电

方案等；核查承包人安全生产管理机构及安全生产管理人员的落实情况；检查施工安全措施、劳动保护和环境保护措施，并提出建议；检查防洪度汛措施并提出建议；发现施工安全隐患时，要求承包人整改；发生安全事故时，指示承包人采取有效措施防止损失扩大，并按规定立即上报。

⑩ 主持监理合同授权范围内工程建设各方的协调工作。

⑪ 协助发包人按国家规定进行工程各阶段验收及竣工验收。

⑫ 信息管理。做好施工现场记录与信息反馈；按照监理合同附件的要求编制监理月报；按期整编工程资料和工程档案，做好文、录、表、单的日常管理，并在期限届满时移交发包人。

3. 监理工作依据

（1）现行有关工程建设的法律、法规、规章、规范性文件和宁夏回族自治区的地方性法规。

（2）现行的工程建设强制性条文、技术标准。

（3）监理合同。

（4）本合同监理范围内的设计文件。

（5）本合同监理范围内工程的施工、设备制造、安装、材料采购等合同文件。

（6）工程实施中，发包人发出的指令和信函以及相关会议纪要等文件。

8.2.3　监理工作程序与方法

1. 监理工作程序

（1）签订监理合同，明确监理范围、内容和责权。

（2）依据监理合同，组建现场监理机构，选派总监理工程师、监理工程师、监理员和其他工作人员。

（3）熟悉工程建设有关法律、法规、规章及技术标准，熟悉工程设计文件和监理合同文件。

（4）协助发包人进行工程招标和合同签订工作。熟悉施工合同文件。

（5）编制项目监理规划。

（6）进行监理工作交底。

（7）编制各专业、各项目监理实施细则。

（8）实施施工监理工作。

（9）督促承包人及时整理、归档各类资料。

（10）参加验收工作，签发工程移交证书和工程保修责任终止证书。

（11）结清监理费用。

（12）向发包人提交有关档案资料、监理工作总结报告。

（13）向发包人移交其所提供的文件资料和设施设备。

2. 监理工作方法

（1）现场记录。监理部认真、完整记录每日施工现场的人员、设备、材料、天气、施工环境以及施工中出现的各种情况。

（2）发布文件。监理部采用通知、指示、批复、签认等文件形式进行施工全过程的控制和管理。

（3）旁站监理。监理部按照监理合同约定，在施工现场对工程项目的重要部位和关键工序的施工，实施连续性的全过程检查、监督与管理。

（4）巡视检查。监理部对所监理的工程项目进行定期或不定期的检查、监督和管理。

（5）跟踪检测。在承包人对试样进行检测前，监理部对其检测人员、仪器设备，以及拟订的检测程序和方法进行审核；在承包人对试样进行检测时，实施全过程的监督，确认其程序、方法的有效性以及检测结果的可信性，并对该结果进行确认。

（6）平行检测。监理部在承包人对试样自行检测的同时，独立抽样进行检测，核验承包人的检测结果。

（7）协调。监理部对参加工程建设各方之间的关系，以及工程施工过程中出现的问题和争议进行调解。

8.3　工程建设监理

8.3.1　进度控制

1. 进度控制的任务和内容

（1）依据经上级主管部门审查批准的工程控制性总进度计划和施工承包合

同，编制监理工程项目的控制性进度计划，确定进度控制的关键线路、控制性施工项目及其工期、阶段性控制工期目标，以及监理工程项目的各合同控制性进度目标。编制各年度、季度的进度计划，必要时也应编制月进度计划。

（2）审查和批准承包人在开工前提交的施工总进度计划、现金流量计划和总说明，以及在施工阶段提交的各种详细计划和变更计划，并把审查意见抄送发包人。审批承包人根据批准的总进度计划编制的年度计划，并把审查意见抄送发包人。

（3）抓住关键线路上的关键工序、分部工程或单项工程，保证控制工期目标实现。

（4）在施工过程中，检查和监督计划的实施。当工程未能按计划进行时，要求承包人调整修改计划，并要求承包人采取必要的措施加快施工进度，以使施工进度符合施工承包合同对工期的要求。

（5）协助发包人解决好环境干扰问题，以保证项目顺利实施。

（6）控制好物资、材料、设备的供应，以保证施工按计划实施。

（7）协助发包人尽快完成"四通一平"（通水、通电、通路、通信、施工场地平整）、征地拆迁以及各种报建手续等工作，为承包人早日开工创造条件。

（8）按合同要求检查督促勘察设计人提交设计文件，并及时向承包人提交设计文件、坐标控制点等。

（9）详细记录反映进度状态的监理日志。

（10）认真审核承包人提交的工程进度报告。

（11）按合同要求，及时进行隐蔽工程验收及工程计量。

（12）对工程进度进行动态管理。

（13）按合同要求，严格执行进度计划方面的签证制度，适时进行有关签证。

（14）定期举行进度控制现场协调会。

（15）定期向发包人报告工程进度。

2. 进度控制的措施

（1）组织措施。

建立以总监理工程师为责任人的进度控制体系。根据发包人安排，由合同信息办公室负责，监理组长、专业监理工程师协助，监理员参加，明确任务和职责，建立信息搜集、反馈系统；进行项目和目标的分解，将总进度计划分解到分部工程、单元工程计划，并分解到年、季、月计划，关键项目依据具体情况，逐级分解到旬、日计划，并及时进行分析；建立与发包人、设计人、承包人在进度控制上的协调关系，例会的重点是进行进度计划落实、修正、实施的讨论和协调。

组织措施的具体分工如下。

① 总监理工程师代表、各专业监理工程师：依据总监理工程师的批示，审批承包人的总体进度计划，分部工程计划，年、季、月或旬计划；对于关键线路上的项目，制定出计划，并与承包人计划进行对比、分析；审查、检验承包人用于现场施工中的人员、设备、原材料的情况，提出相应报告报总监理工程师。

② 合同信息办公室：搜集、整理与进度有关的各种信息，根据搜集的信息分析数据、提出论点，用计算机将实际进度与计划目标、合同目标进行对比分析，并提出分析报告报总监理工程师。

（2）技术措施。

由监理组长和专业监理工程师配合工作，对承包人提出的加快进度的要求、建议、方法，依据合同要求进行审查，并报总监理工程师批准，以保证按期完成工程项目；利用合同条款赋予的权利，采用宏观调节、微观督促的方法，保证承包人按期完成项目施工。

（3）合同措施。

此项工作以合同信息办公室为主，监理组长和专业监理工程师配合。监理组长和专业监理工程师公正地工作，以在合同面前双方平等为出发点，采取积极可行的手段保证工期目标的实现。

（4）经济措施。

在进度控制工作中，不回避承包人希望得到较多利益的心理，在可行的前提下，满足承包人的资金需求；按合同规定的期限提示承包人进行项目检验、计量和签发支付证书；督促发包人按时付款；协调发包人依据工程进展情况，制定相应的奖罚措施。

3. 进度目标实现的风险分析

在进度目标的实现过程中，本工程主要有以下几个方面的风险因素。

（1）施工方法及安排：标段承包人之间的相互施工干扰；汛期对施工的影响；关键线路上作业的推迟。因此要求各承包人必须严格按照合同工期目标制

定进度计划，监理人须认真审查分析承包人的总体施工计划，以及各个点的施工组织设计、资源配备情况，对有关问题及时进行审查分析，对现场施工情况做到心中有数，具备超前的意识，确保总工期目标的实现。

（2）国家计划调整的影响。

（3）发包人征地不及时对施工生产的影响。

（4）发包人支付不及时的影响。

（5）当地社会对施工的影响。

（6）监理人工作过失的影响。

（7）承包人出现重大施工质量事故的影响。

（8）设计人提供施工详图与各种变更不及时造成的影响。

4. 进度控制的动态分析

（1）施工过程中，对以下因素需要进行进度控制的动态分析。

①施工过程中的不确定因素。

②国家政策、法律的变化。

③承包人内部的原因。

④气候变化、图纸供应不及时、原材料供应不及时、物价调整等。

（2）具体对策如下。

①依据发包人要求，建立月、季、年报制度，及时分析出现偏差的原因。根据已批准的总体计划，对月、季、年计划进行调整，采取对策。

②建立承包人人员、设备档案，以进行对比分析。

③依据承包人进度计划，建立进度控制系统，定期、分阶段进行对比分析，找出进度出现偏差的原因，进行因素分析，找出关键因素，提出改进建议和意见。

④编制进度控制工作的相应表格，包括劳动力需要量计划表、主要材料需要量计划表、主要机械设备需要量计划表、资金需求计划表、临时设施计划表、施工日志、分部工程记录表等。

⑤应用计算机技术进行进度控制，编制进度曲线，应用项目管理软件进行检查分析，对施工进度进行描述、预测。出现较大偏差时，要求承包人修订计划，以使计划符合实际进度情况，调整后的进度计划交监理人审批。进度严重滞后时，应将直接影响合同计划的工作按时完成，要求承包人采取措施加快进度，并报发包人备案。

8.3.2　质量控制

1. 质量控制的任务

随时掌握项目实施过程中的质量动态，对影响质量的因素及时采取各种措施加以控制，确保符合合同规定的质量要求和标准。

2. 质量控制的措施

按照工程项目建设监理的不同实施阶段，质量控制主要采取以下措施。

（1）监理准备阶段的质量控制措施。

① 认真熟悉设计文件、承包合同文件、监理合同文件，以及有关的设计、施工规范和验收标准。做到监理权利和义务明确、质量目标明确。

② 认真编写监理规划和监理细则，做到监理工作科学化、有序化。

③ 搜集和编制各种质量监理图表，力求监理工作标准化、格式化。

④ 按照监理合同完善监理人所需的办公设施、设备、测量及检测仪器、交通工具、通信工具等，以确保监理工作的顺利进行。

⑤ 建立监理质量控制体系，制定、完善监理工作制度，确保监理工作制度化。

（2）施工准备阶段的质量控制措施。

① 施工组织设计审查。

施工组织设计审查是技术性很强的工作，针对施工组织设计中主要项目的技术方案、施工措施必须进行认真的审查，必要时可聘请有关的专家进行深入的讨论，并指令承包人进行修订，在合理、可行的基础上审定确认。

② 开工前现场复查。

a. 认真复查高程及坐标控制点，与设计人认真做好向承包人的交桩工作，并将一套完整的交桩资料移交给承包人，督促承包人提交三角网点和水准点的复测成果，并认真核批。

b. 踏勘施工现场，认真调查、搜集施工现场的各种环境资料及周边关系资料，分析整理，上报发包人，并协助发包人处理相关问题。

c. 参加施工图技术交底会，深刻了解设计意图。

③ 核查承包人的开工准备情况。

a. 根据工程建设合同，认真核查承包人的管理机构及负责人名单，审查其进驻工地的人员及随施工进度安排的人员进场计划。对管理人员、技术人员、技术工人进行分类统计，了解技术人员和技术工人的数量、技术素质、上岗证书等是否符合合同文件的要求。

b.根据工程建设合同，严格审查承包人设备进场情况及进场计划，对设备的名称、数量、型号、规格、性能及完好率进行登记备案，对不符合合同要求的设备，要求承包人及时更换或补充，承包人要求更换或替代设备、已进场设备的离退场必须得到监理人的批准。

c.认真审核承包人质量保证体系，要求配足各级质检人员、组织机构健全、质量自检制度完善。审查承包人试验室资质等级、试验人员数量及素质。

d.审查承包人用于本工程的主要材料和设备，要求承包人在材料和设备订货前提供材料和设备的来源、出厂合格证及试验报告。不合格者不能进场。对已进场材料按规定进行抽样试验，不合格者不能用于本工程并全部清出现场。

e.严格审核承包人的施工定线，对所做的测控网、加密导线点、测设转点、交点等进行复验，合格后方可使用，并责成承包人保护好各桩点，直至工程竣工验收、移交。

f.认真审核承包人提交的施工组织设计。对承包人的施工组织设计，包括施工总平面布置、施工工艺方案、人员机构组成，机械、设备、材料进场计划等进行认真的审查，并提出审查意见。

④ 审查现场的开工条件。

检查发包人征地拆迁完成情况，"四通一平"是否完成，承包人施工临时设施是否搭建完毕。

⑤ 组织召开第一次监理工地会议。

监理人在会上通报开工条件审查意见和结果，对条件准备不足之处要求承包人尽快补充，并在会上申明在施工过程中，监理人采用的各项规定及例行监理程序，要求承包人在施工过程中予以贯彻执行。

⑥ 及时下达开工批复指令。

按合同要求，经发包人批准后及时下达开工批复指令。

（3）施工阶段的质量控制措施。

① 事前质量控制措施。

a.审核单项工程开工申请报告。

b.审核单项工程的施工人员、质检负责人、关键工种人员的数量、素质等。

c.审核单项工程所用的各项材料的检验报告、控制试验报告与所采用的控制指标值。

d.审核工艺流程和有关的施工图。

e.审核该工程所用设备机具的型号、规格、数量、完好率等。

f.审核事故预防措施。

g.核实开工前承包人的各项准备工作情况。

h.对承包人所提交的各项材料试验按频率做对比试验，对承包人所报的混凝土设计配合比等控制标准试验，按规定频率做对比试验复核。

i.复核测量放样结果。

② 事中质量控制措施。

a.执行承包人工序自检制度，执行监理工作程序，没有承包人的自检报告，监理人不予验收。

b.认真做好监理人的工序检查和签认：监理人在接到承包人的自检报告后，或在承包人自检的同时，到现场对工序进行检测，不合格的不能进入下一道工序。监理人的检查包括旁站监理、试验抽检、巡视检查、工序交接质量检查、隐蔽工程验收等。所有质量检测都必须按国家标准和合同规定的标准、检测方法及频率进行。

c.认真审核承包人提交的中间交工报告，凡自检报告不全者，监理人不予验收。

d.认真检查并签认中间交工证书：签认中间交工证书前要对该项工程进行系统检查，必要时要做测量和抽样试验。检查合格后方可签认，否则不予签认，不予支付，也不准进入下一道工序的施工。

③ 认真做好质量缺陷和质量事故的处理。

若发现质量缺陷和质量事故，应认真做好质量缺陷或质量事故的原因和责任分析；提出或商定处理措施；批准处理技术措施和方案；认真检查处理结果；重大事故向发包人通报。

④ 遇下列情况，监理人有权下达停工令。

a.隐蔽作业未经现场监理工程师查验自行封闭、掩盖者。

b.施工中出现异常情况，提出后承包人仍不采取改进措施，或者采取的改进措施不力，质量状况无明显好转趋势者。

c.使用没有检验合格证的工程材料，或者擅自替换、变更工程材料者。

d.擅自变更设计图纸进行施工者。

e.擅自转包者；未经同意的分包单位进场作业者；未经技术资质审查的人员进入现场施工者。

f.对已发生的质量事故未进行处理和提出有效的改进措施就继续作业者。

g.存在其他严重影响质量目标控制的现象者。

⑤ 建立质量监理日志。

逐日记录工程质量动态及其影响因素。

⑥ 组织现场质量协调会。

质量协调会每周召开一次，有特殊情况可随时召开，由总监理工程师或现场专业监理工程师主持，会后由监理人整理、印发会议纪要。

⑦ 定期向总监理工程师和发包人报告工程质量动态。

现场专业监理工程师每周向总监理工程师报告质量方面的情况，监理人每月向发包人报告质量方面的情况。重大质量问题（事故）则不定期报告。

（4）竣工验收阶段的质量控制措施。

① 认真审核承包人的初验申请报告，对于质量保证资料不全者和自检不合格者，不予批准验收。

② 初验前对工程进行全面检查：a.对质量检验记录进行认真检查；b.对工程进行全面检查，对工程存在的缺陷、变形等限期进行修补或返工；c.对完工的工程现场进行清理，对竣工检查有实质影响的部分责令承包人限期完工，不影响竣工验收的工程可放到缺陷责任期完工。

③ 整理汇编竣工资料：a.整理汇编监理工作方面的竣工资料；b.审查签认承包人方面的竣工资料，包括所有的竣工图、检测验收表格、变更设计文件等。

④ 签认初验申请报告，参加初验。

⑤ 参加发包人和上级主管部门主持的竣工验收工作。

⑥ 竣工验收后向发包人办理全面移交手续。

3.质量目标实现的风险分析

（1）承包人。

① 工程质量目标首先是通过直接参与的建设者按照工程项目的质量要求采取的作业技术和活动来实现的，直接参与项目建设的设计或监理者是为工程服务的，而工程项目是靠承包人来完成的。"人"在工程项目质量中是重要的

影响因素，对工程质量中的工作质量起决定作用。

②承包人的每个工作岗位和每个工作人员，都直接或间接地影响着工程项目的质量。提高工作质量的关键在于提高人的素质，首先是提高管理者的素质，要从质量意识、技术水平、管理水平等方面去提高，把质量管理作为重要的战略因素；其次是提高各职能部门人员的素质，使其能在施工过程中，严格按照设计施工图及技术规范的要求施工，严把质量关，从思想上、行动上把风险降到最低，最终实现质量目标。

（2）施工机械设备。

①施工机械设备是工程施工的工具，对工程项目的施工质量有着直接影响。在确定施工机械设备的型号及性能参数时，应考虑其对整个工程质量的影响。施工机械设备要做到经济上的合理、技术上的先进、使用操作和维护上的方便。

②施工机械设备的配置还要考虑工程项目的规模和实用性，若配置满足不了工程项目施工需要，就难以实现质量目标，因此，施工机械设备对工程质量有一定的影响。

（3）工程材料。

①工程材料是构成工程实体的主要内容，而且品种多。质量目标实现的风险，很大程度上是使用材料上的风险。严格把住材料质量关，是实现质量目标的关键之一。工程材料的质量控制在很大程度上是工程项目质量控制的关键。

②工程施工中使用的材料大部分是从生产厂家购置的，施工过程中必须严格按照设计要求、施工图纸要求，以及技术规范、国家标准去购置和使用。

③施工过程中使用的材料，必须有材质证明、厂家的试验报告和试验室试验的证明资料。未经监理人批准使用的材料，不得在施工中使用。

（4）施工方案及工艺。

在制定施工方案和施工工艺时，必须结合工程实际，从技术、组织、管理、经济等方面进行分析，综合考虑，以确保施工方案及工艺技术可行，有利于质量目标的实现，降低风险。

（5）施工环境。

影响工程项目质量的环境因素很多，有自然环境，如地形、地质、水文、气象条件等；工程管理环境，如各种质量管理和检验制度、质量保证体系等。环境因素对工程项目质量的影响复杂而多变，应全面了解可能影响工程项目质

量的各种环境因素，采取相应的控制措施，确保质量目标的实现。

8.3.3　安全管理

1.承包人的安全组织

工程项目开工前，监理人要求承包人按合同等文件的规定，建立施工安全管理机构和施工安全保障体系。同时，监理人要求承包人设立专职施工安全管理人员，以全部工作时间用于施工过程中的安全检查、指导和管理，并及时向监理人反馈施工作业中的安全事项。

2.监理人的安全监理

监理人根据工程建设监理合同文件规定，成立施工安全监理机构，建立施工安全监理制度，制定施工安全控制措施。在安全监理组织方面，监理部由总监理工程师领导，全员参与，以"消除安全隐患，杜绝安全事故"为宗旨，在日常的现场监理工作中加强对施工安全作业行为的检查、监督与指导。

3.施工安全措施计划审批

工程项目开工前，监理人要求承包人按国家或国家有关部门发布的关于施工安全的法令、法规和承建合同文件规定，编制施工安全措施和施工作业安全防护规程手册，报送监理人审批和备存。

4.施工安全检查

工程施工过程中，监理人对施工安全措施的执行情况进行经常性的检查。与此同时，派遣人员（包括施工安全监理人员）加强对安全事故多发施工区域、作业环境和施工环节的施工安全进行检查和监督；联合业主每月进行两次安全隐患大排查，及时发现安全隐患及存在的问题，并要求施工方限期整改。

5.安全事故处理

监理人根据工程承建合同文件规定和发包人授权，参加施工安全事故的调查和处理工作。

6. 防洪措施检查

汛前，监理人审查工程承包人编写的防洪措施，协助发包人组织安全度汛大检查。监理人及时掌握汛期水文、气象预报，协助发包人做好安全度汛和防汛防灾工作。

8.3.4　合同管理

1. 合同管理的任务和依据

（1）合同管理的任务。

合同管理的主要任务是从投资目标、进度目标、质量目标控制的角度出发，依据有关政策、法律、技术标准和合同条款来处理合同问题。

（2）合同管理的依据。

① 国家的有关法律、法规、政策，部门或行业技术标准、规范、规程。

② 已批准的有关文件。

③ 建设监理合同文件和发包人对监理工程师的授权。

④ 工程施工合同文件。

2. 合同管理的内容

（1）工程变更、索赔的处理工作。分析、研究和评价承包人可能提出的索赔要求，尽可能避免承包人向发包人的索赔或减少由索赔事件造成的费用损失和工期延误。对受理的索赔事件，公正、科学地完成对索赔事件的评估报告，参与研究并协助发包人做出对索赔事件的处理意见和决定。

（2）承包人或发包人违约的处理。

（3）承包人保险、保函的监督工作。

（4）根据施工进度计划，检查发包人按合同规定应提供的各项施工条件的落实情况，协助发包人向承包人移交由发包人提供的场地和设施，审查承包人的临时用地计划，并向发包人报告。

（5）审查承包人选择的分包单位资质、分包项目及分包金额，并报请发包人批准，全面审查分包单位技术负责人的基本情况，监督承包人对当地劳务的使用情况。

3. 合同管理的措施

（1）合同管理的具体措施。

① 工程变更的处理。工程变更指的是，由于不可预见的情况，工程在形式、质量、数量或内容上发生的变动。监理人依据发包人（注：设计人的主动变更应通过发包人）指示，向承包人发布变更通知，并指示承包人实施变更工程。当承包人提出变更要求或监理人认为需要变更时，需要报请发包人或经有关方面批准后办理有关手续。在处理变更的过程中，应注意资料搜集、费用评估、价格协商、变更指令颁发等工作。

② 索赔的处理。工程中由于不可预见的情况、发包人责任、监理人责任，有时会发生索赔事件。对于索赔事件，监理人应遵守公正性、科学性、独立性的原则，依据合同条款进行处理。

③ 对承包人违约的处理。对存在以下行为的成员，监理人将提出警告直至逐出工地：未能按合同要求进行施工，给公共利益带来伤害、妨碍和不良影响；未严格遵守和执行国家及有关部门的政策与法规；不严格执行监理人的指示等。监理人应全面掌握承包单位项目负责人、技术负责人的基本情况。处理承包人的违约问题时，监理人应要求承包人对违约情况予以弥补和纠正，及时通知发包人，并针对有关情况协助发包人进行反索赔。

④ 依据合同要求，监督承包人办理保险的有关事宜。

⑤ 出现工期延长、工程分包、工程变更及费率调整时，及时了解情况，澄清有关问题，并及时与发包人沟通、协商处理。

⑥ 依据合同文件的要求，处理好合同外项目、计日工等有关的工作。

⑦ 必要时参与工程合同争端、仲裁等的处理工作，提供证据资料、意见和分析报告。

（2）施工阶段的合同管理措施。

① 预先调查，进行风险性分析。

在施工阶段，项目监理部合同信息办公室的合同管理人员的首要任务是熟悉国家及地方有关政策、法规，熟悉施工承包合同和监理合同，深入了解设计意图，结合现场情况分析在合同执行期间可能出现的风险，并通知有关监理人员采取预防措施，尽量避免出现不必要的纠纷。

② 跟踪调查，及时协调纠偏。

在合同执行过程中，项目监理部合同信息办公室的合同管理人员应经常深入工地现场，掌握第一手情况，及时发现存在的问题并通报有关监理人员，必要时可向发包人报告。针对已出现的问题，应及时处理，督促违约方纠正违约行为。

4. 合同执行状况的动态分析

合同执行状况的动态分析主要包括以下几点。

（1）将工程变更进行分类整理，包括设计变更、地质条件变化引起的变更、工程量变化超过限额引起的变更、外界环境引起的变更、现场变更等类型，然后进行分析。

（2）将索赔进行分类整理，包括发包人原因或发包人风险引起的索赔、承包人引起的索赔等，然后进行分析。

（3）工程进度滞后原因分析。

（4）工程投资完成额超出或低于计划投资额原因分析。

8.3.5 投资控制

1. 投资控制的任务

（1）透彻理解监理委托合同文件条款，掌握好发包人在投资控制方面授予的权限、工作范围和责任。

（2）认真阅读、理解施工合同条款，理解合同文件对预付、支付、变更、索赔、违约处理、竣工结算等的规定，明确发包人、承包人的权利和义务。

（3）熟悉设计图纸、设计要求，详细列出所需完成的项目以及各项目的工程量，分析合同价构成，分析工程费用最可能突破的环节，从而明确投资控制的重点。

（4）按照合同要求，协助发包人及时提供设计图纸等资料，及时答复承包人提出的问题，以避免形成任何违约索赔条件。

（5）根据合同规定的权力和义务，协助发包人处理好周边关系，确保工程进度不受影响。

（6）严格慎重地处理变更和设计修改，严格履行审批程序。

（7）严格执行支付签证程序，凡涉及工程款变更、支付的，只有经项目总监理工程师最后签证后，方可提交发包人审批。

（8）按合同规定和监理人事先确定的方法，及时对已完成的工程量进行计

量验收。坚持质量不合格不验收不支付原则。

（9）按合同规定及时向承包人支付进度款，不形成违约索赔条件。

（10）按施工合同文件规定，对于合同执行期间国家颁布的法律、法令、法规等致使工程费用发生增减的，监理人在与发包人和承包人协商后，计算确定新的合同价或调整幅度。

（11）检查和监督承包人的合同执行情况，使其全面履约，以免造成违约赔偿，一旦违约成为事实，则坚决按合同规定办事。

（12）定期向发包人报告工程投资动态。

（13）定期或不定期地进行工程费用支付情况分析，并提出控制工程费用的方案和措施。

（14）严格审核承包人提交的工程结算书，严格按合同结算条款进行工程结算。

（15）严格按合同条款公正地处理承包人提出的索赔。

2. 投资控制的主要内容及其说明

（1）投资控制的主要内容。

① 测量计量。

② 工程量清单项目支付。

③ 计日工、暂定金额的管理和支付。

④ 变更、索赔项目的支付。

⑤ 预付款、保留金的支付和扣除。

⑥ 价格调整及其他付款和扣款项目。

⑦ 投资计划、投资分析报告的编制，承包人现金流量的审查和批准。

⑧ 承包人使用发包人提供的资源（如果有）的协调、计量、支付工作。

（2）对其中部分内容的说明。

① 工程量清单项目。

总则：工程量清单项目应依据施工合同中计量与支付的有关规定来进行计量支付。

计算方法：经现场工程师或测量计量工程师核实签认的承包人所完成的工程数量乘以相应的细目单价。

总价项目的计量与支付：承包人认为达到施工合同规定的相应条件后提出申请，经监理人现场核实后按合同规定的数量或比例支付。

开挖前承包人应对开挖区域或原地形进行测量并报监理人审批，开挖后按施工详图和经监理人认可的开挖线和边坡进行计算。测量精度应满足相关测量规范的要求。

其他项目的计量按技术规范和图纸的要求进行。

② 变更。

变更项目的工程量，采用与工程量清单相应的计量方法来计算。变更项目的支付额按式（8.1）计算。

$$变更项目的支付额＝变更项目完成的工程量×相应的变更单价 \qquad (8.1)$$

③ 索赔。

索赔金额由合同管理人员确定。

④ 预付款。

预付款的支付：达到合同规定的支付条件后，在规定的时间内按规定的标准支付。

预付款的扣回：按规定的扣回方法并在合同规定的期限内扣回。

⑤ 保留金。

保留金扣留：按合同规定的扣留方法和扣留限额操作。

保留金的支付：按合同规定的支付方法进行。

⑥ 价格调整。

价格调整的金额按式（8.2）计算。

$$价格调整的金额＝合同规定可进行调整的项目金额的总和×价格调整系数 \qquad (8.2)$$

⑦ 其他付款和扣款项目。

利息：若发包人支付延误，将按合同规定的利率向承包人支付利息。

误期损害赔偿费：误期损害赔偿费按式（8.3）计算。误期损害赔偿费不得超过合同规定的赔偿费限额。

$$误期损害赔偿费＝实际竣工日期晚于规定竣工日期的天数× \\ 合同专用条款赔偿日标准 \qquad (8.3)$$

3. 投资控制的手段

① 计量手段。

计量是支付的重要依据之一，应符合合同和规范要求，对不符合合同要求的计量不予支付。

② 质控手段。

支付应做到有理、有据、有节，对于无理、无据的支付申请，不予通过。必须坚持"质量一票否决制"。

③ 组织手段。

投资控制不仅是总监理工程师、总监理工程师代表的工作，也是各专业监理工程师的工作。在支付审查流程中，形成的支付审查文件必须经会签后交总监理工程师签发支付证书。

4. 投资控制的措施

① 经济措施。

a. 进行工程量复核。

b. 复核计量支付证书。

c. 在施工过程中进行动态的投资跟踪。

d. 定期向发包人提供投资控制报表。

e. 编制施工阶段详细的费用支出计划并控制其执行，做好一切付款的复核工作。

f. 审核竣工决算并报发包人批准。

② 技术措施。

a. 对设计变更进行技术经济比较。

b. 继续寻求通过设计挖潜节约投资的可能性。

③ 合同措施。

a. 参与处理索赔事宜。

b. 参与处理变更事宜。

5. 投资控制的风险分析

（1）后继立法。

根据一般合同条款的规定，后继立法可能会导致发包人对承包人进行补偿，这种补偿必然会对投资控制目标的实现造成影响。

（2）工程变更和索赔。

由于各种原因，工程变更和索赔必然会发生，这必将对投资目标的实现造成影响。

6. 投资的动态控制

（1）动态控制因素。

投资动态控制的方法是分析计划投资与实际投资之间的差异，这种差异主要是以下四个方面引起的。

① 进度因素。

② 质量因素。

③ 监理人因素。

④ 计划中没有考虑的变更和补偿因素。因为计划中没有考虑的变更和补偿因素在计划投资与实际投资的比较中没有意义，所以在比较之前应先从实际投资中将该因素影响的金额剔除。实际上，动态控制因素只有前三个方面。

（2）动态控制方法。

投资动态比较和分析通常采用图表的方式进行，首先通过图形比较直观地发现计划投资与实际投资的差异，其次通过表格具体计算引起差异的各个因素所影响的金额。根据投资动态分析的结果，制定进度、质量、投资控制的调整措施，并定期向发包人提交投资控制分析报告。

第9章　水利水电工程全过程造价管理

9.1　投资决策阶段造价管理

9.1.1　经济评价

1.项目经济评价的原则和一般规定

工程经济分析与评价是工程造价管理的重要内容和手段。在项目建设的各个阶段，工程经济分析与评价是决策的重要依据，也是方案比较、方案选择的重要基础。对于已建项目，经济评价是后评价的重要内容。

国家发展改革委、建设部于2006年7月3日以发改投资〔2006〕1325号文批准发布了《建设项目经济评价方法》《建设项目经济评价参数》；水利部于2013年发布了《水利建设项目经济评价规范》（SL 72—2013），于2014年发布了《已成防洪工程经济效益分析计算及评价规范》（SL 206—2014）；国家能源局于2010年发布了《水电建设项目经济评价规范》（DL/T 5441—2010）。水利水电建设项目经济评价应当以工程设计文件和其他各项资料为依据，参照国家有关法规、政策和各项技术标准进行。

进行水利水电工程建设项目经济评价，应遵循以下原则。

（1）进行经济评价，必须重视社会经济资料的调查、搜集、分析、整理等基础工作。调查应结合项目特点有目的地进行。引用调查搜集的社会经济资料时，应分析其历史背景，并根据各时期的社会经济状况与价格水平进行调整、换算。

（2）经济评价包括国民经济评价和财务评价。水利水电工程建设项目经济评价应以国民经济评价为主，也应重视财务评价。对属于社会公益性质的水利水电工程建设项目，如国民经济评价合理但无财务收入或财务收入很少的水利水电工程建设项目，应进行财务分析计算，提出维持项目正常运行需要由国家补贴的资金数额和需要采取的经济优惠措施及有关政策。

（3）具有综合利用功能的水利水电工程建设项目，国民经济评价和财务评价都应把项目作为整体进行评价。

在进行方案研究、比较时，应根据项目的各项功能，对项目的投资和年运行费进行分摊，分析项目各项功能的合理性，协调各项功能的要求，合理选择项目的开发方式和工程规模。

（4）水利水电工程建设项目经济评价应遵循费用与效益计算口径一致的原则，考虑资金的时间价值，以动态分析为主，以静态分析为辅。

进行水利水电工程建设项目的经济评价有以下规定。

（1）资金时间价值计算的基准点应定在建设期的第一年年初。投入物和产出物除当年利息外，均按年末发生结算。

（2）经济评价的计算期包括建设期和运行期。运行期可根据项目具体情况或按照以下规定研究确定：防洪、治涝、灌溉等工程30～50年；大、中型水电站，城镇供水等工程30～50年；机电排灌站等15～25年。

2. 费用

进行水利水电工程建设项目经济评价时，费用（或投入、支出）主要包括固定资产投资、折旧费、摊销费、流动资金、年运行费、更新改造费、税金、建设初期和部分运行初期的贷款利息等。下面对其中几项费用进行详细说明。

（1）固定资产投资。

固定资产是指能够多次使用而不改变其形态，仅将其价值逐渐转移到所生产的产品中去的各种劳动资料和其他物质资料。

水利水电工程建设项目的各种水工建筑物、水电站厂房、闸门、启闭机、水轮发电机等设施、设备都属于固定资产。水利水电工程建设项目的固定资产投资包括建设项目达到设计规模所需由国家、企业和个人以各种方式投入的主体工程及相应配套工程的全部建设费用。

① 主体工程投资。

主体工程投资包括以下几项。

a.建筑工程投资。建筑工程投资包括主体工程、交通工程和其他建筑工程投资，可按各项工程的单价、工程量进行计算或估算。

b.机电设备及安装工程投资。该项投资可按机电设备价格和数量及安装费率（或实际安装费用）进行计算或估算。

c.金属结构设备及安装工程投资。该项投资可按金属结构设备价格和数量及安装费率（或实际安装费用）进行计算或估算。

d.临时工程投资。该项投资包括施工导流工程、临时房屋建筑工程、施工场外供电线路工程和其他临时工程等的投资，可按工程单价和数量或临时工程费用占主体建筑工程投资的比率进行计算或估算。

e.建设占地及水库淹没处理补偿费。该项投资包括建设占地和水库淹没土地费用、农村和城镇房屋迁建费用（包括损失赔偿费等）、工矿企业迁建费用（包括停产损失等）和其他费用，可按单价、工程量或实际费用进行计算或估算。

f.其他费用。其他费用包括建设管理费、生产准备费、勘察设计费、国外贷款利息等，可按照各项费用占主体建筑工程投资的比率或实际费用进行计算或估算。

g.预备费。对于拟建工程，固定资产投资中包括预备费，即基本预备费和价差预备费。

② 配套工程投资。

配套工程投资可按工程单价和工程量进行计算或估算。

（2）折旧费。

水利水电工程建设项目的固定资产在使用中因受到磨损而消耗。固定资产的磨损可以是自然因素引起的有形磨损，还可以是社会技术进步引起的无形磨损（如随着社会发展，新修同等工程的成本不断降低，造成原工程价值减少；或新技术、新设备出现，使原工程在技术上落后，造成固定资产价值减少等）。水利水电工程建设项目的折旧费是固定资产价值降低的货币表现。

（3）摊销费。

水利水电工程建设过程中，能够长期使用，但没有物质形态的资产，如知识产权（专利权、商标权等）、土地使用权、非专利技术、商业信誉等，称为"无形资产"。

水利水电工程建设项目中不能全部计入当年损益，应在以后年度中分期摊销的各项费用，如开办费、租入固定资产改良支出等，称为"递延资产"。

无形资产和递延资产均应在一定期限内摊销，对应的支出费用称为"摊销费"。

（4）流动资金。

流动资金是建设项目投产后，为维持正常运行所需的周转资金，用于购置原材料、燃料、备品、备件和支付职工工资等。流动资金在生产过程中转变为产品的实物形态，产品销售后可得到回收，其周转期不得超过一年。

流动资金可按照有关规定或参照类似项目分析确定。

（5）年运行费。

年运行费指建设项目运行期间，每年需要支出的各种经常性费用，主要包括以下几项。

① 工资及福利费。该项费用指职工工资、津贴、奖金、福利基金等。

② 材料费和燃料动力费。该项费用指项目运行中耗用的各种材料和煤、电、油、水等的费用，可按项目实际运行情况或规划设计资料确定。

③ 维修养护费。该项费用指项目各类建筑物和设施、设备日常养护、维修等的费用，可按项目实际情况或工程投资的一定比率确定。

④ 其他费用。其他费用包括为消除或减轻项目所带来的不利影响，需支付的经常性补救费用（如清淤、排水、治碱费用，改善移民生产、生活条件费用），以及其他经常性开支费用等。

年运行费一般占工程投资的1%～2%。

（6）更新改造费。

水利水电工程建设项目更新改造费包括维持项目正常运行所需的金属结构及机电设备等一次性更新改造费用，可根据项目金属结构及机电设备等的固定资产投资分析确定。

3. 效益

水利水电工程建设项目的效益可以分为对社会、经济、生态环境等各个方面的效益。因为水利水电工程的修建，可能促进某一地区以至全国经济社会的发展，提高人民的物质、文化生活水平，改善生态环境等。在这些效益和影响中，有些可以用货币表示或用其他定量指标度量，有些则是无形的，只能进行定性的描述。

一般来说，水利水电工程建设项目的效益和影响主要是正面的，但也可能产生不利影响，造成负效益。如修建水利水电工程，可能造成土地淹没、浸没和盐渍化，造成移民。在多沙河流上，可能因修建水库而加重上游河道的淤积，且因清水下泄冲刷下游河道，危及防洪工程；还可能因修建水利水电工程导致血吸虫病、疟疾等地方性疾病的传播等。

水利水电工程建设项目经济评价主要是对工程以货币形式表示的经济效益进行分析计算。计算中，要全面客观地考虑正面和负面效益。

水利水电工程建设项目的经济效益又可以分为直接效益和间接效益。直接

效益一般指工程的直接产出物（水利水电产品或服务，如发电、灌溉、防洪等）的经济价值。间接效益是指工程为国民经济做出的其他贡献，如工程的兴建促进地区的经济发展等。在水利水电工程建设项目经济评价中，对间接效益要适当予以考虑和计算，以便对工程做出正确的评价。间接效益可以根据典型调查资料，按其相当于直接效益的比率计算。

因水文现象具有随机性，水利水电工程建设项目各年的效益往往相差很大，对于拟建工程，应计算多年平均效益，并将其作为项目评价的基础。但为了全面反映水利水电工程建设项目在防洪、治涝、灌溉、城镇供水、乡村人畜供水、水力发电、航运及其他方面对国民经济的重大贡献，还需要计算其在设计年、特大洪涝年或特殊大干旱年等特殊年份的效益，供决策研究。对于已建工程，应主要计算实际产生的效益。

按照考察效益的角度不同，水利水电工程建设项目的经济效益还可以分为宏观经济效益和微观经济效益。其中，宏观经济效益是指项目对国民经济的贡献；微观经济效益是指项目通过经营管理及销售水利水电产品等所获得的实际财务收入。

进行水利水电工程建设项目经济评价时，效益（或产出）主要包括以下几个方面。

（1）防洪（防凌、防潮）效益。

防洪效益应按项目可减免的洪灾损失和可增加的土地开发利用价值计算。

洪灾损失可分为五类，即人员伤亡损失；城乡房屋、设施和物资损坏造成的损失；工矿停产，商业停业，交通、电力、通信中断等造成的损失；农、林、牧、副、渔各业减产造成的损失；防汛、抢险、救灾等费用支出等。

各类防护对象遭受洪灾后的损失，应根据洪水淹没深度、淹没历时，结合各地区的具体情况进行分析计算。

北方地区水利水电工程建设项目的防凌效益，以及沿海地区的防潮效益，可以参照防洪效益的计算方法，结合具体情况进行分析计算。

（2）治涝（治碱、治渍）效益。

治涝效益应按项目可减免的涝灾损失计算。涝灾损失主要分为以下四类，即农、林、牧、副、渔各业减产造成的损失；房屋、设施和物资损坏造成的损失；工矿停产，商业停业，交通、电力、通信中断等造成的损失；抢排涝水及救灾等费用支出。

治碱、治渍效益应根据地下水埋深、土壤含盐量、作物产量的试验或调查资料，结合项目降低地下水位和土壤含盐量的功能进行分析计算。治涝效益与治碱、治渍效益联系密切，也可结合起来计算项目的综合效益。

（3）灌溉效益。

灌溉效益指项目向农、林、牧等行业提供灌溉用水可获得的效益，通过有、无项目的灌溉措施时获得的产量来计算增产量，再进一步计算灌溉效益（因一般农业增产是灌溉措施和各项农业技术措施共同作用的结果，计算灌溉效益时应注意对农业增产效益的分摊）。

灌溉效益也可按缺水使农业减产造成的损失或当地的影子水价进行计算。

（4）城镇供水效益。

城镇供水效益指项目向城镇工矿企业和居民提供生产、生活用水可获得的效益，可按最优等效替代法进行计算，即按修建最优的等效替代工程（如用开采地下水工程替代供水水库或引水工程等）或实施节水措施所需费用计算城镇供水效益；也可按缺水损失或影子水价等计算城镇供水效益。

（5）乡村人畜供水效益。

乡村人畜供水效益指项目向乡村提供人畜用水可获得的效益，主要包括三个方面，即节省运水的劳力、畜力、机械和相应的燃料、材料等费用；改善水质，减少疾病可节约的医疗、保健费用；增加畜产品可获得的效益等。

（6）水力发电效益。

水力发电效益指项目向电网或用户提供容量和电量所获得的效益，可按最优等效替代法（一般用燃煤机组等效火电站替代水电站）或按影子电价进行计算。影子电价可按各电网主管部门定期公布的预测电价或按有关规范中的方法分析确定。

（7）航运效益。

航运效益指项目提供或改善通航条件所获得的效益，按节省运输费用及提高运输效率和提高航运质量可获得的效益计算，或按修建最优等效替代设施所需的费用计算。

（8）其他效益。

其他效益，如水土保持效益、牧业效益、渔业效益、改善水质效益、滩涂开发效益、旅游效益等，可按项目的实际情况，用最优等效替代法、影子价格法或对比有无该项目情况的方法进行分析计算。

4. 影子价格计算

影子价格是指在最优的社会生产组织和充分发挥价值规律作用的条件下，供求达到平衡时的价格。与现行价格相比，影子价格能更好地反映价值，消除价格扭曲的影响。按照有关规范，水利水电工程建设项目原则上采用影子价格进行经济评价。

采用影子价格进行经济评价时，各类工程单价、费用等均应采用影子价格，以确定建设项目的影子价格费用和效益，并求得各项经济评价指标。为此，应先确定水利水电工程建设项目各项投入物和产出物的影子价格。在实际社会经济生活中，影子价格的条件是很难实现的。因此，影子价格一般按照一定的方法并参考国际市场价格分析测定。

按照《水利建设项目经济评价规范》（SL 72—2013），水利水电工程建设项目投入物和产出物的影子价格，应按以下3种类型进行计算。

（1）对于具有市场价格的投入物和产出物，其影子价格应分别按外贸货物和非外贸货物两种类型进行计算。

（2）对于不具有市场价格的产出物，其影子价格应根据消费者的支付意愿或接受补偿意愿进行计算。

（3）对于特殊投入物（如劳动力、土地等），其影子价格应按规范中的有关规定进行计算。

《水利建设项目经济评价规范》（SL 72—2013）"附录 A 水利建设项目主要投入物和主要产出物影子价格计算方法"给出了影子价格的有关计算公式，并分别对水利建设项目中的主要材料、主要进口机电设备，产出物中主要的农产品、电力、水产品，作为水电替代方案的火电所耗用的动力原煤，防洪、治涝项目减免的铁路、公路、供电输电线路、通信线路等设施损失等项的计算方法以及影子汇率确定方法做了规定。

5. 费用分摊

对于综合利用水利水电工程建设项目，为了合理确定各个功能的开发规模，控制工程造价，应当分别分析计算各项功能的效益、费用和经济评价指标，此时需对建设项目的费用进行分摊。费用分摊包括固定资产投资分摊和年运行费分摊等。

综合利用水利水电工程建设项目的费用，可以分为两部分：为各功能共同服务的共用工程费用和专为某项功能服务的专用工程费用。如水利枢纽工程中，大坝等工程的费用即共用工程费用，水电站厂房、水轮发电机或灌溉引水取水建筑物费用等则为专用工程费用。项目的共用工程费用应当进行分摊，专为某项功能服务的工程费用应由该功能自身承担。

如果项目兴建使某项功能受到损害，需要采取补救措施恢复原有效能（如因修建水库使航运受阻，需修建船闸、过船机等通航建筑物以恢复航运，或因筑坝危及了洄游性鱼类的生存，需修建鱼道等过鱼建筑物以保证鱼类洄游等），则采取补救措施所需的费用，应由各受益功能分担。但超过原有效能（如通航能力增强）所增加的费用，应由该功能承担。

综合利用水利水电工程建设项目费用分摊的方法主要有以下几种。

（1）按功能指标分摊。

共用工程费用可按各功能所利用项目的水量、库容等指标的比例分摊。

如某水利枢纽工程具有灌溉、城镇供水、水力发电等综合利用功能，则可按工程具体情况估算各功能的用水量，并按各功能用水量的比例分摊该枢纽工程的共用工程费用。再如，某水库防洪和兴利分别具有专用库容，则可按专用库容的比例分摊该水库的共用工程费用。

（2）按各功能可获得的效益现值的比例分摊。

可先按同一基准点计算各功能可获得效益的现值，再按各功能可获得效益现值的比例分摊项目共用工程费用。

（3）按各功能主次关系分摊。

若项目中各功能的主次关系明显，其主要功能可能获得的效益占项目总效益的比例很大（如某水电站以发电为主，防洪、灌溉等效益很小，发电效益占水电站效益的绝大部分），则可由项目的主要功能承担大部分费用。次要功能只承担其可分离费用或其专用工程费用（如上述水电站中可由发电功能承担项目的大部分费用，防洪、灌溉等功能只承担自身的可分离费用或专用工程费用）。

（4）按"可分离费用-剩余效益法"分摊。

将水利水电工程建设项目中，包括某功能的费用与不包括某功能的费用之差，称为该功能的"可分离费用"（如某水利枢纽，其水力发电功能的可分离费用，应指该水利枢纽的总费用减去无水力发电功能的水利枢纽费用所得的差值）。按"可分离费用-剩余效益法"分摊是对项目的总费用与各项可分离费用之和的差值，按照剩余效益的比例进行分摊。剩余效益为各功能的计算效益与

可分离费用之差，按一定方法求得。

（5）按各功能最优等效替代方案费用现值的比例分摊。

拟订各功能的最优等效替代方案（如可用井灌或节水措施替代灌溉水库，通过修建或加高下游堤防替代上游防洪水库，用火电替代水电等），并按同一基准点计算各最优等效替代方案费用的现值，则可按各最优等效替代方案费用现值的比例分摊项目共用工程费用。

对于综合利用水利水电工程建设项目费用分摊的计算结果，应进行合理性检查。检查时应注意，各个功能分摊的费用应小于该功能可获得的效益；各功能分摊的费用应小于专为该功能服务而兴建的工程设施的费用或小于其最优等效替代方案的费用；费用分摊应公平合理等。

6. 国民经济评价

国民经济评价从国家整体角度，采用影子价格，分析计算项目的全部费用和效益，考察项目对国民经济所做的净贡献，评价项目的经济合理性。

按照《水利建设项目经济评价规范》（SL 72—2013），在国民经济评价中，当水利水电工程建设项目的费用和效益可以用货币表示时，应采用经济费用效益分析方法进行国民经济评价。

水利水电工程建设项目属于国民经济和社会发展的基础设施，有许多费用和效益不能用货币表示，甚至不能定量。此时可采用费用效果分析方法进行评价。

（1）费用。

水利水电工程建设项目国民经济评价的费用包括固定资产投资、流动资金、年运行费和更新改造费。

（2）效益。

水利水电工程建设项目国民经济评价的效益即宏观经济效益，包括防洪、灌溉、水力发电、城镇供水、乡村人畜供水、航运效益，以及防凌、防潮、治涝、治碱、治渍和其他效益。

水利水电工程建设项目对社会、经济、环境造成的不利影响，应采取补救措施（有关费用应计入项目费用），未能补救的应计算其负效益。

当项目使用年限长于经济评价计算期时，要计算项目在评价期末的余值（残值），并在计算期末一次回收，计入效益。对于项目的流动资金，在计算期末也应一次回收，计入效益。

（3）社会折现率。

社会折现率定量反映了资金的时间价值和资金的机会成本，是建设项目国民经济评价的重要参数。

按照《水利建设项目经济评价规范》（SL 72—2013），进行国民经济评价时，应采用当前国家规定的8%的社会折现率进行分析计算。对属于或主要为社会公益性质的水利建设项目，可同时采用6%的社会折现率进行国民经济评价，供项目决策参考。

（4）费用效益分析。

水利水电工程建设项目国民经济评价的费用效益分析，可根据经济内部收益率、经济净现值及经济效益费用比等评价指标和相应评价准则进行。

① 经济内部收益率。经济内部收益率（economic internal rate of return，EIRR）以项目计算期内各年净现值累计等于零时的折现率表示。其计算公式见式（9.1）。

$$\sum_{t=1}^{n}(B-C)_t(1+\text{EIRR})^{-t}=0 \qquad (9.1)$$

式中：t——计算期各年的序号，计算基准点的序号为1；

n——计算期，年；

B——年效益，元（万元）；

C——年费用，元（万元）；

$(B-C)_t$——第 t 年的净效益，元（万元）；

EIRR——经济内部收益率。

经济内部收益率可以用试算的方法求得。试算时，假定折现率 i，并计算项目的累计净现值（net present value，NPV）。若算得的累计净现值为零，说明假定正确，该假定值即所求的经济内部收益率。若计算所得的累计净现值不为零，则需要重新假定折现率，再做计算。为尽快结束试算，当有两次试算求得的累计净现值为一正一负，且假定值接近（一般要求其绝对值之和不超过1%）时，则可用内插法求得经济内部收益率。内插法计算公式见式（9.2）。

$$\text{EIRR}=i_1+\frac{|\text{NPV}_1|}{|\text{NPV}_1|+|\text{NPV}_2|}(i_2-i_1) \qquad (9.2)$$

式中：NPV_1，NPV_2——累计净现值为正、负的两个值；

i_1，i_2——与 NPV_1，NPV_2 相对应的折现率。

以经济内部收益率评价项目经济合理性的准则是，将项目的经济内部收益率与社会折现率（i_s）进行比较，当项目的经济内部收益率大于或等于社会折现率（$EIRR \geqslant i_s$）时，该项目在经济上是合理的。

② 经济净现值。经济净现值（economic net present value，ENPV）以项目计算期内各年净效益折算到计算期初的现值之和表示。其计算公式见式（9.3）。

$$ENPV = \sum_{t=1}^{n}(B-C)_t(1+i_s)^{-t} \tag{9.3}$$

式中：i_s——社会折现率；

其余符号意义同前。

以经济净现值评价项目经济合理性的准则是，当经济净现值大于或等于零（$ENPV \geqslant 0$）时，该项目在经济上是合理的。

③ 经济效益费用比。经济效益费用比（economic benefit cost ratio，EBCR）以项目计算期内各年效益折算到计算期初的现值之和，与各年费用折算到计算期初的现值之和的比值表示。其计算公式见式（9.4）。

$$EBCR = \frac{\sum_{t=1}^{n}B_t(1+i_s)^{-t}}{\sum_{t=1}^{n}C_t(1+i_s)^{-t}} \tag{9.4}$$

式中：B_t——第 t 年的效益，元（万元）；

C_t——第 t 年的费用，元（万元）；

其余符号意义同前。

以经济效益费用比评价项目经济合理性的准则是，当经济效益费用比大于或等于1.0时，该项目在经济上是合理的。

7. 财务评价

按照《水利建设项目经济评价规范》（SL 72—2013），水利水电工程建设项目财务评价应在暂定的资金来源和不同的筹措方案的基础上，根据国家现行财税制度，采用财务价格进行。

财务评价因项目的功能特点和财务收支情况不同而有所区别。

水利水电工程建设项目财务评价应进行融资前分析和融资后分析。融资前分析是指在考虑投资方案前就可以开始进行的财务分析，即不考虑借款条件下的财务分析。融资后分析是指以设定的融资方案为基础进行的财务分析。应先进行融资前分析，在融资前分析结论满足要求的情况下，再进行融资后分析。

（1）财务支出及总成本费用。

水利水电工程建设项目的财务支出包括建设项目总投资、年运行费（经营成本）、更新改造投资、流动资金和税金等。

建设项目总投资包括固定资产投资和建设期贷款利息。

（2）财务收入。

水利水电工程建设项目的财务收入包括出售水利水电产品（如出售水电等）和提供服务（如防洪、治涝等）所获得的收入，以及可能获得的补贴或补助收入。

（3）财务报表。

水利水电工程建设项目财务评价应视项目性质编制全部投资现金流量表、资本金现金流量表、投资各方现金流量表、损益表（利润与利润分配表）、财务计划现金流量表、资产负债表、借款还本付息计划表等基本报表。

以上报表的内容、格式及编制说明等详见《水利建设项目经济评价规范》（SL 72—2013）。

（4）财务评价指标和评价准则。

财务分析包括财务生存能力分析、偿债能力分析和盈利能力分析，以下分别讲述相应的财务评价指标和评价准则。

① 财务生存能力分析。

应在财务分析辅助表和损益表（利润与利润分配表）的基础上编制财务计划现金流量表，考察计算期内的投资、融资和经营活动所产生的各项现金流入和流出，计算净现金流量和累计盈余资金，分析项目是否有足够的净现金流量维持正常运行，以及各年累计盈余资金是否出现负值，并分析相应短期借款的数额及可靠性等，从而进行项目财务生存能力分析。

② 偿债能力分析。

应在编制损益表（利润与利润分配表）、借款还本付息计划表和资产负债表的基础上，计算利息备付率（interest coverage ratio，ICR）、偿债备付率（debt service coverage ratio，DSCR）和资产负债率（loan of asset ratio，LOAR）等指标，以分析判断项目在计算期各年的偿债能力，进行项目偿债能力分析。

a.利息备付率。利息备付率应以在借款偿还期内各年的息税前利润（earnings before interest and tax，EBIT）与该年应付利息（payable interest，PI）的比值表示，其计算公式见式（9.5）。

$$ICR = \frac{EBIT}{PI}$$ (9.5)

式中：ICR——利息备付率；

EBIT——息税前利润；

PI——计入总成本费用的应付利息。

利息备付率应大于1，并结合债权人的要求确定。

b.偿债备付率。偿债备付率应以借款偿还期内各年用于计算还本付息的资金（EBITDA−Tax）（EBITDA 是 earnings before interest，taxes，depreciation and amortization 的缩写；Tax 即 enterprise income tax 的缩写）与该年应还本付息金额（principal & interest of debts，PD）的比值表示，其计算公式见式（9.6）。

$$DSCR = \frac{EBITDA - Tax}{PD}$$ (9.6)

式中：DSCR——偿债备付率；

EBITDA——息税前利润加折旧费和摊销费；

Tax——企业所得税；

PD——应还本付息金额。

偿债备付率应大于1，并结合债权人的要求确定。

c.资产负债率。资产负债率应以各期末项目负债总额（total liabilities，TL）与资产总额（total assets，TA）的比率表示，其计算公式见式（9.7）。

$$LOAR = \frac{TL}{TA} \times 100\%$$ (9.7)

式中：LOAR——资产负债率；

TL——各期末项目负债总额；

TA——期末资产总额。

资产负债率可用于衡量分析项目面临的财务风险程度及偿债能力。

③ 盈利能力分析。

应在编制项目现金流量表、资本金现金流量表和投资各方现金流量表的基础上，计算项目全部投资财务内部收益率和财务净现值、项目资本金财务内部收益率、投资各方财务内部收益率、投资回收期、总投资利润率和项目资本金净利润率等指标，进行项目盈利能力分析。

a.财务内部收益率。财务内部收益率（financial internal rate of return，

FIRR）以项目计算期内各年净现金流量现值累计等于零时的折现率表示。其计算公式见式（9.8）。

$$\sum_{t=1}^{n}(\mathrm{CI}-\mathrm{CO})_{t}(1+\mathrm{FIRR})^{-t}=0 \qquad (9.8)$$

式中：t——计算期各年的年序号，基准年的序号为1；

n——计算期，年；

CI——现金流入量（cash inflow），元（万元）；

CO——现金流出量（cash outflow），元（万元）；

$(\mathrm{CI}-\mathrm{CO})_{t}$——第 t 年的净现金流量，元（万元）；

FIRR——财务内部收益率。

财务内部收益率可用试算法求得，试算方法与推求经济内部收益率的方法类似。

当水利水电工程建设项目的财务内部收益率大于或等于行业财务基准收益率 i_{c} 或设定的折现率 i 时，该项目在财务上是可行的。

b.财务净现值。财务净现值（financial net present value，FNPV）是以行业财务基准收益率 i_{c} 或设定的折现率 i，将项目计算期内各年净现金流量折算到计算期初的现值之和。其计算公式见式（9.9）或式（9.10）。

$$\mathrm{FNPV}=\sum_{t=1}^{n}(\mathrm{CI}-\mathrm{CO})_{t}(1+i_{c})^{-t} \qquad (9.9)$$

$$\mathrm{FNPV}=\sum_{t=1}^{n}(\mathrm{CI}-\mathrm{CO})_{t}(1+i)^{-t} \qquad (9.10)$$

式中：FNPV——财务净现值，元（万元）；

其余符号意义同前。

当财务净现值大于或等于零（FNPV≥0）时，项目在财务上是可行的。

c.投资回收期。投资回收期（P_{t}）以项目的净现金流量累计等于零时所需要的时间（以年计）表示。其计算公式见式（9.11）。

$$\sum_{t=1}^{P_{t}}(\mathrm{CI}-\mathrm{CO})_{t}=0 \qquad (9.11)$$

式中：P_{t}——投资回收期，年；

其余符号意义同前。

投资回收期计算中未考虑资金的时间价值，它是考察投资回收能力的一项静态评价指标。

d.总投资利润率。总投资利润率（return on investment，ROI）表示总投

资的盈利水平,应以项目达到设计能力后正常年份的年息税前利润或运行期内年平均息税前利润与项目总投资（total investment, TI）的比率表示。其计算公式见式（9.12）。

$$ROI = \frac{EBIT}{TI} \times 100\%$$ (9.12)

式中：ROI——总投资利润率；

EBIT——项目达到设计能力后正常年份的年息税前利润或运行期内年平均息税前利润，元（万元）；

TI——项目总投资，元（万元）。

e.项目资本金净利润率。项目资本金净利润率（rate of return on common stock holders' equity, ROE）表示项目资本金的盈利水平，以项目达到设计能力后正常年份的年净利润或运行期内年平均净利润（net profit, NP）与项目资本金（economic capital, EC）的比率表示。其计算公式见式（9.13）。

$$ROE = \frac{NP}{EC} \times 100\%$$ (9.13)

式中：ROE——项目资本金净利润率；

NP——项目达到设计能力后正常年份的年净利润或运行期内年平均净利润，元（万元）；

EC——项目资本金，元（万元）。

项目资本金净利润率高于同行业的净利润率参考值，表明项目的盈利能力满足要求。

8. 方案经济比较

在决策阶段，对于水利水电工程建设项目的设计标准、工程规模、工程布局、主要设计方案等，应在经济、社会、环境等多方面进行比较，确定合理的方案。

方案经济比较是工程造价管理工作的重要方面。由于水利水电工程建设项目一般具有显著的宏观经济效益，其方案经济比较应根据国民经济评价结果进行。在财务评价与国民经济评价结果不矛盾时，方案经济比较也可以按财务评价的结果进行。

（1）方案经济比较条件。

进行方案经济比较时，为使各方案具有可比性，应满足以下条件。

① 参与比较的各方案，其研究深度，以及经济分析计算原则、方法和参数等应一致。如各方案的费用和效益的计算范围、价格水平、折现率、汇率参数等均应一致。

② 各方案的费用和效益应按统一基准点进行资金时间价值折算。当各方案工程开工时间不同时，一般可把最早开工方案的建设期第一年年初，作为经济计算的基准点。

③ 在各种方案经济比较方法中，除按年费用和年净效益进行比较的方法外，各方法计算期的长短、起止时间均应一致。当计算期长于方案使用年限时，应考虑更新设备，当计算期短于方案使用年限时，应在计算期末回收固定资产的余值。

（2）方案经济比较方法。

按照《水利建设项目经济评价规范》（SL 72—2013），方案经济比较可视项目的具体条件和资金情况，采用效益比选法、费用比选法、最低价格法、最大效果法和增量分析法进行。

① 效益比选法。

当比选方案的费用及效益都可以货币化时，在无资金约束的条件下，可采用效益比选法。

效益比选法包括差额投资内部收益率法、净现值法、净年值法。当各比选方案的投资和效益均不相同、计算期相同时，应主要采用差额投资内部收益率法、净现值法。若方案的计算期不同，宜采用净年值法。

a.差额投资内部收益率法。设有两个建设方案，方案二的投资折算到计算基准点的现值较方案一的大，此时可计算计算期内两方案各年净效益流量差额的现值累计等于零时的折现率，该折现率称为"差额投资内部收益率"（differential internal rate of return，ΔIRR）。差额投资内部收益率的计算公式见式（9.14）。

$$\sum_{t=1}^{n}\left[(B-C)_2-(B-C)_1\right]_t(1+\Delta IRR)^{-t}=0 \tag{9.14}$$

式中：ΔIRR——差额投资内部收益率；

$(B-C)_2$——投资现值大的方案的年净效益，元（万元）；

$(B-C)_1$——投资现值小的方案的年净效益，元（万元）；

其余符号意义同前。

差额投资内部收益率即计算期内两方案各年净效益累计值相等时的折现

率，可以理解为因投资现值的增加所能实现的利率。当计算所得的差额投资内部收益率大于社会折现率（或财务基准收益率）时，说明投资现值增加是合理的，此时投资现值大的方案是经济效果较好的方案。当计算所得的差额投资内部收益率小于社会折现率（或财务基准收益率）时，说明投资现值增加是不合理的，此时投资现值小的方案是经济效果较好的方案。

进行多方案经济比较时，应按照投资现值由小到大依次进行两两比较。

b.净现值法。比较各方案的经济净现值（或财务净现值），净现值大的是经济效果较好的方案。净现值的计算公式见式（9.15）。

$$\text{NPV} = \sum_{t=1}^{n} \left(B - I - C' + S_v + W \right)_t \left(1 + i_s \right)^{-t} \tag{9.15}$$

式中：NPV——净现值，元（万元）；

n——计算期，年；

t——计算期各年的序号，计算基准点的序号为1；

B——效益，元（万元）；

I——固定资产投资和流动资金之和，元（万元）；

C'——年运行费，元（万元）；

S_v——计算期末回收的固定资产余值，元（万元）；

W——计算期末回收的流动资金，元（万元）；

i_s——社会折现率。

c.净年值法。比较各方案的净年值（net annual value，NAV），净年值大的是经济效果较好的方案。

净年值是折算求得的等额年净效益。在计算期内，如各年取得相同的净效益，且将各年取得的等额净效益折算到计算期第一年年初的现值之和等于总净效益，则该等额年净效益值即为净年值。净年值的计算公式见式（9.16）。

$$\text{NAV} = \left[\sum_{t=1}^{n} \left(B - I - C' + S_v + W \right)_t \left(1 + i_s \right)^{-t} \right] \frac{i_s \left(1 + i_s \right)^n}{\left(1 + i_s \right)^n - 1} \tag{9.16}$$

式中：NAV——净年值，元（万元）；

其余符号意义同前。

② 费用比选法。

a.费用现值法。

当各方案能同等满足国民经济的需求（即效益相同）时，可比较方案的费用现值（present cost，PC），费用现值小的方案是经济效果较好的方案。费用现值的计算公式见式（9.17）。

$$PC = \sum_{t=1}^{n} \left(I + C' - S_v - W\right)_t \left(1 + i_s\right)^{-t}$$ (9.17)

式中：PVC——费用现值，元（万元）；

其余符号意义同前。

b.费用年值法。

当各方案的效益相同时，还可以比较方案的费用年值（annual cost，AC）。费用年值小的方案是经济效果好的方案。费用年值的计算公式见式（9.18）。

$$AC = \left[\sum_{t=1}^{n} \left(I + C' - S_v - W\right)_t \left(1 + i_s\right)^{-t}\right] \frac{i_s\left(1 + i_s\right)^n}{\left(1 + i_s\right)^n - 1}$$ (9.18)

式中：AC——费用年值（年费用），元（万元）；

其余符号意义同前。

③ 最低价格法、最大效果法与增量分析法。

a.最低价格法。在项目的产品为单一产品或能折合为单一产品，而各方案的产品产量不同时，可采用最低价格法。对各方案均以净现值为零推算产品的最低价格，应以产品最低价格较低的方案为优。

b.最大效果法与增量分析法。对于效益无法货币化的项目，在各方案效果相同的情况下，可采用费用比选法进行方案经济比选，以费用现值最小的方案为优；在费用相同的情况下，可采用最大效果法，以效果最好的方案为优；当各方案的效果与费用均不相同且差别较大时，宜采用增量分析法比较两个备选方案之间的费用差额和效果差额，视其差额比值的合理性加以衡量。

进行水利水电工程建设项目方案经济比较，须切实注意以上方案经济比较方法的适用条件。

必要时，水利水电工程建设项目的方案经济比选还可进行不确定性分析和风险分析，通过综合分析合理选定方案。

9.1.2 投资估算

投资估算在我国有特定的含义，指立项和可行性研究阶段计算的拟建项目的投资额。投资估算是建设项目前期研究的重要内容，它关系到项目决策的正确性。投资估算也是工程造价的表现形式之一，它所包含的内容与工程造价基

本一致。由于投资估算发生在立项和可行性研究阶段，这时对建设项目主要是从项目建设的必要性、技术上的可行性和经济上的合理性等方面进行广泛深入的研究，而对建设项目的具体建设方案等的研究不深，还不能准确地计算实物工程量，因此投资估算的精度不高，对估算的工程量往往要做出调整，一般需将估算工程量乘以阶段调整系数。

1. 投资估算的作用

投资估算是项目决策的重要依据之一。投资估算的准确性在一定程度上直接影响决策的正确性，因此水利水电工程投资估算在决策阶段具有十分重要的作用，具体表现在以下方面。

（1）投资估算是预可行性研究报告中不可缺少的组成文件之一。

（2）投资估算是项目资金筹措的依据。水利水电工程投资估算一般应对主体工程项目进行单价和指数的初步分析，估算主体工程、机电设备和金属结构设备投资，分析其他项目与主体工程费用的比例关系，估算静态总投资。这些都为资金筹措提供直接依据。

（3）投资估算是研究项目经济效益，对项目进行经济评价的重要指标。投资估算的准确性是影响经济评价的关键因素之一。如果投资估算值偏大，则项目的经济评价偏低，结果失真，甚至可能否定实际可行的控制方案；如果投资估算值偏小，则评价结果同样失真，会导致项目建设中投资失控。

（4）投资估算一经批准便是项目投资控制的最高限额，对投资概算起控制作用。若实行限额设计，则投资估算是确定设计限额的依据。若设计概算超过投资估算的10%，则项目必须重新论证。

（5）投资估算是施工验收、考察项目建设经济性的宏观依据。

2. 投资估算的组成

从体现建设项目投资规模的角度，根据工程造价的构成，投资估算包括固定资产投资估算和铺底流动资金估算。

固定资产投资估算按照费用的性质，可分为建筑安装工程费、设备及工器具购置费、工程建设其他费用、预备费（分为基本预备费和价差预备费）、建设期贷款利息、固定资产投资方向调节税（水利水电工程税率一般为零）。

铺底流动资金估算是项目总投资估算中的一部分，它是项目投产后所需的流动资金的30%，根据国家现行规定，新建、扩建和技术改造项目，必须将项目建成投产后所需的铺底流动资金列入投资计划，铺底流动资金不落实的，国家不予批准立项，银行不予贷款。

3. 投资估算的一般方法

（1）单位造价法。

单位造价法是以单位工程的投资额为基础，通过乘以相应的工程量来估算总投资。该方法适用于具有相似规模和条件的水利水电工程，可以较为快速地得出投资估算结果。

单位造价法应用步骤如下。

① 需要确定水利水电工程的类型和规模，如装机容量、库容、堤防长度等。

② 参考类似已建工程的单位造价，这些造价数据通常来源于历史项目、行业报告或政府发布的定额标准。

③ 将确定的工程量与单位造价相乘，得出各部分工程的投资估算额。

④ 将各部分工程的投资估算额相加，得出总投资估算额。

该方法计算简单、快速，适用于快速估算和初步设计阶段的投资控制；但估算精度较低，受类似工程选取、工程量计算等因素的影响较大。

（2）比例估算法。

比例估算法是基于已建类似工程的投资数据，通过分析主要特征参数与投资之间的比例关系，来估算新建工程的投资。该方法适用于初步估算和方案比选阶段，可以快速给出一个大致的投资范围。

比例估算法应用步骤如下。

① 需要搜集已建类似工程的投资数据和主要特征参数。

② 分析这些已建工程的投资与特征参数之间的比例关系，得出相应的比例系数。

③ 根据新建工程的主要特征参数和比例系数，估算出新建工程的投资。

该方法计算简便、快速，适用于初步估算和方案比选阶段；但估算精度受已建工程选取、特征参数选择等的影响，可能存在一定的误差。为了提高估算精度，可以尽可能多地搜集已建工程的投资数据，并仔细分析特征参数与投资之间的比例关系。

9.2 设计阶段造价管理

9.2.1 设计招投标与设计方案选择

1.设计招投标

《中华人民共和国招标投标法》规定，在中华人民共和国境内进行下列工程建设项目（包括项目的勘察、设计、施工、监理），以及与工程建设有关的重要设备、材料等的采购，必须进行招标。① 大型基础设施、公用事业等关系社会公共利益、公众安全的项目；② 全部或者部分使用国有资金投资或者国家融资的项目；③ 使用国际组织或者外国政府贷款、援助资金的项目。

（1）设计招投标的概念与目的。

设计招投标是指招标单位根据拟建工程的设计任务发布招标公告，以吸引设计单位参加竞争，经招标单位审查符合招标条件的设计单位按照招标文件要求，在规定的时间内填写招标文件，招标单位择优选取中标设计单位来完成工程设计任务的活动。设计招投标的目的是：鼓励竞争，促使设计单位改进管理，采用先进技术，降低工程造价，提高设计质量，缩短设计周期，提高投资效益。设计招投标是招标方与投标方之间的经济活动，其行为受到《中华人民共和国招标投标法》的保护和监督。

（2）设计招投标的特点。

设计招投标与施工招投标从本质上讲是一致的，都是通过引入竞争机制来优选承包者。但它们毕竟是项目建设过程中两个不同的阶段，要解决的问题是不同的。设计招投标与施工招投标相比，存在一些不同之处，这也正是实行设计招投标时必须认识清楚的问题，明确它们的不同点有利于实施项目设计招投标。与施工招投标相比，设计招投标有如下特点。

① 设计投标方需要进行实质性的设计工作。

设计投标方必须按照招标方提出的设计范围、设计深度，完成足够的设计任务。而施工投标时，承包商只需要编制投标文件。相对于施工招投标，设计投标方要投入一定的人力、物力和财力，才可能对设计招标方的要求做出实质性的响应。由此可见，设计投标的经济风险明显高于施工投标。当前设计招标远没有施工招标普及，不得不说受到了这方面的影响。

② 设计招标没有可供比选、量化的评标指标。

设计招标不可能像施工招标那样有客观的标底，因而评价设计方案、确定中标的设计方案缺乏量化的指标，具有一定的难度。设计受人们主观因素影响较大，设计者的阅历、经验、技术水平、设计风格、设计手段等不同，较难用量化的指标进行评标。因此设计招标的评标是技术性很强的工作，尤其需要组成以专家为主的评标委员会和制定科学合理的评标标准。

③ 投标报价（即设计费用）不是评标的主要指标。

在施工招投标中，投标报价在评标指标中占有较大的权重，但在设计招投标中，由于设计费用只占建设工程投资的很小一部分，关键是设计方案的优劣、经济效益的好坏等，设计投标方的报价一般不作为评标的主要指标。

（3）实行设计招投标的项目应具备的条件。

① 具有经过审批机关批准的设计任务书。

② 具有开展设计必需的可靠设计资料。

③ 依法成立了专门的招标机构，并具有编制招标文件和组织评标的能力，或委托依法设立的招标代理机构来编制招标文件和组织评标。

（4）设计招投标的方式。

招标分为公开招标和邀请招标。

公开招标是指招标人以招标公告的方式邀请不特定的法人或者其他组织投标。

邀请招标是指招标人以投标邀请书的方式邀请特定的法人或者其他组织投标。

无论是公开招标还是邀请招标，都必须在3个以上单位之间进行，否则招标无效。

（5）设计招投标的程序。

① 招标单位编制招标文件。

② 招标单位发布招标公告或发出投标邀请书给特定的投标人。

③ 投标单位购买或领取招标文件，并按招标文件要求和规定的时间送投标文件。

④ 招标单位对投标单位进行资格审查，主要审查单位性质和隶属关系，工程设计证书等级和证书号，单位成立时间和近期承担的主要工程设计情况，技术力量和装备水平以及社会信誉等。

⑤ 招标单位向合格设计单位发售或发送招标文件。

⑥ 招标单位组织投标单位踏勘工程现场，解答招标文件中的问题。

⑦ 投标单位编制投标文件并按规定的时间、地点密封报送。投标文件内容一般应包括：方案设计综合说明书；方案设计内容和图纸；建设工期；主要施工技术和施工组织方案，工程投资估算和经济分析；设计进度和设计费用。

⑧ 招标单位当众开标，组织评标，确定中标单位，发出中标通知书。我国规定：开标、评标至确定中标单位的时间一般不得超过1个月。评标的依据：设计方案、经济效益、设计进度、设计资历和社会信誉等。

⑨ 招标单位与中标单位签订合同。我国规定：招标单位和中标单位应当自中标通知书发出之日起30 d内签订书面设计合同。

（6）设计招投标的优点。

① 有利于多设计方案的选择和竞争，从而选取最佳设计方案，达到优化设计方案、提高投资效益的目的。

② 有利于控制工程造价。工程造价可以作为设计招标时的评标指标，因而投标方在优化设计方案的同时，也十分关注工程造价。

③ 有利于加快设计进度，提高设计质量，降低设计费用。

（7）设计招标文件编制时的注意事项。

设计招标文件编制的质量优劣关系到设计招标的成败。设计招标文件编制是设计招标过程中极为重要的工作。其重要性体现在三个方面：一是设计招标文件规定了招标设计的内容、范围和深度；二是设计招标文件是提供给投标方的具有法律效力的投标依据；三是设计招标文件是签订设计合同的重要内容。

一般来说，设计的范围越广、深度越深，越有利于评标时把握尺度、量化指标、比较优劣。但过度的要求可能会造成投标方过多的人力、物力、财力的投入，增加其经济风险，降低其投标的积极性。因此，确定适度的设计范围和深度是设计招标文件编制中一个十分重要的技术问题。在确定设计范围和深度时，应考虑以下两个方面的问题：一是要选择能够反映本工程特点和主要功能的内容作为招标设计的范围，尽可能略去技术成熟、可比选性差的设计内容，以尽可能缩小设计范围；二是设计深度要与评标标准相适应，要以能够比较设计方案优劣、项目投资效益好坏为原则，设计深度太深会加大投标的经济风险，设计深度太浅又难以比较设计方案的优劣。

（8）评标标准。

评标标准在设计招标中具有十分重要的意义。评标标准是否科学合理，是否能客观地衡量设计方案，关系到设计招标的成败。评标标准如下。

① 先进性标准。

评标标准要能够体现设计的技术水平，反映本行业或地区的先进水平，如技术经济指标的先进性。在坚持先进性标准的同时，应注意所选择的先进技术是成功、成熟、可靠的。

② 适应性标准。

适应性标准是指所选的设计方案在满足技术先进性要求的同时，还应符合招标项目的特殊情况，也就是说既能体现项目的特点，又能与当地市场资源、技术水平、政策等相适应。

③ 系统性标准。

在评价设计方案时，应该且必须遵循系统工程的观点，从整体而不是从某一个指标的角度去评价。因此评标标准应该全面、系统。

④ 效益标准。

招标方总希望找到一个技术最先进，造价又最低的设计方案，实际上这两种要求往往是相对立的，技术最先进的未必最经济合理。因此，评标标准要确保招标方能选出既技术先进又经济合理的设计方案。

在确定评标标准的同时，还必须考虑评标标准的可操作性问题，即上述那些抽象、原则性的标准，怎样转化成可以量化且具有操作性的评价体系。在量化标准时，应该注意两个方面的问题：一是评标标准的权重必须反映招标方的预期目标，权重实际上反映了招标方的价值取向，如果强调技术上的先进性，则加大反映技术水平标准的权重；二是抽象标准的量化应借助定性、定量的分析方法。

2. 设计方案的选择

（1）设计方案对工程造价的影响。

项目设计是一项政策性、技术性、综合性非常强的工作，是建设项目进行全面规划和体现实施意图的过程，是工程建设的关键。设计方案对工程造价的影响是根本性的，而方案设计又是工程造价控制的第一道关口，因为设计方案一旦敲定，建筑布局、结构形式就基本确定，建筑产品的"雏形"也基本形成。设计方案对工程造价的影响如下。

① 设计方案直接影响项目决策、设计和实施三个阶段。工程造价控制的关键在于决策和设计阶段，而在项目做出投资决策后，关键就在于设计。据分析，设计费一般只占工程全寿命费用的很小一部分，但对工程造价的影响却很

大。在单项工程设计中，建筑和结构方案的选择及建筑材料的选用对投资有较大影响。在满足同样功能要求的条件下，技术、经济合理的设计，可降低工程造价的5%～20%。

② 设计质量间接影响工程造价。据统计，在引起工程质量事故的众多原因中，设计责任约占40.1%，居第一位。不少建筑产品由于缺乏优化设计，而出现功能设置不合理的问题，影响正常使用；有的设计质量差，专业设计之间相互矛盾，造成施工返工、停工的现象；有的设计质量差，造成质量缺陷和安全隐患，给企业和单位带来巨大的损失。

③ 设计方案影响经常性费用。设计方案不仅影响建设项目的一次性投资，还影响使用阶段的经常性费用，如能源消耗、清洁、保养、维修等费用。一次性投资与经常性费用之间呈负相关，通过优化设计方案可努力寻求这两者的最佳组合，使项目建设的全寿命费用最低。

另外，设计深度也是影响工程造价的重要因素，设计越详细周密，报价时所用的工程量和材料设备价格也就越准确，对控制工程造价越有利。

（2）设计方案选择的一般方法。

建立必要的设计竞争机制是获得更好设计方案的制度保证。目前已有《中华人民共和国合同法》《中华人民共和国建筑法》《中华人民共和国招标投标法》《建设工程质量管理条例》等法律、法规在规范项目建设工作，但这些都是从项目建设的总体出发，对设计方面的规范不够具体，为更好地监督管理设计工作，还应建立和完善相应的法律法规。在选择设计方案时不能片面强调节约投资，要正确处理技术与经济的关系。设计方案选择的一般方法如下。

① 技术经济分析法。

技术经济分析法是采用技术与经济的比较方法，按照工程项目经济效果，针对不同的设计方案，分析其技术经济指标，从中选出经济效果最优的方法。不同的设计方案，其功能、造价、工期，以及设备、材料、人工消耗等标准是不同的。工程造价管理的目标不是追求造价最低，而是要获得最好的投资效益。技术经济分析法不仅要考察项目的技术方案，更要关注费用，即技术与经济相结合。在对设计方案进行比较分析时，一般采用最小费用法和多目标优选法。

② 最小费用法。

最小费用法是指在诸设计方案的功能（或产出）相同的条件下，以项目在整个寿命期内费用最低者为最优的比较方法。最小费用法可分为静态最小费用法和动态最小费用法。

静态最小费用法主要是比较不同设计方案整个寿命期的总费用。整个寿命期的总费用计算公式见式（9.19）。

$$C = \sum_{t=1}^{n} C_t \qquad (9.19)$$

式中：C——整个寿命期的总费用；

t——寿命期各年的序号；

n——寿命期，年；

C_t——寿命期内（包括建设期）各年费用。

动态最小费用法主要是比较不同设计方案整个寿命期的总费用现值。整个寿命期的总费用现值计算公式见式（9.20）。

$$\mathrm{PC} = \sum_{t=1}^{n} C_t (1+i)^t \qquad (9.20)$$

式中：PC——整个寿命期的总费用现值；

i——折现率；

其余符号意义同前。

需注意，建设期投资最少的设计方案不一定最优。静态最小费用法与动态最小费用法的分析结论并不一定一致。在进行设计方案选择时，只比较项目建设的一次性投资，可能会导致选择错误，而且最好使用动态最小费用法进行设计方案选择。

③ 多目标优选法。

在评价设计方案时需要用到一些评价指标，但有时评价标准设置得不准确，会严重影响选择的正确性。在一些情况下，可以使用多目标优选法来选择设计方案，即对需要进行分析评价的设计方案设定若干评价指标，按其重要程度配以权重，然后对每个评价指标进行赋值并乘以其权重，最后计算出各设计方案的总得分，以获得最高分者为最佳方案。这种方法是定性分析与定量分析相结合的方法。本方法的关键是评价指标的选取及其权重的分配。其公式见式（9.21）。

$$C = \sum_{i=1}^{n} (W_i C_i) \qquad (9.21)$$

式中：C——设计方案总得分；

i——各评价指标的序号；

n——评价指标的数量；

C_i——各评价指标的得分；

W_i——各评价指标的权重，$\sum\limits_{i=1}^{n}W_i=1$。

④ 价值分析法。

人们从事任何活动，都需要考虑两个基本问题：一是活动的目的和效果，如建设项目的投资，是以项目的功能来达到投资目的的；二是从事活动所付出的代价。但由于种种原因，人们往往会不知不觉偏重一方，而忽视了另一方，尤其容易忽视付出的代价。虽然有时目的和效果确实太重要了，以至于人们会不惜一切代价去实现它，如我国1998年特大洪水的抢险救援，但这毕竟是少数情况，在众多情形下，我们应当兼顾两者。价值分析就是以最低的全寿命费用可靠地实现产品的必要功能，着重于功能分析的有组织活动。价值分析法兼顾了价值、功能、成本三者之间的关系，它与工程造价控制的目标是一致的。因此价值分析法在工程建设实践中有较大的作用。它对设计方案的选择，施工方案的选择，甚至某些建筑材料的选择都有实际价值。国内外也不乏应用价值分析法解决建筑工程问题的实例。价值分析法的表达式为式（9.22）。

$$V=F/C \tag{9.22}$$

式中：V——价值系数；

F——功能系数；

C——成本系数。

显然，价值分析法重在提高价值，既不单纯提高功能水平，也不单纯降低成本，重在二者比值的提高。在建筑业中，价值分析法主要应用于两方面：一是方案的选择，即使用价值分析法选出 V 值最大的方案；二是方案功能成本的改进，即对方案的各项功能进行价值分析，根据 V 值提出改进意见。

价值分析的一般步骤如下。

a.对象选择。

在价值分析中，对象选择是第一步，也是最重要的一步。这是因为价值分析的对象直接关系到价值分析的结果。只有将那些对功能和成本产生影响的因素作为分析对象，价值分析才会取得效果，即要抓住主要问题，如在房屋建筑中结构形式、平面布置方案、主要的施工方案或方法，与房屋的功能和成本有密切的关系，对这些因素进行价值分析，才能取得好的效果。

对象选择的方法有以下几种。

（a）经验分析法。根据以往经验，列出可进行价值分析的对象，再进行比较和分析，最后确定一个或多个分析对象。

（b）ABC分析法。对于一些受经验或精力限制不能进行全面分析的复杂工程，可以采用ABC分析法，即找出局部成本在全部成本中比重大的因素作为候选分析对象，再进一步比较确定最后的分析对象。

（c）重点分析法。重点分析法即根据人们普遍关注的问题来确定分析对象。

b.功能分析。

功能分析是价值分析法的核心，也是最难把握的。对于一个要分析的对象，怎样把握其功能，表达其功能，明确其功能特性，直接关系到其价值的评价值。功能分析包括以下内容。

（a）功能分类。功能从不同的角度可以划分为：使用功能和美学功能；基本功能和辅助功能；正功能和负功能。

使用功能：反映功能的使用属性，如建筑平面设计反映了使用功能的合理性和有效性。

美学功能：反映产品外观功能的艺术属性，如建筑立面设计的美学效果。

基本功能：分析对象的主要功能，如结构形式的安全性和适应性。

辅助功能：分析对象的次要功能，如结构形式的施工难度。

正功能：某些对象的分析指标与功能呈正相关，如水电工程中坝高的选择，坝高越高，防洪、发电等功能越好。

负功能：某些对象的分析指标与功能呈负相关，如水电工程中坝高的选择，坝高越高，对生态环境的破坏程度和移民难度越大。

（b）功能定义。功能定义即为分析对象的功能下定义，限定其内容，使各项功能具有相对的独立性。功能的定义既要简明准确，又要便于测定和量化。

（c）功能整理。功能整理即将已经定义的功能加以系统化，找出其间的逻辑关系，以明确评价对象的功能系统，从而为功能评价和方案构思提供依据。

c.功能评价。

功能评价要回答"价值V是多少"的问题，从式（9.22）中可知，要求出V，必须先求出F和C。建筑工程价值分析一般按照归一化的方法，先求出各功能的重要性系数和成本系数，再求出价值系数。功能评价的一般步骤如下。

（a）根据功能整理的结果，组织各方面专家对各功能的重要性和各方案的功能予以量化评分。量化评分的方法可以多样化，0~1分制评价、0~5分制评价、10分制评价、100分制评价均可。

（b）根据评分结果进行功能的归一化计算，即 $\sum F = 1$。

（c）对各方案的成本进行归一化计算，即 $\sum C = 1$。

（d）按式（9.22）计算 V 值。

（e）按 V 值最大原则选择方案。

d.价值分析与改进。

如果是方案的选择问题，则功能评价完成后，价值分析也结束了。如果是方案的功能成本改进问题，则还需要根据功能评价结果（即 V 值）提出改进意见。

（a）当 $V = 1$（或近似）时，说明功能与成本一致，评价对象为最佳，一般无须改进。

（b）当 $V > 1$ 时，可能是现有成本不能实现既定的功能要求，改进的措施是增加成本以实现既定的功能水平；也可能是既定功能过剩，这时可以考虑降低功能要求，或者对成本和功能都做适当调整。

（c）当 $V < 1$ 时，可能是成本过高，应降低成本；也可能是既定功能存在不足，应适当提高功能水平，或者既降低成本也适当提高功能水平，这些均应视具体情况而定。

e.设计方案选择案例。

在水利水电工程中，坝高是影响其功能的重要因素。下面以坝高设计方案为价值分析对象，说明价值分析法在设计方案选择中的应用。

（a）对坝高进行功能定义和评价。

不同的坝高设计方案，其功能的大小不同。与坝高相关的功能如下：防洪、航运、发电、灌溉、养殖、生态环境、移民工程。

以上这些功能既有正功能（即与坝高呈正相关）也有负功能（即与坝高呈负相关），一般的定性分析很难确定选择什么样的坝高设计方案。在进行价值分析时，应确定以上7种功能的重要性系数。确定功能重要性系数有多种方法，如专家打分的方法或不同利益主体打分加权平均法。这里采用后者，选择业主、设计单位、施工单位三家的评分，三者的权重可分别定为60%、30%和10%，从而求出功能重要性系数，如表9.1所示。

表9.1　功能重要性系数

功能	业主评分		设计单位评分		施工单位评分		功能重要性系数
	F_1	$F_1 \times 0.6$	F_2	$F_2 \times 0.3$	F_3	$F_3 \times 0.1$	
防洪	30.5	18.3	28.5	8.55	30.0	3.0	0.2985
航运	10.0	6.0	8.5	2.55	9.0	0.9	0.0945
发电	20.5	12.3	25.0	7.5	27.0	2.7	0.2250
灌溉	4.5	2.7	6.0	1.8	5.0	0.5	0.0500
养殖	5.5	3.3	8.0	2.4	5.0	0.5	0.0620
生态环境	8.5	5.1	6.0	1.8	5.5	0.55	0.0745
移民工程	20.5	12.3	18.0	5.4	18.5	1.85	0.1955
合计	100	60	100	30	100	10	1

注：功能重要性系数＝$(0.6F_1 + 0.3F_2 + 0.1F_3)/100$。

　　水利水电工程建设项目均有主导功能，如有的以防洪为主，有的以发电为主，有的以灌溉为主等。本例防洪功能的重要性系数最大，可以认为该项目以防洪为主。

　　（b）求成本系数C。

　　对各种坝高设计方案进行成本分析，求出成本系数，如表9.2所示。

表9.2　不同坝高设计方案的特征及成本系数

方案	坝高/m	主要特征	造价/亿元	成本系数
A	220	防洪库容为300亿 m^3，装机容量为2200万 kW，移民120万人，改善航道250 km，淹没土地1000 km^2	1400	0.3333
B	200	防洪库容为250亿 m^3，装机容量为2000万 kW，移民100万人，改善航道220 km，淹没土地800 km^2	1100	0.2619
C	180	防洪库容为220亿 m^3，装机容量为1800万 kW，移民80万人，改善航道200 km，淹没土地660 km^2	900	0.2143
D	150	防洪库容为160亿 m^3，装机容量为1500万 kW，移民60万人，改善航道150 km，淹没土地430 km^2	800	0.1905

（c）求功能系数 F。

功能评分一般采用10分制，设计方案总分根据功能重要性系数及其评分进行计算，功能系数则根据设计方案总分进行计算，如表9.3所示。

表9.3　各设计方案功能评分及功能系数

功能	功能重要性系数	设计方案功能评分			
		A	B	C	D
防洪	0.2985	10	9	8	6
航运	0.0945	10	10	10	8
发电	0.2250	10	9	8	6
灌溉	0.0500	10	9	9	8
养殖	0.0620	10	9	9	7
生态环境	0.0745	5	7	8	9
移民工程	0.1955	4	6	8	9
设计方案总分		8.455	8.359	8.301	7.161
功能系数		0.262	0.259	0.257	0.222

设计方案总分 $=\sum$（功能重要性系数 × 功能评分），如：

方案A总分 $=0.2985×10+0.0945×10+0.2250×10+0.0500×10+0.0620×10+0.0745×5+0.1955×4=8.455$。

同理可计算出 B、C、D 方案的总分。

某设计方案功能系数 = 某设计方案总分/各设计方案总分之和，如：方案A功能系数 $=8.455/（8.455+8.359+8.301+7.161）=0.262$。

同理可求出 B、C、D 方案的功能系数。

（d）求价值系数 V。

根据式（9.24），可知：

$V_A=0.262/0.3333=0.786$；$V_B=0.259/0.2619=0.989$；$V_C=0.257/0.2143=1.199$；$V_D=0.222/0.1905=1.165$。

显然，V_C 最大，即方案C的价值系数最高，故应选择方案C。

9.2.2　限额设计

1. 限额设计的含义及推行限额设计的意义

（1）限额设计的含义。

限额设计就是按照批准的可行性研究报告及投资估算控制初步设计，按照批准的初步设计概算控制技术设计和施工图设计，同时各专业在保证达到使用功能的前提下，按分配的投资限额控制设计，严格控制不合理的变更，保证总投资额不被突破。在确定投资限额时，要充分考虑不同时间的投资额，即考虑资金的时间价值。

推行限额设计的关键是确定投资限额。如果投资限额过高，实行限额设计就失去了意义；如果投资限额过低，限额设计也只能陷入"巧妇难为无米之炊"的境地。目前，一般用投资估算来控制初步设计，把投资估算作为设计概算的投资限额。我国还没有科学确定投资限额的方法，这为造价管理从业人员提出了研究课题。

投资分解和工程量控制是实行限额设计的有效途径和方法。投资分解就是把投资限额合理地分配到单项工程、单位工程甚至分部工程中去，通过层层限额设计，实现对投资限额的控制与管理。工程量控制是实现限额设计的主要途径，工程量直接影响工程造价，但是工程量的控制应以设计方案的优选为手段，切不可以牺牲质量和安全为代价。

（2）推行限额设计的意义。

推行限额设计的意义如下。

① 推行限额设计是控制工程造价的重要手段。在设计中以控制工程量为主要内容，抓住控制工程造价的核心，从而能有效地避免"三超"（概算超估算、预算超概算、决算超预算）的现象。

② 推行限额设计有利于处理好技术与经济的关系，提高设计质量。改变长期以来重技术、轻经济的思想，促进设计人员开动脑筋，优化设计方案，降低工程造价。

③ 推行限额设计有利于增强设计单位的责任感。在实施限额设计的过程中，实行奖罚管理制度可增强设计人员的经济观念和责任感，使其既承担技术责任也承担经济责任。

2. 限额设计的纵向控制

限额设计的纵向控制是指按时间顺序和设计的各个阶段，根据前一设计阶段的造价确定后一设计阶段的造价控制额。可行性研究阶段的投资估算作为初步设计阶段的投资限额，初步设计阶段的设计概算作为施工图设计阶段的投资限额。

（1）可行性研究阶段的限额设计。

可行性研究阶段的限额设计应做好以下几点。

① 重视设计方案的选择。

设计方案直接影响工程造价，因此在设计过程中，要促使设计人员进行多方案的比选，尤其要注意运用技术经济比较的方法，使选择的设计方案真正做到技术可行、经济合理。要合理地将投资限额分配到各专业，将限额设计落实。若发现某项费用超过限额，应及时研究解决，确保限额设计的实现。

② 采用先进的设计理论和设计方法，优化设计。

设计理论的落后往往会导致工程造价增加，因而采用先进的设计理论和设计方法有利于限额设计的顺利实现。建设项目的设计是一个系统工程，应用现代科学技术成果，对工程设计方案、设备选型等方面进行优化。

③ 重点研究对投资影响较大的因素。

设计方案、结构形式、平面布置、空间组合等都是对工程造价有较大影响的因素，在设计过程中应该重点研究这些因素。

（2）施工图设计阶段的限额设计。

施工图是设计单位的最终产品，是指导工程建设的重要文件，是施工企业施工的依据。施工图实际上决定了工程量和资源的消耗量，从而决定了工程的造价，因此施工图设计阶段的限额设计更有意义。施工图设计的重点应放在工程量的控制上。此外，应严格按照批准的可行性研究报告中的建设规模、建设标准、建设内容进行设计，不得任意突破。如果设计方案确需进行重大变更，必须报原审批部门审批。

3. 加强设计变更管理

设计变更是影响工程造价的重要因素。由图9.1可知，设计变更发生得越早，损失越小，反之就越大。若在设计阶段变更，则只需要修改图纸，虽然会造成一定的损失，但其他费用尚未发生，损失有限；若在采购阶段变更，不仅需要修改图纸，设备、材料还需要重新采购；若在施工阶段变更，除上述费用外，已施工的工程还需要拆除，不仅会造成损失，还会拖延工期。因此必须加强设计变更管理，尽可能把设计变更控制在设计初期，尤其是对影响工程造价的重大设计变更，更要用先算账后变更的办法解决，使工程造价得到有效控制。

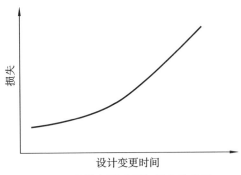

图9.1　设计变更时间与损失的关系

4. 限额设计的横向控制

限额设计的横向控制是指建立和加强设计单位及其内部的管理制度和经济责任制度，明确设计单位及其内部各专业、科室和设计人员的职责和经济责任，并赋予相应权力，但赋予的权力要与责任相一致；建立设计部门内各专业的投资分配考核制度；建立奖罚制度，奖罚依据是各专业设计任务的完成质量和限额指标的实现情况。

为了保证限额设计顺利进行，应建立、健全设计院内部的"三级"（院级、项目经理级、主任级）管理制度。

（1）院级：由主管院长、总工程师和总经济师若干人对限额设计全面负责，批准下达限额设计指标，负责审定设计方案，及时组织研究和报请有关部门批准对重大方案的变更，定期检查限额设计执行情况和审批节奖超罚有关事项。

（2）项目经理级：由限额设计项目的正、副经理和该项目总设计师等具体负责实施限额设计，认真编制设计计划和限额设计指标计划，以及认真执行院长下达的指令；控制设计变更，对重大设计变更及时进行研究和方案论证，并报院级审批；及时了解、掌握各专业的限额设计执行情况，及时调整限额设计控制数，控制主要工程量；签发各专业限额设计任务书和变更通知单，做好总体设计单位的归口协调工作及其他有关事宜。

（3）主任级：由各设计室（处）正、副主任和主任工程师若干人具体负责落实本专业内的限额设计，事先提交本专业限额设计指标意见，一经批准，认真在工程设计中贯彻执行设计任务及其指标计划，及时进行中间检查和验收图纸，力求将本专业投资控制在下达的限额指标范围内。

5. 建立和健全限额设计的奖罚制度

为落实限额设计，应建立和健全限额设计的奖罚制度。

若因设计单位错误、漏项或扩大规模和提高标准而导致工程静态投资超支，要扣减设计费：

（1）累计超过原批准设计概算2%～3%的，扣减全部设计费的3%；

（2）累计超过原批准设计概算3%～5%的，扣减全部设计费的5%；

（3）累计超过原批准设计概算5%～10%的，扣减全部设计费的10%；

（4）累计超过原批准设计概算10%的，扣减全部设计费的20%。

设计院对其承担的设计项目，必须按合同规定，在施工现场派驻熟悉业务的设计人员，负责及时解决施工中出现的设计问题，否则，视情况的严重程度，扣罚全部设计费的5%～10%。

有关部门关于限额设计的奖罚办法如下。

（1）工程建设的项目法人在与设计单位签订设计合同时，应将限额设计的要求以及相应的奖罚办法写入委托合同。凡不能达到要求的，应适当扣减其设计费。反之，对限额设计做得好，节约投资和控制造价确有成效的，项目法人应给予设计单位适当奖励。

（2）设计概算的静态投资不应超过审定的投资估算的110%，否则应重新论证，并对设计院进行处罚，重新鉴定设计单位资质。以审定的投资估算的104%为基数，每降低或超过1%，奖励或扣减该阶段设计费的1%。

（3）施工图预算的静态投资不应超过审定的设计概算。以审定的设计概算的102%为基数，每降低或超过1%，奖励或扣减该阶段设计费的1%。

承担限额设计的单位，要制定本单位内部的限额设计考核和奖罚办法。对于重视限额设计，节约投资和控制造价有成效的设计室（处）及成绩显著的个人，应予以奖励；对于不重视限额设计，不采取节约投资措施，造成某一专业设计超过投资限额的设计室（处）和个人，给予经济处罚。

6. 限额设计的不足

（1）设计人员的创造性有可能受到制约。限额设计是为了加强设计人员控制投资的主动性，但也可能束缚了设计人员的手脚。

（2）可能降低设计的合理性。由于投资限额的约束，设计人员可能将精力放在投资的控制上而忽视了设计的合理性。

（3）可能会导致投资效益的降低。由于投资限额的约束，工程可能会出现质量降低、寿命缩短或经营成本增加等情况，从而降低投资效益。

（4）投资限额是指建设项目的一次性投资，设计人员只考虑建设期的投资，不考虑后续费用，如果从项目的全寿命期来看，不一定经济。

9.3 招投标阶段造价管理

9.3.1 招标文件的编制

1. 招标文件的组成

《中华人民共和国招标投标法》规定，招标人应当根据招标项目的特点和需要来编制招标文件。招标文件应当包括招标项目的技术要求，对投标人资格审查的标准，投标报价要求和评标标准等所有实质性要求和条件，以及主要的合同条款。国家对招标项目的技术、标准有规定的，招标人应当按照规定在招标文件中提出相应要求。招标文件是由招标单位或其委托的咨询机构编制并发布的，它既是投标单位编制投标文件的依据，也是招标单位与将来中标单位签订工程合同的基础，招标文件中提出的各项要求，对整个招标工作乃至承包双方都有约束力。水利水电工程施工招标文件应按照相关要求进行编写，下面对其进行详细介绍。

施工招标文件由商务文件、技术条款、招标图纸三部分组成。

（1）商务文件。

商务文件包括以下内容。

① 投标邀请书。

② 投标须知。投标须知应该对招标范围、资金来源、投标人的资格、投标报价、投标文件有效期、评标办法等做出详尽的说明。

③合同条件。

④协议书。协议书包括履约担保证件和工程预付款保函。

⑤投标报价书。投标报价书包括投标保函和授权委托书。

⑥工程量清单。

⑦投标辅助资料。投标辅助资料包括单价分析表，总价承包项目分解表，分组工程报价组成表，价格指数和权重表，计日工表，拟投入本合同工程的施工队伍简要情况表，拟投入本合同工程的主要人员表，拟投入本合同工程的主要施工设备表，劳动力计划表，资金流估算表，主要材料和水、电需用量计划表，分包情况表，施工技术文件及其他投标资料表。

⑧资格审查资料。资格审查资料包括投标人基本情况表、近期完成的类似工程情况表、正在施工的和新承接的工程情况表、财务状况表。

（2）技术条款。

技术条款明确了双方的责任、权利和义务，是发包人委托监理人进行现场合同管理及进行进度、质量、费用控制的操作程序和方法。技术条款的编制，应根据发包人的要求指明本合同标的物的质量标准。技术条款是投标人进行投标报价和发包人进行合同价款支付的实物依据。技术条款一般涉及施工导流和水流控制、土方明挖、石方明挖、地下洞室开挖、支护、钻孔和灌浆、基础防渗工程、地基加固工程、土石方填筑工程、混凝土工程、沥青混凝土工程、砌体工程、疏浚工程和预埋件埋设等土建专项技术。此外，压力钢管的制造和安装、钢结构的制造和安装、闸门和启闭机的安装也应纳入土建工程的招标范围。

（3）招标图纸。

招标图纸由发包人委托的招标设计单位提供。招标图纸仅作为承包人投标报价和在履行合同过程中衡量变更的依据，不能直接用于施工。列入合同的投标图纸是作为发包人选择中标人和在履行合同过程中检验承包人是否按其投标内容进行施工的依据，亦不能直接用于施工。

2. 招标文件编制过程中应注意的问题

招标过程中，招标文件的编制是十分重要的环节，从某种意义上讲，招标文件的编制质量高低决定了招标活动的成败。首先，招标文件是投标人编制投标文件的依据，投标文件必须对招标文件的实质性要求和条件做出实质性响应，否则投标文件将可能被拒绝；其次，招标文件的主要内容是合同的重要组成部分，招标文件的编制质量将会影响合同的执行；最后，招标文件是引导投标人报价的指南，投标人往往会捕捉到招标文件中的某些信息并加以利用来实施报价策略。因此，招标文件的编制对于顺利完成招标、控制工程造价以及合同履行都有十分重要的意义。

（1）重要的合同条件。

合同条件是招标文件的重要组成部分，它不仅是投标文件的编制依据，也是合同的主要内容。它对合同实施阶段工程造价的控制具有特别重要的作用。招标文件中的实质性要求和条件均在合同条件中反映，因此编制好合同条件是十分重要的任务。重要的合同条件如下。

① 合同形式的选择。合同包括固定总价合同、变动总价合同和成本加酬金合同等。合同形式的选择与招标工程的特点密切相关。一般来说，工程量明确、工期短、造价不高的项目采用固定总价合同。这种合同管理比较简单但并不一定利于工程造价的控制，一般情况下投标人会计入一定的风险报价。当工程量不能准确计算时，一般采用变动总价合同，最终以实际完成的工程量乘以单价进行结算，水利水电工程一般采用这种合同形式。这种合同形式控制工程造价的关键在于准确地计算工程量。成本加酬金合同应用较少。不同的合同形式，承发包双方承担的风险是不同的。因此，合同形式的选择应根据招标工程的具体情况而定。

② 工程款的支付方式。工程款的支付方式是投标人十分看重的因素之一。由于资金具有时间价值，不同的支付方式，其动态的工程造价是不同的，它会影响投标人的报价策略。工程款的支付包括预付款的支付与扣回方式、进度款的支付、尾留款的数量与支付方式、工程款的结算。工程款的支付不仅是对承包商完成产品的价值补偿，也是对承包商进行管理与控制工程造价的手段，因此合理的工程款支付方式有利于工程的顺利进行。工程款的支付方式应以保证工程的正常进行为原则，比如进度款的支付比例应不少于70%（一般应高于直接成本）。

③ 合同价的调整。当工程采用变动总价合同时，应该对合同价的可调范围、调整的方法进行约定。工程变更是工程建设中无法避免的。当发生工程变更时，合同价的调整往往是双方关注的焦点，因此在合同中对合同价调整的范围、调整的方法应予以明确，以减少合同纠纷。

④ 风险约定与分担。无论采用何种合同形式，合同双方均要承担一定的风险，因此在合同中应对风险进行约定，如在固定总价合同中，承包人应承担

工程量变化和物价上涨风险。在变动总价合同中，承包人应承担一定的物价上涨风险，发包人承担工程量变化的风险和一定的物价上涨风险。风险约定就是对双方各自应承担的风险范围进行约定。当超出约定风险范围时，则应确定分担的方法。比如合同约定当物价上涨对总造价的影响在一定范围内时，为承包人的风险；超出该范围时，为双方的共同风险，并约定各自承担的比例。需要指出的是，即便是固定总价合同也不是将风险全部转嫁给承包人，这既不合理也不公平，固定总价合同是约定风险范围内的价格固定。同理，变动总价合同不是只要风险造成了损失就调整合同价，调整合同价也是有条件的。

（2）标底的编制与评标价的确定。

标底在招标投标中的重要作用是毋庸置疑的。尽管无标底评标技术已经应用到招标实践中，但无标底评标并不等于不编制标底。标底对于业主来说，仍然具有重要的意义。首先，它预先明确了业主在招标工程上的财务义务。其次，标底是业主的工程预期价格，也是业主控制造价的基本目标。最后，标底是判断投标报价合理性的参考依据，可以防止投标人恶意报价。标底的编制应该充分考虑各种因素，如市场的竞争状况，当前的技术管理水平，建设地域的政治、经济、文化、习俗等。一般情况下，标底不等于评标价。评标价是判断投标报价合理性及评分的依据，在评标过程中有举足轻重的作用。评标价应该按照社会平均先进水平来确定。招标是选优的过程，按照社会平均先进水平确定评标价，并以评标价作为评分依据，能够充分体现优胜劣汰的竞争规律。

（3）科学的评标方法。

评标方法是业主价值取向的综合反映，因此在编制评标方法时应明确表达业主的期望。目前较为普遍的评标方法有百分制评标法、合理低价法。百分制评标法主要应用于技术极为复杂、对投标人的综合能力要求较高的项目。合理低价法一般应用于技术简单、质量易于判定的项目。水利水电工程大多采用百分制评标法。在确定评标方法时，应该注意下列问题。

① 评标指标的设置。根据招标项目的特点、性质以及重要性设置评标的指标体系，评标指标应能充分反映投标人的实力。评标指标一般有：施工组织设计或施工方案、质量、类似工程经验、工期、财务能力等。

② 指标的权重设计。综合评分法是对评标指标进行量化打分，并赋予各个指标不同的权重。权重反映业主的价值取向，对评标结果将产生直接的影响。当报价指标权重大时，业主偏向于选择报价低的投标单位。当工期权重较大时，则表明业主对工期比较看重。

③ 指标之间的一致性问题。一致性是指指标的赋值及判断不存在矛盾且符合招标人的价值判断。比如通常对报价高于评标价的投标人实行扣分的方式，对具有类似工程经验的投标人实行加分的方式，二者在扣分和加分方面应该具有判断的一致性。

（4）合理分标。

一个大型建设项目施工时往往需要划分成若干个标段。标段的合理划分，对项目的顺利实施和工程造价的良好控制具有十分重要的意义。合理分标有利于造成竞争的态势。当前，我国正在培育和发展工程总承包，这与合理分标并不矛盾，工程总承包只是建设项目组织的实施方式。总承包企业同样需要将部分工作发包给具有相应资质的分包企业，而这本身也是一种合理分标。标段的划分应该遵循以下原则。

① 适度的工程量。在划分标段时，应该考虑各个标段的工程量，工程量太大，则起不到分标的作用；工程量太小，则承包商投标的积极性不高，也会加大承包商的成本，不利于控制工程造价。

② 各标段应该相对独立，减少相互干扰。各个标段应该能独立组织施工，尽可能减少各个标段之间的干扰，以免造成索赔事件的发生。

③ 尽可能按专项技术分标。按专项技术分标既可以充分发挥具有专项技术的企业的特长，又可以保证工程质量，降低工程造价。

④ 从系统理论的角度合理分标，以保证整体最优。建设项目是一个系统工程，局部最优并不能保证整体最优。在划分标段时，应该从整体的角度，合理分标，如保持道路工程中两相邻标段的土石方平衡等。

招标是选优的过程，招标文件编制的质量往往决定了选优结果的合理性，高质量的招标文件能够引导投标人编制科学合理的投标文件，而科学合理的投标文件是选择优秀承包人的基础，投标文件作为合同的重要组成部分，也是合同顺利履行的关键。因此，高质量的招标文件是工程建设顺利实施的基本保证。

3. 招标标底的编制与审查

（1）标底的概念与作用。

① 标底的概念。

标底是建筑安装工程造价的表现形式之一，它指由招标单位自行编制或委托具有编制标底资格和能力的机构代理编制，并经审定的招标工程的预期

价格。

标底的主要组成内容如下。

a.标底的综合编制说明。

b.标底价格审定书，包括标底价格计算书、带有价格的工程量清单、现场因素、各种施工措施费用测算明细等。

c.主要材料用量。

d.标底附件，包括各项交底纪要，各种材料及设备的价格来源，现场的地质、水文情况等。

② 标底的作用。

标底的作用如下。

a.能够使招标单位预先明确自己在拟建工程上应承担的财务义务；标底是招标单位认定的本招标工程的预期价格，能使招标单位做到心中有数，也是招标单位能够而且愿意承担的价格。

b.标底能给上级主管部门提供核实建设规模的依据。标底虽然不等于设计概算，但它是以设计概算为基础进行编制的，通过对比标底与设计概算，可以初步核实建设规模。

c.标底是衡量投标单位报价合理性的依据。一方面，标底反映了业主的价格期望，反映了当前市场状况下的价格水平，因而标底能够判断投标人报价的合理性和可靠性。另一方面，建筑产品的价格是市场形成的，一般情况下，招标人不可能知道投标人的成本信息（即信息不对称），因此，不能过分夸大标底的作用，更不能将标底作为判断投标人报价合理性的唯一依据。

d.合适的标底是招标活动顺利进行的基本保证。如前所述，标底能够判断投标人报价的合理性和可靠性，因此可以避免投标人的机会主义倾向，防止投标人抬高价格。

（2）编制标底的主要程序。

招标文件中的商务条款一经确定，即可进入标底编制阶段。编制标底的主要程序如下。

① 确定标底的编制单位。招标单位若有能力，则可以自行编制标底；若无能力或不愿意自行编制标底，则可以委托具有标底编制资格和能力的机构代理编制。

② 搜集有关资料，以便计算标底。

③ 制定标底编制方案。

④ 正式编制标底。

（3）编制标底应遵循的原则。

编制标底应遵循以下原则。

① 遵循国家及行业有关编制标底的规定、规划和方法。

② 标底作为建设单位的预期价格，应力求与市场的实际情况相吻合，要有利于竞争和保证工程质量。

③ 标底应由成本、利润、税金等组成，要考虑承包单位合理的利润。

④ 标底应考虑人工、材料、设备、机械台班等价格的变化因素，还应包括不可预见费（特殊情况下）、措施费（如实际工期短于定额工期20％以上时的赶工措施费）等费用。

⑤ 一个工程只能编制一个标底。

⑥ 标底编制完成后，应妥善封存，不得泄露。

（4）编制标底的主要依据。

编制标底的主要依据如下。

① 招标文件的商务条款。

② 招标文件的技术条款。

③ 招标图纸。

④ 施工方案或施工组织设计。

⑤ 工程计价有关依据，如概（预）算定额、工期定额、取费标段、材料和设备价格，以及国家、行业、地方有关工程造价编制的文件等。

（5）编制标底需要考虑的因素。

标底作为判断投标报价合理性的重要参考依据，其编制必须具有科学性和合理性。水利水电工程一般以概算为基础编制标底。标底与概算虽然都是工程造价的表现形式，但二者存在较大区别。首先，编制的阶段不同。设计概算是初步设计阶段编制的造价文件，而标底是工程承发包阶段编制的造价文件。其次，二者编制的目的不同。设计概算是初步设计阶段的重要文件之一，是经过批准的、在项目执行过程中具有控制造价作用的重要文件，而标底则是评标的重要参考依据。最后，二者的编制水平不同。设计概算以概算定额为主要依据进行编制，其编制结果通常反映了某一时期、某一地区或某一行业内具有一般技术和管理水平的单位或个人所能达到的平均水平，标底则应该反映市场技术管理水平。此外，标底的编制深度、考虑的范围更加具体。标底在编制过程中要考虑以下几个因素。

① 满足招标工程的质量要求。对于特殊的质量要求（超过国家质量标准），应该考虑适当增加费用。就我国目前的工程造价而言，均是以完成合格产品所花费的费用来计价的。如地面混凝土垫层厚度的允许偏差为 $\pm 10\,mm$，如果要求达到 $\pm 5\,mm$，则需要更多的投入，即加大成本。

② 标底应该满足目标工期的要求。工期与工程造价有密切的关系。当招标文件的目标工期短于定额工期时，承包商需要加大施工资源的投入，并且可能降低了生产效益，造成成本上升。标底应该反映因缩短工期而增加的成本。一般来说，当目标工期短于定额工期的20％时，应考虑将赶工费计入标底。

③ 编制标底时应反映建筑材料的采购方式和市场价格。大宗的材料往往实行招标。在计算标底时，应该以材料的采购方式进行计算。目前各地和行业公布的材料价格信息，是综合的、指导性的，并不能真实反映市场价格。

④ 编制标底时应考虑招标工程的特点和自然地理条件。当前我国工程造价的编制方法基本采用定额法，这种方法的特点是只考虑一般性，不能反映具体工程的特点，因此在编制标底时应该针对具体项目的特点进行编制。

（6）标底的审定。

标底审定的内容主要有以下几点。

① 标底是否满足招标文件的要求。

② 标底文件是否齐全。

③ 标底编制依据是否正确。

④ 标底能否反映现实的建筑市场价格水平。

9.3.2　投标报价

报价是投标书的核心内容。投标报价的主要工作包括投标报价前的准备工作、投标报价的编制、投标报价的评估与决策。

1. 投标报价前的准备工作

（1）研究招标文件。

招标文件规定了承包人的职责和权利，必须高度重视，认真研读。招标文件内容虽然很多，但总体而言无外乎合同条件、承包人责任范围和报价要求、技术规范和图纸等方面。下面就各个方面应注意的问题予以阐述。

① 合同条件方面。

该方面包括以下各项。

a.核准下列日期：投标截止日期；投标有效期；由合同签订到开工允许时间；总工期和分阶段验收的工期；工程保修期等。

b.关于误期损害赔偿费的金额和最高限额的规定；关于提前竣工奖励的规定。

c.关于履约保函或担保的规定，如保函或担保的种类、保函额或担保额的要求、保函或担保的有效期等。

d.付款条件。应明确是否有工程预付款，其金额和扣还时间与办法；永久设备和材料预付款的支付规定；工程款结算的方法；自签发支付证书至付款的时间；拖期付款是否支付利息；扣留保留金的比例、最高限额和退还条件。

e.物价调整条款。应明确有无对材料、设备和工资的价格调整规定，其限制条件和调整公式如何。

f.关于工程保险和现场人员事故保险等的规定，如保险种类、最低保险金额、保期和免赔额等。

g.不可抗力因素造成损害的补偿办法与规定；中途停工的处理办法与补救措施。

h.解决争端的规定。

② 承包人责任范围和报价要求方面。

该方面包括以下各项。

a.明确合同的类型（如单价合同、总价合同或成本加酬金合同），合同类型不同，承包人的责任和风险不同。

b.明确报价范围，不应有含糊不清之处。

c.认真核算工程量。核算工程量不仅是为了便于计算投标价格，而且是今后在实施工程时核对每项工程量的依据，也是安排施工进度计划、选定施工方案的重要依据。投标人应结合招标图纸，认真仔细地核对工程量清单中的各个分项，特别是工程量大的细目，尽量使这些细目中的工程量与实际工程中的施工部位 "对号入座"，数量平衡。

③ 技术规范和图纸方面。

该方面包括以下各项。

a.技术规范按照工程类型来描述工程技术和工艺的内容及特点，包括对设备、材料、施工和安装方法等所规定的技术要求，以及对工程质量（包括材料和设备）进行检验、试验、验收所规定的方法和要求。要特别注意技术规范中

有无特殊施工技术要求，有无特殊材料和设备的技术要求，有无允许选择代用材料和设备的规定，若有，则要分析其与常规方法的区别，合理估算可能引起的额外费用。

b.图纸分析要注意平、立、剖面图之间尺寸和位置的一致性，结构图与设备安装图之间的一致性，若发现矛盾之处，应及时提请招标人予以澄清和修正。

（2）工程项目所在地的调查。

① 自然条件调查。

自然条件调查包括以下几个方面。

a.气象资料，包括年平均气温、年最高气温和年最低气温，风向、最大风速和风压值，日照情况，年平均降雨（雪）量和最大降雨（雪）量，年平均湿度、年最高湿度和年最低湿度等有关资料，应特别注意分析全年不能和不宜施工的天数（如气温超过或低于某一温度持续的天数，雨量和风力大于某一数值的天数，台风频发季节及天数等）。

b.水文地质资料，包括洪水、潮汐、风浪等资料。

c.地震及其他自然灾害情况等。

d.地质情况，包括地质构造及特征，地基承载能力，是否有大孔土、膨胀土，以及冬季冻土层厚度等。

② 施工条件调查。

施工条件调查包括以下几个方面。

a.工程现场的用地范围、地形、地貌、地物、标高，地上或地下障碍物，现场的"三通一平"（通路、通水、通电、地面平整）情况（是否能按时达到开工要求）。

b.工程现场周围的道路、进出场条件。

c.工程现场施工临时设施、大型施工机具、材料堆放场地安排的可能性，是否需要二次搬运。

d.工程现场邻近建筑物与招标工程的间距、结构形式、基础埋深、高度。

e.当地供电方式、方位、距离、电压等。

f.工程现场通信线路的连接和铺设。

g.当地政府有关部门对施工现场管理的一般要求、特殊要求及规定，是否允许节假日和夜间施工等。

③ 其他条件调查。

其他条件调查包括以下几个方面。

a.是否可以在工程现场安排工人住宿，对现场住宿条件有无特殊规定和要求。

b.是否可以在工程现场或附近搭建食堂，自行供应施工人员伙食，若不可，通过什么方式解决施工人员餐饮问题，其费用如何。

c.工程现场附近治安情况如何，是否需要采取特殊措施加强施工现场保卫工作。

d.工程现场附近的生产厂家、商店、各种公司和居民的一般情况，本工程施工可能对其造成的不利影响。

e.工程现场附近各种社会服务设施和条件，如当地的卫生、医疗、保健、通信、公共交通、文化、娱乐设施情况及其技术水平、服务水平、费用，有无特殊的地方病、传染病等。

（3）市场状况调查。

市场状况调查主要是指与本工程项目相关的生产要素市场方面的调查。

① 对招标方情况的调查。

该调查包括以下几个方面。

a.本工程的资金来源、额度、落实情况。

b.本工程各项审批手续是否齐全。

c.招标人的工程建设经验：招标人在已建工程和在建工程招标、评标过程中的习惯做法，对承包人的态度以及招标人信誉，是否及时支付工程款，能否合理处理承包人的索赔等。

d.监理工程师的资历：承担过监理任务的主要工程，工作方式和习惯，对承包人的基本态度，当出现争端时能否站在公正的立场上提出合理的解决方案等。

② 对竞争对手的调查。

分析有多少可能参与投标的公司，进而了解可能参与投标竞争的公司的有关情况，包括技术特长、管理水平、经营状况等。

③ 生产要素市场调查。

承包人应为实施工程购买所需工程材料，增置施工机械、零配件、工具和油料等，而它们的市场价格和支付条件是变化的，因此会对工程成本产生影响。投标时，要使报价合理并具有竞争力，就应对所购工程物资的品质、价格等进行认真的调查，即做好询价工作。

如果工程施工需要雇用当地劳务，则应了解可能雇到的工人的工种、数量、素质、基本工资和各种补助费，以及有关社会福利、社会保险等方面的规定。

（4）参加标前会议和现场勘察。

① 标前会议。

标前会议也称“投标预备会”，是招标人给所有投标人提供的一次答疑的机会。投标人应认真准备和积极参加标前会议。

在标前会议之前，招标人应将事先研究招标过程中发现的各类问题整理成书面文件，寄给招标人要求其给予书面答复或在标前会议上予以解释和澄清。参加标前会议时应注意以下几点。

a. 对工程内容不清的问题，应提请解释、说明，但不要提出任何修改设计方案的要求。

b. 如招标文件中的图纸、技术规范存在相互矛盾之处，可请求说明以何者为准，但不要轻易提出修改技术要求。

c. 对含糊不清、容易产生歧义的合同条款，可以请求给予澄清、解释，但不要提出任何改变合同条款的要求。

d. 应注意提问的技巧，注意不使竞争对手从自己的提问中获悉本公司的投标设想和施工方案。

e. 招标人或咨询工程师在标前会议上对所有问题的答复均应发出书面文件，并将其作为招标文件的组成部分。投标人不能仅凭口头答复来编制自己的投标文件。

② 现场勘察。

现场勘察一般是标前会议的一部分，招标人会组织所有投标人进行现场参观。投标人应准备好现场勘察提纲并积极参加这一活动。派往参加现场勘察的人员应事先认真研究招标文件的内容，特别是图纸和技术文件。现场勘察应由经验丰富的工程技术人员参加。

现场勘察费用可列入投标报价中，但若不中标，则投标人得不到任何补偿。

（5）编制施工规划。

在计算投标报价之前，首先应编制施工规划，即初步的施工组织设计。施工规划一般包括工程进度计划和施工方案等，招标人将根据这些资料评价投标人是否采取了充分和合理的措施，保证按期完成工程施工任务。另外，施工规划对投标人也是十分重要的，因为进度安排是否合理，施工方案是否恰当，与工程成本和投标报价有密切关系。编制施工规划的依据是设计图纸、规范、经过复核的工程量清单、现场施工条件、开工竣工的时间要求、机械设备来源、劳动力来源等。

编制施工规划的原则是在保证工期和工程质量的前提下，尽可能使工程成本最低，投标价格合理。

① 工程进度计划。

在投标阶段编制的工程进度计划可以粗略一些，一般用横道图表示即可（除招标文件外，一般可不采用网络计划），但应注意满足以下要求。

a.总工期符合招标文件的要求。如果合同要求分期、分批竣工交付使用，则应标明分期、分批交付使用的时间和数量。

b.标明各项主要工程的开始和结束时间。例如，土方工程、基础工程、混凝土结构工程、水电安装工程等的开始和结束时间。

c.体现主要工序相互衔接的合理安排。

d.有利于基本均衡地安排劳动力，尽可能避免现场劳动力数量急剧起落，这样可以提高工效和节省临时设施。

e.有利于充分有效地利用施工机械设备，减少机械设备占用周期。

f.便于编制资金流动计划，有利于降低流动资金占用量，节省资金利息。

② 施工方案。

制定施工方案要从工期要求、技术可行性、保证质量、降低成本等方面综合考虑，其内容应包括下列几个方面。

a.根据分类汇总的工程数量和工程进度计划中该类工程的施工周期，以及招标文件的技术要求，选择和确定各项工程的主要施工方法和适用、经济的施工方案。

b.根据各类工程的施工方法，选择相应的机具设备，并计算所需数量和使用周期。研究确定是否采购新设备、调进现有设备，或在当地租赁设备。

c.研究决定哪些工程由自己组织施工，哪些工程分包出去，提出分包的条件设想，以便询价。

d.用概略指标估算直接生产劳务的数量，考虑其来源及进场时间安排。根据所需直接生产劳务的数量，并结合以往经验，可估算所需间接劳务和管理人员的数量，从而可估算生活临时设施的数量和标准等。

e.用概略指标估算主要的大宗建筑材料的需用量，考虑其来源和分批进场

的时间安排，并可估算现场用于存储、加工的临时设施。如果有些建筑材料，如砂、石等拟就地自行开采，则应估计采砂、石场的设备和人员，并计算自采砂、石的单位成本。若有些构件拟在现场自制，应确定相应的设备、人员和场地面积，并计算自制构件的成本。

f.根据现场设备、施工高峰期人数和全部生产和生活方面的需要，估算现场用水量和用电量，确定临时供电设施和给排水设施。

g.考虑外部和内部材料的运输方式，估计所需运输和交通车辆的数量，并考虑其来源。

h.考虑其他临时工程的需要和建设方案，例如，进场道路、停车场地等。

i.提出某些特殊条件下保证正常施工的措施。例如，降低地下水位以保证基础或地下工程施工的措施，冬季、雨季施工措施等。

j.其他必需的临时设施的安排。例如，临时围墙或围篱、警卫设施、夜间照明设施、现场临时通信设施等。

应注意上述施工方案中的各种数值都是按汇总工程量和概略定额指标估算的，在计算投标报价过程中，需要根据后续计算得出的详细数值予以修正和补充。

2. 投标报价的编制

（1）投标报价编制的原则。

投标报价的编制主要是投标单位对承建招标工程所需发生的各种费用的计算。投标报价编制的原则主要包括以下几个方面。

① 将招标文件中设定的承发包双方的责任划分，作为考虑投标报价费用项目和费用计算的基础；根据工程承发包模式确定投标报价的费用内容和计算深度。

② 将施工方案、技术措施等作为投标报价计算的基本条件。

③ 将反映企业技术和管理水平的企业定额作为计算人工、材料和机械台班消耗量的基本依据。

④ 充分利用现场考察调研成果、市场价格信息和行情资料编制基本价格，确定调价方法。

⑤ 报价计算方法要科学严谨、简明适用。

（2）投标报价的计算依据。

投标报价的依据主要包括以下几个方面。

① 招标单位提供的招标文件。

② 招标单位提供的设计图纸、工程量清单及有关的技术说明书等。

③ 国家及地区颁发的现行预算定额及与之配套执行的各种费用定额等。

④ 地方现行材料预算价格、采购地点及供应方式等。

⑤ 招标人对招标文件及设计图纸等不明确之处进行书面答复的有关资料。

⑥ 企业内部制定的有关取费标准、价格规定等。

⑦ 其他与报价计算有关的政策、规定等。

（3）投标报价的编制方法。

编制投标报价与编制标底的主要程序和方法基本相同，但是由于立场不同、作用不同，方法有所不同，现对主要不同点介绍如下。

① 计算人工费单价。人工费单价不但要参照现行的概预算定额进行计算，还要合理结合企业自身的具体情况进行调整。如果按照概预算定额计算的人工费单价偏高，为提高投标的竞争力，可适当降低。可考虑的降低途径有：更加详细地划分工种，各项工资性津贴按照调查资料计算，工人年有效工作日和工作小时数按工地实际工作情况进行调整等。

② 计算施工机械台时费。施工机械台时费与机械设备来源密切相关，机械设备可以是施工企业已有的和新增的，新增的包括购置的和租赁的。

a. 购置的施工机械。其台时费包括购置费和运行费用，即包括基本折旧费、轮胎折旧费、修理费、机上人工费、燃料动力费、车船使用税和车辆保险费等。这些费用可视招标文件的要求计入施工机械台时费或间接费。施工机械台时费可参照行业有关定额和规定进行计算，缺项时，可补充编制施工机械台时费。

b. 租赁的施工机械。根据工程项目的施工特点，为了保证工程的顺利实施，业主有时提供某些大型专用施工机械供承包商租用，或承包商根据自己的设备状况而另外租赁施工机械。此时，施工机械台时费应按照业主在招标文件中给出的条件或租赁协议的规定进行计算。对于租赁的施工机械，其基本费用是支付给设备租赁公司的租金。编制投标报价时，往往要加上操作人员的工资、燃料费、润滑油费、其他消耗性材料费等。

③ 计算工程直接费单价。工程直接费单价可按照工程量报价单中各个项目的具体情况，采用计算标底的类似方法进行计算，如定额法、工序法、直接填入法。采用定额法计算工程直接费单价时，应根据所选用的施工方法，确定充分反映本企业实际水平的定额。

④ 计算间接费。计算间接费时要按施工规划、施工要求等确定下列数据或资料。

a. 管理机构设置及人员配备数量。

b. 管理人员工作时间和工资标准。

c. 人均每日办公、差旅、通信等费用指标。

d. 工地交通车辆数量、工作时间及费用指标。

e. 其他，如固定资产折旧费、职工教育经费、财务费用等归入间接费的费用。

按照以上资料可粗略计算出间接费费率，并与主管部门规定的间接费费率相比较，一般前者不能大于后者。间接费的计算既要结合企业的具体情况，又要注意投标竞争情况，过高的间接费费率，不仅会削弱竞争能力，也表示企业管理水平低下。

⑤ 计算利润、税金。投标人应根据企业状况、施工水平、竞争情况、工作饱和程度等确定利润并按国家税法规定计算税金。

⑥ 确定报价。在投标报价工作基本完成后，专业人员应向投标决策人员汇报工作成果，供讨论修改和决策。

⑦ 填写投标报价书。

3. 投标报价的评估与决策

初步计算出投标报价之后，投标人应当对其进行多方面的分析和评估，其目的是探讨投标报价的合理性，从而做出最终报价决策。投标报价的分析评估从以下几个方面进行。

（1）投标报价的宏观审核与调整。

投标报价的宏观审核是依据投标人在长期工程实践中积累的大量经验数据，用类比的方法，从宏观上初步判断投标报价的合理性。宏观审核与调整可从以下几个方面进行。

① 分项统计投标报价计算书中的汇总数据，并计算各指标的比例关系，如计算总直接费和总管理费的比例，劳务费和材料费的比例，利润、流动资金及其利息与总投标报价的比例等。对上述各比例关系进行分析后，可从宏观上判断投标报价结构的合理性。

② 从企业的实践经验角度分析人均月产值和人均年产值的合理性。

③ 参照同类工程的经验，扣除不可比因素后，分析单位工程价格及用工、

用料量的合理性。

④ 针对宏观审核发现的不合理情况，可对某些基价、定额或分摊系数进行调整，并在改变施工方案、降低材料设备价格和节约管理费用等方面提出可行措施。对于明显不合理的投标报价构成部分，应重点进行相关调整。经宏观审核与调整后形成基础投标报价。

（2）投标报价的动态分析。

投标报价的动态分析是假定某些因素发生变化，测算投标报价的变化幅度，以及这些变化对计划利润的影响。投标报价的动态分析可从以下几个方面进行。

① 工期延误的影响。承包人自身可能会造成工期延误，此时承包人会增加管理费、劳务费、机械使用费和占用资金的数额及其利息，这些费用的增加不可能通过索赔得到补偿。同时，工期延误可能导致罚款。为此，可以测算不同工期延误时间使上述各种费用增大（利润减少）的数额及其占总投标报价的比率，还可测算使利润全部丧失的工期延误极限值。

② 物价和工资上涨的影响。调查工程物资和工资的升降趋势与幅度，调整投标报价计算时的材料设备和工资上涨系数，测算其对工程计划利润的影响，从而明确投标计划利润对物价上涨因素的承受能力。

③ 其他可变因素的影响。分析影响投标报价的其他可变因素（如贷款利率的变化，政策、法规的变化等），可进一步了解投标计划利润所受的影响和变化的程度。

（3）投标报价的盈亏与低投标报价和高投标报价分析。

在宏观审核与调整后形成的基础投标报价的基础上，进行盈亏分析，进而提出可能的低投标报价和高投标报价，供投标决策时选择。盈亏分析包括盈余分析和亏损分析两方面。

盈余分析是从投标报价组成的各个方面挖掘潜力，估算基础投标报价可能降低的数额。亏损分析是针对未来施工中可能出现的不利因素，估算可能增加的费用（利润损失）。盈余分析和亏损分析均应按照工程的具体情况，对各个方面、各个环节进行全面细致的分析。分析中，要充分预计和考虑各方面的有利和不利情况（如劳务、材料、设备等价格的变化，施工机械的效率和价格的变化，管理费、临时设施费、流动资金与贷款利息、保险费、维修费等各项费用的变化，工程质量情况，自然条件，以及建设单位、监理单位等方面的情况等）。

在盈亏分析的基础上，可分析和提出低投标报价和高投标报价。其表达式为式（9.23）和式（9.24）。

$$低投标报价 = 基础投标报价 - \left(挖潜盈余 \times 修正系数_1\right) \quad (9.23)$$

$$高投标报价 = 基础投标报价 + \left(增加的费用 \times 修正系数_2\right) \quad (9.24)$$

式中：挖潜盈余——经盈余分析估算的基础投标报价可能降低的数额；

增加的费用——经亏损分析估算的可能增加的费用（利润损失）；

修正系数$_1$——进行盈余分析时的修正系数，可取为 0.5～0.7；

修正系数$_2$——进行亏损分析时的修正系数，可取为 0.5～0.7。

（4）报价决策。

报价决策是投标方有关领导、专业人员和高级咨询人员经共同研究，在投标报价宏观审核与调整、动态分析及盈亏分析的基础上做出的有关投标报价的最后决定。

为了在竞争中取胜，在报价决策中应注意以下问题。

① 决策的主要依据应当是企业专业人员的计算书和分析指标。报价决策不是干预专业人员的具体计算，而是由领导同专业人员一起，对各种因素进行分析，并做出果断和正确的决策。

② 各投标人获得的基础价格资料是相近的，因此从理论上分析，各投标人报价同标底价格都应当相差不远。各企业报价之所以出现差异，主要是由于：各企业的期望盈余（计划利润）和风险费不同；优势不同；选择的施工方案不同；企业管理费用存在差别等。为此，在报价决策时应当注意对自身和竞争对手进行实事求是的对比和分析。

③ 报价决策应考虑招标项目的特点，一般对有以下情况的工程报价可以高一些：工程施工条件差，工程量小；技术密集，专业水平要求高，而自身有相应专长，声望高；支付条件不理想等。对于与上述情况相反且竞争对手众多的工程，报价则可以低一些。

9.4 施工阶段造价管理

9.4.1 施工方案的比选与决策

施工方案是指导施工的重要设计文件之一。它不仅关系到工程施工的顺利进行，也是进行成本控制的关键因素。尽管承包人在投标时制定了施工方案（一般称标前设计），但那只是原则性的总体方案，还远远不能用于指导实际施工。施工阶段会面对各种影响因素，承包人一般在中标后还要制定详细的、可操作的施工方案（一般称标后设计），并经过监理和业主审定。尤其是水利水电工程，受社会、自然等因素的影响大，科学合理的施工方案不仅能节约成本，而且能使工程建设顺利进行，实现项目的整体目标。

施工方案的比选主要是对方案的技术可行性和经济性进行比较分析。一般来说，某一具体的施工项目具有多种可实施的施工方案，比如混凝土的运输，可以是塔带机运输，也可以是汽车运输等。不同的施工方案具有不同的施工成本，比如在导流隧洞开挖时，可以开挖施工支洞增加工作面以加快施工进度，但会付出更多的成本。每一种施工方案都会与一定的规模、质量、进度等相适应。比如人工开挖一般适用于零星土方或建基面土方工程。大型土方工程一般采用大型机械开挖。

1. 施工方案的比选

施工方案的比选实质上是在技术方案可行的条件下比较不同方案的成本，成本低的方案一般为首选方案。施工方案的比选一般采用技术经济分析法。技术经济分析法以技术实践的经济效果为研究对象，探讨一定资源约束条件下，技术方案的最好经济效益。技术经济分析法包括净现值比较法、费用现值比较法、内部收益率比较法、量本利分析法等。费用现值比较法、量本利分析法是施工方案比选使用较为普遍的方法。

（1）费用现值比较法。

费用现值比较法一般适用于收益相同而成本不同的各方案之间的比较。收益相同是指无论采用何种方案并不增加或减少收益，也不影响工程的质量和进度。费用现值比较法表达式见式（9.25）。

$$PC_n = \sum_{t=1}^{n} \left[C_t (1+i)^t \right] \tag{9.25}$$

式中：PC_n——第 n 种方案的费用现值；

t——年份；

n——寿命期，年；

C_t——第 n 种方案第 t 年支付的成本；

i——折现率。

需要注意的是：由于资金具有时间价值，前期投入大的方案的经济合理性往往较差；折现率也会影响方案的决策。如果降低折现率，资金的时间价值会发生改变，从而影响决策结果。

（2）量本利分析法。

量本利分析法主要用于研究产量、价格、变动成本和固定成本之间的关系。变动成本是指与产量密切相关的成本，如消耗在建筑产品中的材料费用，一般与产量呈线性关系。固定成本是指与产量无关的成本，如大型机械的进出场费用等。不同的施工方案具有不同的变动成本和固定成本，因此一定产量下的总成本不同，其经济效果也会不同。由此，可以构建施工方案的成本模型，见式（9.26）。

$$C = C_\mathrm{f} + C_\mathrm{v} Q \tag{9.26}$$

式中：C——总成本；

C_f——固定成本；

C_v——单位变动成本；

Q——产量。

在施工中，某项工程可能有多种施工方案，每种方案有不同的成本。假设有三种可供选择的施工方案分别为Ⅰ、Ⅱ、Ⅲ，其总成本如下。

Ⅰ方案：$C_\mathrm{I} = C_\mathrm{fI} + C_\mathrm{vI} Q$。

Ⅱ方案：$C_\mathrm{II} = C_\mathrm{fII} + C_\mathrm{vII} Q$。

Ⅲ方案：$C_\mathrm{III} = C_\mathrm{fIII} + C_\mathrm{vIII} Q$。

假设 $C_\mathrm{vI} > C_\mathrm{vII} > C_\mathrm{vIII}$，$C_\mathrm{fI} < C_\mathrm{fII} < C_\mathrm{fIII}$，三种方案的成本曲线如图9.2所示。

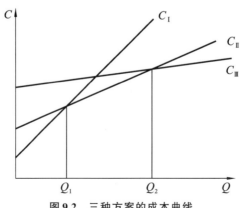

图9.2　三种方案的成本曲线

显然，当 $Q<Q_1$ 时，C_I 最小；当 $Q_1<Q<Q_2$ 时，C_{II} 最小；当 $Q>Q_2$ 时，C_{III} 最小。

当所承包的工程量 $Q<Q_1$ 时，应该采用 I 方案施工；当所承包的工程量大于 Q_1 小于 Q_2 时，应该采用 II 方案施工；当所承包的工程量大于 Q_2 时，应该采用 III 方案施工，这样可以使成本最低而获得更多的利润。

一般而言，施工方案的固定成本越高，变动成本越低；固定成本越低，则变动成本越高。工程量越大，固定成本的分摊越少。继而可以得出：固定成本较大的施工方案适宜于工程量较大的项目，变动成本较大的施工方案适宜于工程量较小的项目。

2. 施工方案的决策

决策是对可行的方案进行选择，决策只有在两个及两个以上的方案中才能进行，施工方案决策前必须构建两个及两个以上的方案。成本无疑是施工方案决策的重要依据，只有成本最低才能使效益最大化，这一想法从企业的经营来看无疑是正确的。但是，如果仅仅以成本作为施工方案决策的唯一依据，则失之偏颇。水利水电工程是一个复杂又开放的系统工程，在建设过程中受到多种因素的干扰和制约，为了使整体达到最优，在不同的时期其重点是不同的，例如为了按既定的时间截流，工期要求可能压倒一切，某方案从局部来看可能不是最优（投入更多的成本），但项目整体效益可能会更好。施工方案的决策应该遵循以下原则。

（1）整体性原则。施工方案应该力求达到整体最优，充分考虑质量、进度与成本的相互关系，片面追求某一局部利益都会得不偿失。

（2）经济性原则。在技术可行的条件下，施工方案的经济性是保证整体最优的基础。整体最优是通过施工方案的经济性体现出来的。

（3）满意原则。水利水电工程投资大、工期长、受制约的因素多，施工方案不可能达到最优，只能获得相对满意的方案。

9.4.2　工程计量与支付

水利水电工程计量与支付是施工合同管理的一项重要内容。计量与支付是与监理工程师的三大控制职能直接相关的工作。监理工程师可以计量与支付为手段，控制承包人按合同规定的质量和进度要求进行工程施工，同时可以对工

程的总投资进行动态预测和控制，以达到投资控制的目的。

1. 工程计量

（1）计量的目的。

① 计量是对承包人进行中间支付的需要。工程要顺利进行，承包人必须维持合适的现金流，而要想保证现金流就必须适时进行计量支付。

② 计量是工程投资控制的需要。工程量清单中开列的是估算工程量，实际情况是千变万化的，可以说很少有不进行变更的工程，因此计量工程量清单项目及变更索赔项目中的工程量对工程的投资控制非常重要。

（2）计量的依据。

监理工程师主要是依据施工图和对施工图的修改指令或变更通知，以及合同文件中的相应合同条款进行计量。

（3）完成工程量的计量。

① 每月月末承包人向监理工程师提交月付款申请单时，应同时提交完成工程量月报表，其计量周期可视具体工程和财务报表制度由监理工程师与承包人商定。若工程项目较多，则监理工程师与承包人协商后，亦可由承包人向监理工程师提交完成工程量月报表，经监理工程师核实同意后，返回给承包人，再由承包人据此提交月付款申请单。

② 完成的工程量由承包人进行测量后报送监理工程师核实。监理工程师有疑问时，可要求承包人派员与监理工程师的有关人员共同复核。监理工程师认为有必要时，还可要求与承包人联合进行测量计量。

③ 合同工程量清单中每个项目的全部工程量完成后，在确定该项目最后一次付款时，应由监理工程师要求承包人共同对历次计量报表进行汇总和通过测量进行核实，以确定最后一次进度付款对应的工程量准确，应注意避免工程量的重复计算或漏算。

④ 水利水电工程合同技术条款中对各种工程建筑物的计量方法做了规定，除合同另有规定外，各个项目的计量方法应按合同技术条款的有关规定执行。

⑤ 计量均应采用国家法定的计量单位，并与工程量清单中的计量单位相一致。

2. 工程支付

（1）工程支付的依据。

工程支付的主要依据是合同协议、合同条款、技术规范中相应的支付条款，以及在合同执行过程中，经监理工程师或监理工程师代表发出的有关工程修改或变更的通知和工程计量的结果。

（2）工程支付的条件。

①施工总进度的批准将是第一次月支付的先决条件。

②单项工程的开工批准是该单项工程支付的条件。

③中间支付证书的净金额应符合合同规定的最小支付金额。

（3）工程支付的方式。

工程支付通常有四种方式，即预付款、月进度付款、完工结算和最终付款。

（4）工程支付的步骤。

工程支付一般分为以下三个步骤。

①承包人提出符合监理工程师指定格式的月报表。

②监理工程师审查和开具支付证书。

③业主付款。

（5）工程支付的具体内容和计算方法。

①预付款。

预付款一般包括工程预付款和工程材料预付款。

a.工程预付款是发包人为了帮助承包人解决资金周转问题的一种无息贷款，主要供承包人添置本合同工程所需的施工设备以及支付需要预先垫支的部分费用。工程预付款应在合同协议签署且承包人向发包人递交了符合合同规定的履约保证书或保函后支付。支付方式可按照合同规定，一次支付或分批支付。

工程预付款需在合同累计完成金额达到合同条款规定的数额时开始从进度付款中扣还，直至合同累计完成金额达到合同条款规定的数额时全部扣清。从进度付款中累计扣回的金额按式（9.27）计算。

$$R = \frac{A}{(F_2 - F_1)S}(C - F_1 S) \tag{9.27}$$

式中：R——从进度付款中累计扣回的金额；

　　　A——合同预付款总金额；

　　　F_1——按合同条款规定开始扣款时合同累计完成金额达到合同价的比例；

　　　F_2——按合同条款规定全部扣清时合同累计完成金额达到合同价的比例；

　　　S——合同价；

C——合同累计完成金额。

上述合同累计完成金额均指价格调整前未扣保留金的金额。

b.在合同条款中规定的工程主要材料（如水泥、钢筋、钢板等）到达工地并满足一定条件后，承包人可向监理工程师提交工程材料预付款支付申请单，并要求发包人支付工程材料预付款。支付工程材料预付款应满足的条件包括以下各项。

（a）材料的质量和储存条件符合合同要求。

（b）材料已到达工地，并经承包人和监理工程师共同检验入库。

（c）承包人按监理工程师的要求提交了材料的订货单、收据或价格证明文件。

工程材料预付款金额为经监理工程师审核后的实际材料价的90%，在月进度付款中支付，从付款月后的6个月内在月进度付款中，每月按该预付款金额的平均值扣还。

② 月进度付款。

月进度付款包括以下程序及步骤。

a.提交月进度付款申请单。承包人应在每月末按监理工程师规定的格式提交月进度付款申请单，并附有符合合同规定的完成工程量月报表。该申请单应包括以下内容。

（a）已完成的工程量清单中的工程项目及其他项目的应付金额。

（b）经监理工程师签证的当月计日工支付凭证标明的应付金额。

（c）合同规定的工程材料预付款金额。

（d）合同规定的价格调整金额。

（e）合同规定的承包人有权得到的其他金额。

（f）扣除合同规定的由发包人扣还的工程预付款和工程材料预付款金额。

（g）扣除合同规定的由发包人扣留的保留金额。

（h）扣除合同规定的由承包人付给发包人的其他金额。

b.颁发月进度付款证书。监理工程师收到承包人提交的月进度付款申请单和完成工程量月报表后，对承包人完成的工程形象进度、质量、数量以及各项价款的计算进行核查，若有疑问，可要求承包人派员与监理工程师共同复核，最后按监理工程师的核查结果出具付款证书，给出应到期支付给承包人的金额。

c.支付。发包人收到监理工程师签证的月进度付款证书并审批后将相应金额支付给承包人，支付时间不应超过合同规定的时间，若不按期支付，则应把从逾期第一天起合同条款中规定的逾期付款违约金加付给承包人。

d.实行保留金。保留金主要用于承包人履行属于其自身责任的工程缺陷修补，它为监理工程师有效监督承包人圆满完成缺陷修补工作提供了资金保证。保留金总额一般可为合同价的2.5%~5%，从第一个月开始，在给承包人的月进度付款中（不包括预付款和价格调整金额）扣留5%~10%，直至扣款总金额达到规定的保留金总额为止。

③ 完工结算。

工程完工后应清理支付账目，包括已完工程尚未支付的价款、保留金的清退以及其他按合同规定需结算的账目。

在施工项目工程移交证书颁发后的合同规定时间内，承包人应按监理工程师批准的格式提交一份完工付款申请单。监理工程师应在收到承包人提交的完工付款申请单后的合同规定时间内完成复核，并与承包人协商修改后，在完工付款申请单上签字和出具完工付款证书报送发包人审批。发包人应在收到上述完工付款证书后合同规定时间内审批，并支付相应金额给承包人。

④ 最终付款。

施工项目保修责任终止证书颁发后，承包人已完成全部承包工作，但合同的遗留账目尚未结清，因此要求承包人在保修责任终止证书颁发后的合同规定时间内提交最终付款申请单。监理工程师在收到承包人提交的最终付款申请单后应进行仔细检查，若对某些内容有异议，可要求承包人进行修改补充，直至监理工程师满意为止。监理工程师收到经其同意的最终付款申请单和结清单的副本后，在合同规定时间内出具最终付款证书，发包人在收到最终付款证书后的合同规定时间内支付相应金额。

9.4.3　工程变更管理与合同价调整

1. 工程变更及其控制的意义

（1）工程变更的概念。

工程变更包括设计变更、进度计划变更、施工条件变更、工程量变更，以及原招标文件和工程量清单中未包括的"新增工程"。工程变更形式如下。

① 增加或减少合同中任何一项工作内容。

② 增加或减少合同中关键项目的工程量超过专用合同条款规定的百分比。

③ 取消合同中任何一项工作（但被取消的工作不能转由发包人或其他承包人实施）。

④ 改变合同中任何一项工作的标准或性质。

⑤ 改变工程有关部分的标高、基线、位置或尺寸。

⑥ 改变合同中任何一项工程的完工日期或改变已批准的施工顺序。

⑦ 追加为完成工程所需的任何额外工作。

（2）工程变更产生的原因。

由于建设工程施工阶段条件复杂，影响因素较多，工程变更是难以避免的，其产生的主要原因如下。

① 发包方的原因造成的工程变更。如发包方要求修改设计、缩短工期以及增加合同以外的工程等。

② 监理工程师的原因造成的工程变更。监理工程师根据工程的需要对施工工期、施工顺序等提出变更。

③ 设计方的原因造成的工程变更。如由于设计深度不够、设计质量差等，工程不能按图施工，不得不进行设计变更。

④ 自然原因造成的工程变更。如不利的地质条件、异常的天气以及不可抵抗的自然灾害等，导致设计变更、工期延误等。

⑤ 承包人原因造成的工程变更。一般情况下，承包人不得对原工程设计进行变更，但施工中承包人提出的合理化建议经监理工程师同意后，可以对原工程设计或施工组织进行变更。

（3）工程变更控制的意义。

工程变更控制是施工阶段工程造价控制的重要内容。工程变更一般会带来合同价的调整，而合同价的调整又是双方关注的焦点，因此，合理地处理好工程变更可以减少不必要的纠纷、保证合同顺利实施，也有利于保护承发包双方的利益。工程变更分为主动变更和被动变更。主动变更是指为了改善项目功能、加快建设速度、提高工程质量、降低工程造价而提出的变更。这类变更是有重要意义的。被动变更是指为了纠正人为的失误和应对自然条件的不利影响而不得不进行的设计、工期等的变更。工程变更控制是指为实现建设项目的目标而对工程变更进行的分析、评价，以保证工程变更的合理性。工程变更控制的意义在于：有效控制不合理变更和工程造价，保证建设项目目标的实现。

2. 工程变更控制的程序

工程变更控制的程序如图9.3所示。

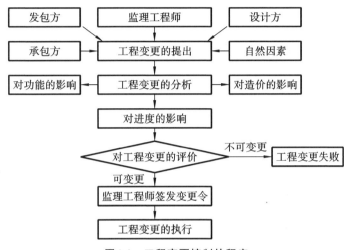

图9.3　工程变更控制的程序

（1）工程变更的提出。

工程变更的提出应遵守时间要求，一般应提前14 d以书面形式向承包方发出变更通知，否则由此导致的损失由业主承担。如果超过原设计标准或批准的建设规模，须经原审批单位重新审查批准。

（2）工程变更的分析。

无论是谁提出的工程变更，都应该进行较全面的分析，分析的主要内容包括工程变更对项目功能的影响、对建设工期的影响、对工程造价的影响等。如果工程变更对建设项目目标产生较大影响，显然是不可取的。如果工程变更导致工程造价大幅度增加，则会影响建设项目的经济效益。

（3）工程变更的评价。

通过对工程变更进行分析，我们可对工程变更的可行性做出评价。在进行评价时，应尽量使用明确的评价指标，如对功能的提高程度、经济性等。

（4）监理工程师签发变更令。

对于实行监理的建设项目，工程变更指令应由监理工程师签发。当工程变更确认后，一般会涉及合同价款的调整。

3. 工程变更处理的基本原则

工程变更的处理一般在合同中有明确的约定。合同约定也是处理工程变更的基本原则。工程变更处理的重要内容包括变更工期的确定、变更合同价的确定、特殊情况下的变更处理。

（1）变更工期的确定。

对于由承包人提出的工程变更引起的工期改变，其变更工期的确定可分为两种情况：一是承包人提出工期变更申请，经监理工程师同意后，可以变更工期；二是若工程变更后，工作量减少或取消某项目，监理工程师认为应缩短工期，则由监理工程师和承包人协商确定。

（2）变更合同价的确定。

当工程变更确认后，变更合同价的处理有3个基本原则：一是承包人提出变更合同价的要求，如果承包人不提出要求，则认为工程变更不涉及合同价的调整；二是承包人应在规定的时间内（14 d）提出变更合同价的要求，若超过规定的时间，承包人再提出变更合同价视为无效；三是承包人自身原因导致的工程变更，承包人无权要求变更合同价。

变更合同价可通过以下方式确定。

① 合同中已有适用于变更工程的价格，按合同已有的价格计算变更合同价。

② 合同中只有类似于变更工程的价格，可以参照类似价格变更合同价。

③ 合同中没有适用和类似于变更工程的价格，由承包方提出适当的变更价格，经监理工程师确认后执行。

监理工程师在收到工程变更价款报告之日起14 d内予以确认，监理工程师无正当理由不确认时，自工程变更价款报告送达之日起14 d后视为工程变更价款报告已被确认。监理工程师不同意承包方提出的变更价款时，可以与承包人协商或请有关主管部门调解。调解不成时，双方可以采取仲裁或向人民法院起诉的方式。监理工程师确认增加的工程变更价款作为追加的合同价款，与工程款同期支付。

（3）特殊情况下的变更处理。

① 工程变更的连锁影响。

某一项工程变更可能会引起本合同工程或部分工程的施工组织和进度计划发生实质性变动，以至于影响本项目和其他项目的单价或总价。这就是工程变更的连锁影响。如就进度而言，只有影响总工期时才能称为产生了实质性的影响，即关键线路发生了改变。再如对于某些被取消的工程项目，由于摊销在该项目上的费用随之被取消，这部分费用只能摊销到其他项目的单价或总价之中，发生这种情况时，承包人有权要求调整受影响项目的单价或总价。

② 合同价增减超过规定比例。

在完工结算时，若全部变更工作引起的合同价增减额超过合同价规定的比例，除了已确定的变更工作的增减金额，一般还需要对合同价进行调整，这种情况下，承包人可能从中获得额外利润或蒙受额外损失。因为承包人的现场管理费及企业管理费一般按一定的比例分摊在各子项目之中，完工结算时，若合同价比签约时增加或减少，其管理费用也按比例相应增加或减少，这显然与实际不符。实际上承包人需要支出的管理费并不随着合同价的增减而按比例增减。当合同价增加时，如果管理费也同比例增加，则承包人获得了超额利润。合同价的增减幅度在专用条款中有约定（一般取15%左右），合同价的变动在规定的幅度之内时，由于其影响较小，风险由双方分担，不再为此调整合同价。调整的范围是超过规定幅度的部分。

4. 合同价的调整

（1）价格调整的意义。

在市场经济体制下，物价水平是动态的，经常发生变化，这是市场供需状况等因素产生的必然结果。这种价格的波动也使工程造价产生动态变化。因此在项目实施过程中，工程价款的支付应该而且必须适应这样的动态变化。价格调整的意义如下。

① 使工程造价更加符合市场变化，使价格较准确地反映其价值。

② 避免发包人和承包人不必要的损失，维护双方的正当权益，实现商品的公平交易。

③ 减少承包人的经营风险，使之能在质量和进度上下功夫，保证项目的顺利建设。

（2）价格调整的基本原则。

价格调整实际上是承包人和发包人在物价变动风险上的分担方式。在变动总价合同中，应明确价格调整的方法；在固定总价合同中，虽然表面上对合同价不予调整，但实际上是把物价变动风险转嫁给承包方，而承包方在合同价中已经考虑了物价变动的风险，这种价格的调整不是在合同实施过程中进行的，

而是在确定合同价时考虑的。因此无论什么形式的合同，价格调整都是确定合同价的重要内容之一。价格调整应遵循下列原则。

① 价格调整要贴近市场的变化。价格调整不可能也没必要完全反映市场的变化。如建筑材料的价格是不断变化的，不同地点、不同时间、不同的采购渠道等都有不同的价格，要想完全反映这种情况几乎不可能。但在进行价格调整时，应尽量贴近市场的变化。

② 价格调整要体现风险共担的原则。价格风险是双方共同面临的风险，在变动总价合同中，一般约定将一定的价格调整幅度作为承包人的风险，对于超出约定幅度的部分，则提出分担方式和价格调整方式。价格调整方式以及风险的分担方式均应在合同中明确。

③ 价格调整的方法应科学、合理。价格调整涉及合同双方的利益，要公平、公正地进行价格调整，就必须要求价格调整的方法科学、合理。按国际惯例，用公式调整法进行价格调整是比较科学、合理的。当然，价格调整的方法可以根据项目的性质和规模的不同而不同。同时，价格调整的方法也需要双方协商一致。

（3）价格调整的方法。

目前我国工程建设实践中，价格调整的方法有工程造价指数法、实际价格调整法、调价文件计算法和公式调整法。

① 工程造价指数法。

这种方法是合同双方采取预算定额单价计算出承包合同价，在施工时根据合同的工期及当地工程造价管理部门所公布的每月度的工程造价指数，对原承包合同价予以调整。重点调整那些由于实际人工费、材料费、施工机械费等费用上涨及工程变更造成的价差，并对承包人给予调价补偿。

② 实际价格调整法。

由于建筑材料采购的范围越来越大，有些工程中合同双方规定对钢材、木材、水泥等用量大的材料采取按实际价格结算的办法。工程承包人凭发票据实报销，这种方法虽然简便，但是对工程造价的控制较为被动，同时价格风险完全由发包人承担也不合理。

③ 调价文件计算法。

这种方法是承包人按预算价格承包工程，在合同工期内按照工程造价管理部门调价文件的规定，进行抽料补差。价格一般依据工程造价管理部门发布的材料价格或市场价格进行调整。

④ 公式调整法。

公式调整法是按约定的公式和调整因子进行价格调整的方法。公式调整法是国际上通行的价格调整方法，也是推荐应用的价格调整方法。其公式见式 (9.28)。

$$\Delta P = P_0 \left(A + \sum B_n \frac{F_n^t}{F_n^0} - 1 \right) \tag{9.28}$$

式中：ΔP——需要调整的价格差额；

P_0——付款证书中承包人应得到的已完成工程量的金额（不包括价格调整金额，不计保留金的扣留和支付、预付款的支付和扣还，已按现行价格计价的变更价款亦不计在内）；

A——定值权重，即不可调部分的权重；

B_n——可调项的权重（变值权重），如人工费、材料费等在合同价中所占的比例，在不同工程中，这些权重是不同的，$A + \sum B_n = 1$；

F_n^t——报告期各可调项的价格指数；

F_n^0——基期各可调项的价格指数，取投标截止日 28 d 前的各可调项的价格指数。

以上价格调整公式中各可调因子、定值和变值权重，以及基期价格指数和来源在投标辅助资料的价格指数和权重表内可以查找。价格指数应首先采用国家或省（区、市）的政府物价管理部门或统计部门提供的价格指数。若缺乏上述价格指数，可采用上述部门提供的价格或双方商定的专业部门提供的价格指数（或价格）代替。

在使用公式调整法时应注意以下问题。

a.对于大型复杂的工程，可按不同的工程类别，采用多个调价公式计算价差，因为不同的工程类别其定值权重和变值权重是不同的，而权重是价格调整中较为敏感的因素。对于一般工程，可视工程的具体情况采用一个或两个综合的调价公式。

b.定值权重一般取值为 0.10~0.35，定值权重对调价的结果影响较大，因而必须合理取值。定值权重的取值一般与工程类别、项目特点等因素有关。

c.一般选择一些用量大、价格高且具有代表性的要素（如人工费、主要材料费、主要机械使用费等）作为可调因子，对于一些用量少、价格低的因子则归入定值权重，这样既可以降低调价的复杂程度，又体现了价格风险适当分担

的公平原则。

d. 当工程变更导致原定合同中的权重不合理时，监理工程师应与承包人和发包人协商后进行必要的调整。

e. 若承包人因自身责任而未能按专用合同条款中规定的完工日期完工，则价格指数应采用原定完工日期与实际完工日期两个价格指数中的低者。若是监理工程师同意延期的工程，则价格指数按实际采集的价格指数进行调整。

9.4.4　工程索赔管理

索赔的概念、发生的原因、分类，在本书第 6.5.1 节已有相关讲述，此处不再赘述。下文将先阐述索赔对工程造价管理的意义，再针对施工阶段主要涉及的工程索赔（即业主与承包人之间的索赔），从施工索赔和反索赔两个方面展开具体分析。

1. 索赔对工程造价管理的意义

索赔可以视为将投标报价中的不可预见费转变为实际发生的损失的支付过程。

按照国际惯例，施工阶段应由监理工程师对索赔要求进行处理。监理工程师应以独立的身份，本着客观、公平、公正的原则，依据合同和法律、法规审查索赔要求的合理性、正当性，并做出索赔决定。同时，监理工程师要加强索赔工作的前瞻性，要尽可能预见可能出现的问题，并及时告知业主和承包人，使其采取相应措施，避免或减少索赔。

在反索赔中，业主不但应根据实际情况，合理地提出索赔要求，而且应当注意做好对承包人施工索赔的评审和做出必要的反驳和修正，同时应注意采取各种措施，以防止或减少索赔发生。

由以上可知，索赔是施工阶段工程造价管理的重要方面。处理好索赔，做好与索赔相关的各项工作对于控制工程造价具有重要意义。

2. 施工索赔

（1）施工索赔的原因。

工程项目在施工过程中受到多种因素的干扰，如水文地质条件、政策法规变化、人为干扰等。这些干扰因素导致制定的计划与实际差别较大，增加了工程的风险。承包人承揽工程项目，其目的是获取利润，维持其生存和发展，同时其履约行为又受到合同的制约。为了达到营利目的，承包人在费用超支时，会利用合同中可以引用的条款，提出施工索赔。施工索赔发生的原因主要有以下几方面。

① 施工条件变化。在工程施工中，尽管在开工前业主和承包人已经分析了地质勘察资料，也进行了现场实地考察，但施工现场条件仍会出现变化。经常遇到的施工条件变化一般包括以下几方面。

a. 不利的外界障碍和条件，如无法合理预见的地下水埋藏、地质断层等。

b. 各种自然灾害。

c. 发生战争、社会动乱、罢工等。

d. 发现化石、文物等。

② 监理工程师方面的原因。在工程施工阶段，监理工程师必须监督承包人按合同规定实施项目，同时需要在各方面协助承包人顺利完成项目。监理工程师的言行也可能引起承包人索赔。常见的情况包括以下几方面。

a. 未能按时向承包人提供施工所需图纸。

b. 提供不正确的数据。

c. 指示承包人进行合同规定之外的勘探、试验，指示暂停施工等。

d. 工程变更处理不当。

③ 业主方面的原因。此原因主要包括以下两方面。

a. 业主的风险（发包人的风险）。

b. 业主违约，如未能按照合同规定的内容和时间提供施工用地，未能及时向承包人支付已完工程的款项等。

④ 合同本身的原因。如合同表述含糊不清等。

⑤ 法律、法规发生变化。

（2）施工索赔的分类。

对施工索赔进行合理的分类，可以有效地指导施工索赔管理工作，明确施工索赔工作的任务和方向。

目前国内外对施工索赔的分类方法有多种。以下介绍其中的两种分类方法。

① 按照索赔的目的，可以将其分为费用索赔和工期索赔。

② 按索赔发生的原因，可以将其分为以下几种。

a. 业主违约索赔。

b. 工程变更索赔。

c. 监理工程师指令引起的索赔。

d. 暂停工程索赔。

e. 因业主的风险引起的索赔。

f. 不利自然条件和客观障碍引起的索赔。

g. 合同缺陷索赔。

h. 其他原因引起的索赔。

（3）施工索赔的依据。

索赔的目的，无非是希望得到工期延长或经济补偿。为此，承包人需要进行大量的索赔论证工作。索赔的依据主要包括以下各方面。

① 招标文件。招标文件是承包人投标报价的依据，它是工程项目合同文件的基础。招标文件中一般包括的通用条件、专用条件、施工技术规范、工程量表、工程范围说明、现场水文地质资料等文本，都是工程成本的基础资料。它们不仅是承包人参加投标竞争和编标报价的依据，也是索赔时计算附加成本的依据。

② 投标书。投标书是指投标报价文件。它是承包人依据招标文件并进行工地现场勘察后编标报价的成果资料，也是通过竞争而中标的依据。在投标报价文件中，承包人对各主要工种的施工单价进行了分析计算，对各主要工程的施工效率和施工进度进行了分析，对施工所需的设备和材料列出了数量和价值，对施工过程中各阶段所需的资金数额提出了要求等。所有这些文件，在中标及签订合同协议书以后，都成为正式合同文件的组成部分，也成为索赔的基本依据。

③ 合同协议书及其附属文件。合同协议书是合同双方（业主和承包人）正式形成合同关系的标志。在签订合同协议书以前，合同双方对于中标价格、工程计划、合同条款等问题的讨论纪要文件，亦是该工程项目合同文件的重要组成部分。在这些会议纪要中，如果对招标文件中的某个合同条款做了修改或解释，则纪要也成为索赔计价的依据。

④ 来往信函。在合同实施期间，合同双方有大量的往来信函。这些信件都具有合同文件效力，是结算和索赔的依据资料。如监理工程师（或业主）的工程变更指令、口头变更确认函、加速施工指令、工程单价变更通知、对承包人问题的书面回答等。这些信函（包括传真资料）可能繁杂零碎，而且数量巨大，但应仔细分类存档，以便引证使用。

⑤ 会议记录。在工程项目从招标到建成移交的整个期间，合同双方要召开多次会议，讨论解决合同实施中的问题。所有这些会议的记录，如标前会议纪要、工程协调会议纪要、工程进度变更会议纪要、技术讨论会议纪要、索赔会议纪要等，都是重要的文件。

对于重要的会议纪要，要建立审阅制度，即由做纪要的一方写好纪要稿后，送交对方（以及有关各方）传阅核签，如有不同意见，可在纪要稿上修改。也可规定某一核签的期限（如7d），超过期限不返回核签意见，即认为同意。审阅制度对保证会议纪要稿的合法性是必要的。

⑥ 施工现场记录。承包人的施工管理水平高的一个重要标志，就是其建立了一套完整的现场记录制度，并持之以恒地贯彻到底。这些资料的具体项目甚多，主要有施工日志、施工检查记录、工时记录、质量检查记录、施工设备使用记录、材料使用记录、施工进度记录等。有的重要记录文本，如质量检查、验收记录，还应经监理工程师或其代表的签字认可。监理工程师同样要有自己完备的施工现场记录，以备核查。

⑦ 工程财务记录。在工程施工过程中，对工程成本的开支和工程款的历次收入，均应做详细的记录，并输入计算机备查。这些财务资料包括工程进度款每月的支付申请表，工人劳动计时卡和工资单，设备、材料和零配件采购单，付款收据，工程开支月报等。在索赔计价工作中，财务单证十分重要，应注意积累和分析整理。

⑧ 现场气象记录。水文气象条件对工程实施的影响甚大，它经常引起工程施工的中断或工效降低，有时甚至造成在建工程的毁损。许多工期索赔均与气象条件有关。施工现场应注意记录的气象资料，包括每月降水量、风力、气温、河水位、河水流量、洪水位、洪水流量、施工基坑地下水状况等。如遇到地震、海啸、飓风等特殊自然灾害，更应注意随时详细记录。

⑨ 市场信息资料。大中型工程项目工期一般长达数年。对施工期间的物价变动资料，应系统地搜集整理。这些信息资料，不仅对工程款的调价计算是必不可少的，对索赔亦同样重要。

⑩ 政策法令文件。这是指政府或立法机关公布的有关工程造价的决定或法令，如调整工资的决定、税收变更指令、工程仲裁规则，以及货币汇兑限制指令、外汇兑换率等。由于工程的合同条款是以适应国家的法律为前提的，因此政府的法令对工程结算和索赔具有决定性的意义，应该高度重视。对于重大的索赔事项，如涉及大宗的索赔款额，或遇到复杂的法律问题时，还需要聘请

律师进行专门处理。

（4）施工索赔的工作程序。

在合同实施阶段中所出现的每一个索赔事项，都应按照工程项目合同的具体规定和索赔的惯例，抓紧协商解决。索赔处理一般按以下步骤进行。

① 提出索赔要求。当索赔事项出现时，承包人一方面有权根据合同任何条款及其他有关规定，向发包人索取追加付款，并在索赔事件发生后的合同规定时间内，将索赔意向书提交发包人和监理工程师；另一方面应继续进行施工，不影响施工的正常进行。

② 报送索赔申请报告。承包人在正式提出索赔要求以后，应抓紧准备索赔资料，计算索赔金额，或计算所需的工期延长天数，编写索赔申请报告，并在合同规定的时间内将索赔申请报告正式提交发包人和监理工程师。如果索赔事项的影响继续存在，则每隔一定时间向监理工程师报送一次补充资料，说明事态发展情况。最后，当索赔事项影响结束后，在合同规定时间内报送此项索赔的最终报告，附上最终账目和全部证据资料，提出具体的索赔金额或工期延长天数，要求监理工程师和业主审定。

在工程索赔工作中，索赔申请报告的质量和水平是影响索赔结果的关键因素。一项符合法律规程与合同规定的索赔，如果索赔申请报告写得不好，例如，对索赔权论证不力、索赔证据不足、索赔款计算有错误等，轻则使索赔结果大打折扣，重则会导致整个索赔失败。因此，承包人在编写索赔申请报告时，应特别周密、审慎地论证阐述，提供充分的证据资料，并对索赔款计算书反复校核，以杜绝任何计算错误。对于技术复杂或款额巨大的索赔事项，可聘用合同专家、法律顾问、索赔专家或技术权威人士担任咨询顾问，以保证索赔取得较为满意的结果。

③ 索赔的处理。监理工程师处理承包人索赔的程序如下。

a. 监理工程师收到承包人提交的索赔意向书后，即可开始搜集有关资料，建立该索赔项目的档案。在收到承包人提交的索赔申请报告后，应认真研究和核查承包人提出的记录和证据，并可向承包人提出疑问，要求承包人限期答复。

b. 监理工程师在处理索赔事件时，首先应分清合同双方各自应负的责任，然后根据承包人提供的索赔依据，对照双方提交的记录和证明材料做出独立的分析判断，提出初步的索赔处理意见，并与发包人和承包人协商后，在合同规定的期限内将索赔处理决定通知承包人。

c. 若业主和承包人双方或其中一方不接受监理工程师的决定，可将有关事件作为合同争议，并按照合同约定的解决争议的方式和程序予以解决。但在争议解决前，应暂按监理工程师的决定执行。

3. 反索赔

反索赔包括业主向承包人提出索赔和业主对于承包人提出的索赔要求进行评审、反驳和修正，以及为防止承包人索赔而预先采取措施等。

（1）业主对承包人索赔的内容。

工程施工阶段业主对承包人的索赔，主要包括以下三方面。

① 由于工期延误，业主对承包人的索赔。在工程项目的施工过程中，往往存在多方面的原因使工程竣工日期较原定竣工日期拖后，影响到业主对该工程的使用，给业主带来经济损失。按照合同规定，业主有权向承包人索赔，即要求他承担"误期损害赔偿费"。承包人承担这项赔偿费的前提是，这一工期延误责任属于承包人。

工程合同中规定的误期损害赔偿费，通常是由业主在招标文件中确定的。业主在确定这一赔偿金的费率时，一般要考虑以下诸项因素。

a. 由于本工程项目拖期竣工而不能使用，租用其他设施时的租赁费。

b. 继续使用原设施或租用其他设施的维修费用。

c. 由工程拖期引起的投资或贷款利息的增加额。

d. 工程拖期带来的附加监理费。

e. 原计划收入款额的落空部分等。

业主应该注意赔偿金费率的合理性，不应将其定得明显偏高。另外，在工程承包实施中，一般对误期损害赔偿费的累计扣款总额有所限制（如不得超过该工程项目合同价的5%～10%）。

② 由于工程缺陷，业主对承包人的索赔。工程缺陷索赔是由于质量缺陷，业主对承包人的索赔。工程承包合同规定，如果承包人的工程质量不符合技术规范的要求，或使用的设备和材料不符合合同规定，或在保修期未满以前未完成应该负责修补的工程时，业主有权向承包人追究责任，要求补偿业主所承受的经济损失。相关工程缺陷主要有以下几种情况。

a. 承包人建成的某一部分工程，由于工艺水平差，而出现倾斜、开裂等破损现象。

b. 承包人使用的材料或设备不符合合同条款中指定的规格或质量标准，

从而危及建筑物的牢固性。

c.承包人负责设计的部分永久工程，虽然经过了监理工程师的审核同意，但建成后发现存在设计失误，影响工程的牢固性。

d.承包人未能完成按照合同文件规定应完成的隐含工作等。

对以上缺陷，承包人应在监理工程师和业主规定的时间内做完修补工作，并经检查合格。在保修责任期届满之际，监理工程师在全面检查验收时发现的任何缺陷，应要求承包人修补好，从而完成保修的责任。否则，业主可以向承包人提出索赔。

缺陷处理的费用应该由承包人自己承担。如果承包人拒绝完成缺陷修补工作，或修补质量仍未达到合同规定的要求，则业主可从其工程进度款中扣除该项修补所需的费用。

③由于承包人违约，业主对承包人的索赔。除了上述两方面主要的索赔，业主还有权对承包人的其他任何违约行为提出索赔。在业主对承包人的索赔实践中，常见的由于承包人违约而引起的业主对承包人的索赔主要有以下几种情况。

a.因承包人所申办的工程保险，如工程一切险、人身事故保险、第三方责任险等，出现过期或失效，业主代为重新申办这些保险发生了费用。

b.由于承包人责任，业主或第三方人员产生了人身或财产损失，从而发生了费用。

c.由于不可原谅的工期延误，监理工程师的服务费用及其他有关开支有所增加。

d.承包人对业主指定的分包商拖欠工程款，长期拒绝支付，指定分包商提出了索赔要求。

e.当承包人严重违约，不能（或无力）完成工程项目合同的职责时，业主有权终止其合同关系，由业主自行或雇用其他承包人来完成工程。此时，业主清理合同付款，并可提出索赔。

（2）业主对承包人索赔的特点。

同承包人提出的索赔一样，业主对承包人提出索赔要求也是为了维护自身的合法权益，避免因承包人而蒙受损失。但业主对承包人的索赔工作程序比较简单。其特点主要表现为以下几方面。

①业主对承包人的索赔措施，基本上已列入工程项目的合同条款中。

②业主对承包人的索赔，一般不需要提交索赔申请报告等索赔文件，只

需通知承包人即可。有些情况下，如承包人保险失效，业主代为申办发生的费用，以及误期损害赔偿费等，甚至不需要事先通知承包人，就可直接扣款。

③ 业主对承包人索赔的款项数额，一般由业主根据有关法律和合同条款自行确定，无须经过监理工程师事先批准。如工程进度款数额达不到应扣款额，则可从承包人提供的任何担保金或保函中扣除。如仍不能抵偿业主的索赔款额，业主还有权扣押、没收承包人在工地上的任何财产，如施工机械等。

9.5　竣工验收结算阶段造价管理

9.5.1　工程完工总结算报告编制

水利水电工程完工总结算报告是在竣工结算的基础上，结合项目实施情况分析、计算、汇总后编制的反映建设项目全部建设投资的文件，是概算执行效果的体现和投资控制管理的总结，也是编制工程竣工决算的基础和依据。完工总结算报告应在机组全部投产、工程主体标段完成竣工结算、主要设备采购合同最终结算价款已确定的基础上编制，并宜在6个月内编制完成。其编制深度应满足建设管理单位管理和竣工决算编制的需要。完工总结算报告应按执行概算投资构成及核准概算投资构成两种表现形式进行编制。

1. 编制依据

（1）设计文件、核准概算、分标概算、招标设计概算、执行概算及其动态分析成果、调整概算等文件。

（2）合同文件、变更及索赔等资料。

（3）竣工结算报告。

（4）相关竣工验收资料。

（5）财务、审计相关资料。

（6）有关法律、法规和政策文件。

（7）其他有关文件。

2. 执行概算表现形式的工程总投资编制

（1）枢纽工程投资编制。

①前期施工准备工程和主体建筑安装工程。

a.一般规定。

结合项目实施进度和完工总结算报告编制时点，可将前期施工准备工程和主体建筑安装工程划分为已完成竣工结算标段、已签订合同未完成竣工结算标段和未签订合同标段。标段投资由清单项目、工程变更及索赔、集供材料费扣减、甲供材料费扣减、标段价差、甲供材料采购费和增值税等组成。

b.已完成竣工结算标段投资编制。

已完成竣工结算标段，以竣工结算成果为基础，经分析后按清单项目、工程变更及索赔、集供材料费扣减、甲供材料费扣减、标段价差、甲供材料采购费和增值税等计列。

（a）清单项目：合同中已标价的工程量清单项目，不含暂列金额（备用金、计日工），按竣工结算确定的清单项目工程量乘以合同单价计算。

（b）工程变更及索赔：合同实施过程中经建设管理单位批准的合同变化或费用补偿，按竣工结算确定的费用计列。

（c）集供材料费扣减：集供材料费指标段间集中供应的材料（如成品砂石骨料、半成品混凝土等）的费用，按竣工结算确定的材料工程量乘以集供单价计算。集供材料费应按合同约定或实际结算方式在供应方或使用方标段计列，并在对应标段扣减，费用应不重不漏。

（d）甲供材料费扣减：甲供材料指建设管理单位采购的材料，根据合同约定，甲供材料费在标段投资中扣减，甲供材料费按竣工结算确定的材料用量乘以合同指定价计算并扣减。

（e）标段价差：根据合同、协议等约定的方法计算标段价差（不含甲供材料费），标段价差按实际发生的价差计列。

（f）甲供材料采购费：按竣工结算确定的材料用量乘以实际采购单价计算。

（g）增值税：按实际发生的费用计列。

c.已签订合同未完成竣工结算标段投资编制。

已签订合同未完成竣工结算标段按清单项目、工程变更及索赔、集供材料费扣减、甲供材料费扣减、标段价差、甲供材料采购费和增值税等计列。

（a）清单项目：合同中已标价的工程量清单项目，不含暂列金额（备用金、计日工），按完工总结算报告编制时清单项目已发生和预计发生的工程量乘以合同单价计算。

（b）工程变更及索赔：合同实施过程中经建设管理单位批准的合同变化或费用补偿，按完工总结算报告编制时已发生和预计发生的费用计列。

（c）集供材料费扣减：集供材料费指标段间集中供应的材料（如成品砂石骨料、半成品混凝土等）的费用，按完工总结算报告编制时已发生和预计发生的材料工程量乘以集供单价计算。集供材料费应按合同约定或实际结算方式在供应方或使用方标段计列，并在对应标段扣减，费用应不重不漏。

（d）甲供材料费扣减：甲供材料指建设管理单位采购的材料，甲供材料费根据合同约定在标段投资中扣减，甲供材料费按完工总结算报告编制时已发生和预计发生的材料用量乘以合同指定价计算并扣减。

（e）标段价差：根据合同、协议等约定的方法计算标段价差（不含甲供材料费），标段价差按实际发生和预计发生的价差计列。

（f）甲供材料采购费：按完工总结算报告编制时已发生和预计发生的材料用量乘以实际采购和预计采购单价计算。

（g）增值税：已发生的增值税按实际发生费用计列，未发生的增值税按预计发生的不含税投资乘以对应的增值税税率计算。

d.未签订合同标段投资编制。

未签订合同标段，根据最新设计成果和实际情况分析计算后，按预计清单项目、集供材料费扣减和增值税等计列。

②设备采购工程投资编制。

a.一般规定。

结合项目实施进度和完工总结算报告编制时点，可将设备采购工程划分为已确定合同最终结算价款标段、已签订合同未确定合同最终结算价款标段和未签订合同标段。标段投资由清单项目、工程变更及索赔和增值税等组成。

b.已确定合同最终结算价款标段投资编制。

已确定合同最终结算价款标段按清单项目、工程变更及索赔和增值税等计列。

（a）清单项目：合同中已标价的工程量清单项目，不含暂列金额（备用金、计日工），按已确定的清单项目工程量乘以合同单价计算。

（b）工程变更及索赔：合同实施过程中经建设管理单位批准的合同变化或费用补偿，按已确定的费用计列。

（c）增值税：按实际发生的费用计列。

c.已签订合同未确定合同最终结算价款标段投资编制。

已签订合同未确定合同最终结算价款标段按清单项目、工程变更及索赔和增值税等计列。

（a）清单项目：合同中已标价的工程量清单项目，不含暂列金额（备用金、计日工），按完工总结算报告编制时清单项目已发生和预计发生的工程量乘以合同单价计算。

（b）工程变更及索赔：合同实施过程中经建设管理单位批准的合同变化或费用补偿，按完工总结算报告编制时已发生和预计发生的费用计列。

（c）增值税：已发生的增值税按实际发生的费用计列，未发生的增值税按预计发生的不含税投资乘以对应的增值税税率计算。

d.未签订合同标段投资编制。

未签订合同标段，根据最新设计成果和实际情况分析计算后，按预计清单项目和增值税等计列。

③专项工程投资编制。

区分建筑安装类和设备采购类专项工程，建筑安装类专项工程按上述前期施工准备工程和主体建筑安装工程投资编制原则编制，设备采购类专项工程按上述设备采购工程投资编制原则编制。

④项目技术服务费编制。

已发生费用按实际发生费用计列，未发生费用根据合同及实施情况分析计算。

⑤项目管理费编制。

已发生费用按实际发生费用计列，未发生费用根据合同及实施情况分析计算。

（2）建设征地移民安置补偿费用编制。

①按农村部分、城镇部分、专业项目部分、独立行政机关和企事业单位、水库库底清理和独立费用进行项目划分，对实施阶段建设征地移民安置补偿费用进行计列。

②根据建设征地移民安置补偿费用概算及建设征地移民安置实施情况分析确定。

（3）建设期利息。

按利息分割后建设期实际发生的费用计列。

（4）尾工工程及预留费用。

以完工总结算报告编制日期为时点，已签合同项目中未完成的工作内容和未签合同的项目及费用，纳入尾工工程及预留费用。

（5）其他。

建设管理单位在工程建设期间投保的各类保险发生的实际赔付金额，据实冲减对应标段的投资。

3. 核准概算表现形式的工程总投资编制

（1）概算回归的原则。

① 按核准概算投资构成进行概算回归，形成核准概算表现形式的完工总结算成果。若项目发生概算调整，应按经审查批准的调整概算投资构成进行概算回归。

② 完工总结算概算回归前后总投资保持一致。

（2）概算回归的方法。

① 按核准概算枢纽工程中施工辅助工程、建筑工程、环境保护和水土保持工程、机电设备及安装工程、金属结构设备及安装工程的相应项目组成及划分，对完工总结算标段内的项目按项目类型、项目属性、招标文件约定的边界条件、与概算中采用指标或百分率计算方法的项目的对应关系、项目与概算定额及单价取费费率的相互关系等内容，经分析后进行概算回归。集供材料费根据核准概算的投资构成进行调整，计列在接受集供材料的项目中。

② 按核准概算建设征地移民安置补偿中包括的农村部分、城镇部分、专业项目部分、独立行政机关和企事业单位、水库库底清理，对完工总结算中建设征地移民安置补偿相应项目及费用进行概算回归。

③ 独立费用部分的概算回归，结合核准概算对应的独立费用项目划分，对完工总结算中属于枢纽工程部分的项目管理费、项目技术服务费，属于建设征地移民安置补偿部分的独立费用，以及标段一般项目中属于独立费用范畴的项目及投资，经分析后进行概算回归。

④ 完工总结算标段中属于核准概算基本预备费及价差预备费部分的投资可不单独进行概算回归，与标段其他内容共同计列在标段投资中，若标段投资超出核准概算或调整概算对应的项目投资，超出的投资额度可视为动用概算预备费额度。结合建设单位管理需要，也可将完工总结算标段中增加的项目及投资按概算基本预备费和价差预备费进行归项处理。

⑤ 建设期贷款利息采用完工总结算中计列的建设期实际发生费用。

9.5.2 竣工财务决算编制依据、要求和组成

1. 竣工财务决算编制依据

竣工财务决算的编制依据应包括下列内容。

（1）国家有关法律、法规。

（2）经批准的可行性研究报告、初步设计及重大设计变更、项目任务书、概（预）算文件。

（3）年度投资计划和预算。

（4）招投标和政府采购文件。

（5）合同（协议）。

（6）工程价款结算资料。

（7）会计核算及财务管理资料。

（8）其他资料。

2. 竣工财务决算编制要求

（1）一般规定。

① 项目法人应按《水利基本建设项目竣工财务决算编制规程》（SL/T 19—2023）规定的内容、格式和要求编制竣工财务决算。

② 项目法人应做好竣工财务清理工作，完成各项账务处理及财产资产的清查盘点，做到账实、账证、账账和账表相符。

③ 对于纳入竣工财务决算的尾工工程投资及预留费用，大中型工程应控制在总概算的3%以内；小型工程应控制在总概算的5%以内。

非工程类项目除预留与项目验收有关的费用外，不应预留其他费用。

④ 大中型、小型工程应按下列要求分别编制工程类项目竣工财务决算报表。

a.大中型工程应编制第9.5.3节"2.竣工财务决算报表的内容"规定的竣工财务决算报表的9种表格。其中，项目法人应根据所执行的会计制度确定相应的水利水电基本建设项目财务决算附表。

b.小型工程可适当简化，可不编制"水利水电基本建设项目投资分析表""水利水电基本建设项目待摊投资明细表""水利水电基本建设项目待摊投资分摊表""水利水电基本建设项目待核销基建支出表""水利水电基本建设项目转出投资表"。

c.大中型、小型工程规模划分应按批复的设计文件执行。设计文件未明确的，应按《水利水电工程等级划分及洪水标准》（SL 252—2017）的相应规定执行。

⑤ 以设备购置、房屋及其他建筑物购置为主要实施内容的项目，可不编制"水利水电基本建设项目投资分析表""水利水电基本建设项目待摊投资明细表""水利水电基本建设项目待摊投资分摊表"。

（2）竣工财务总决算。

① 建设周期长、建设内容多的大型项目，单项工程竣工具备交付使用条件的，可编制单项工程竣工财务决算。项目全部竣工后，应汇总编制竣工财务总决算。项目投资计划（预算）下达两个及以上项目法人实施的，应分别编制竣工财务决算。项目全部竣工后，可汇总编制竣工财务总决算。

② 编制竣工财务总决算应遵循下列流程。

a.明确汇编单位和人员。

b.审核各项目法人或单项工程的竣工财务决算。

c.确定竣工财务总决算项目划分的口径和级次。

d.统一基准日并调整各项目法人或单项工程的竣工财务决算。

e.具体指标的分析汇总。

③ 汇总编制时，各项目法人或单项工程之间的内部往来款项应予以冲销。

3. 竣工财务决算组成

参照《水利基本建设项目竣工财务决算编制规程》（SL/T 19—2023），工程类项目竣工财务决算由下列5部分组成。

（1）竣工财务决算封面及目录。

（2）竣工工程平面示意图及主体工程照片。

（3）竣工财务决算说明书。

（4）竣工财务决算报表。

（5）其他资料。

9.5.3　竣工财务决算说明书及报表的内容与编制

1. 竣工财务决算说明书的内容

水利水电建设项目的竣工财务决算说明书应是总括反映竣工项目建设过程、建设成果的书面文件。其内容包括以下各方面。

（1）项目基本情况。

（2）年度投资计划、预算下达及资金到位情况。

（3）概（预）算执行情况。

（4）招投标、政府采购及合同（协议）执行情况。

（5）建设征地移民补偿情况。

（6）重大设计变更及预备费动用情况。

（7）尾工工程投资及预留费用情况。

（8）财务管理情况。

（9）审计、稽查、财务检查等发现问题及整改落实情况。

（10）绩效管理情况。

（11）其他需要说明的事项。

（12）报表编制说明。

2. 竣工财务决算报表的内容

水利水电基本建设项目竣工财务决算报表包括下列9种表格。

（1）水利水电基本建设项目概况表。

（2）水利水电基本建设项目财务决算表及附表。

（3）水利水电基本建设项目投资分析表。

（4）水利水电基本建设项目尾工工程投资及预留费用表。

（5）水利水电基本建设项目待摊投资明细表。

（6）水利水电基本建设项目待摊投资分摊表。

（7）水利水电基本建设项目交付使用资产表。

（8）水利水电基本建设项目待核销基建支出表。

（9）水利水电基本建设项目转出投资表。

以上各种表格的编制说明详见《水利基本建设项目竣工财务决算编制规

程》（SL/T 19—2023）的"附录 D 工程类项目竣工财务决算报表编制说明"。

大中型项目应编制以上规定的全部表格。小型项目应编制以上规定的（1）（2）（4）（7）表。

项目法人可根据项目情况增设有关反映重要事项的辅助报表。

3. 竣工财务决算说明书的编制程序和方法

（1）编制程序。

竣工财务决算说明书涉及内容较多，范围较广，为编制高质量的竣工财务决算说明书，必须制定一定的编制程序。编制程序和要求可在竣工财务决算编制工作方案中制定，也可另行制定。

一般编制程序如下。

① 明确工作分工。

明确编制竣工财务决算的牵头部门和配合部门以及他们的权责。竣工财务决算说明书一般是在项目负责人的领导下，由财务部门牵头，项目其他部门配合完成编制的。

② 编制竣工财务决算说明书提纲。

牵头部门应根据财政部和《水利基本建设项目竣工财务决算编制规程》（SL/T 19—2023）的要求，结合建设项目的实际情况，起草竣工财务决算说明书提纲，并明确各材料的搜集责任人和时间、质量要求。竣工财务决算说明书提纲经项目各部门讨论后，报项目负责人批准后实施。

③ 搜集整理资料。

各部门按分工要求搜集整理资料，这是形成竣工财务决算说明书的重要和必备的环节。搜集资料目的要明确，方法要得当。搜集的资料包括工程设计及批复资料、建设管理资料、竣工财务清理资料、决算报表等。

④ 撰写及审定说明。

资料搜集整理完成后，由牵头部门进行汇总，撰写竣工财务决算说明书。竣工财务决算说明书的内容要与竣工财务决算报表的内容相一致，同时，要注意不要遗漏重要事项。

（2）竣工财务决算说明书中的内容与有关资料的对应关系。

竣工财务决算说明书中的内容与有关资料的对应关系如图9.4所示。

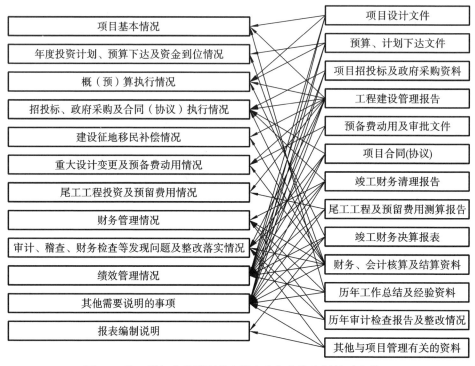

图9.4　竣工财务决算说明书中的内容与有关资料的对应关系

① 编制竣工财务决算说明书需要搜集的资料。

一般情况下，编制竣工财务决算说明书需要搜集的资料如下。

a.项目设计文件。

b.预算、计划下达文件。

c.项目招投标及政府采购资料。

d.工程建设管理报告。

e.预备费动用及审批文件。

f.项目合同（协议）。

g.竣工财务清理报告。

h.尾工工程及预留费用测算报告。

i.竣工财务决算报表。

j.财务、会计核算及结算资料。

k.历年工作总结及经验资料。

l.历年审计检查报告及整改情况。

m.其他与项目管理有关的资料。

②竣工财务决算说明书的内容与有关资料的对应关系。

a.项目基本情况：一般根据项目设计文件、工程建设管理报告、历年工作总结及经验资料分析编写。

b.年度投资计划、预算下达及资金到位情况：一般根据预算、计划下达文件，财务、会计核算及结算资料等分析编写。

c.概（预）算执行情况：一般根据项目设计文件，预算、计划下达文件，工程建设管理报告，竣工财务决算报表等分析编写。

d.招投标、政府采购及合同（协议）执行情况：一般根据项目招投标及政府采购资料，工程建设管理报告，项目合同（协议），竣工财务清理报告，财务、会计核算及结算资料等分析编写。

e.建设征地移民补偿情况：一般根据工程建设管理报告，财务、会计核算及结算资料等分析编写。

f.重大设计变更及预备费动用情况：一般根据工程建设管理报告，预备费动用及审批文件，财务、会计核算及结算资料等分析编写。

g.尾工工程投资及预留费用情况：一般根据工程建设管理报告、尾工工程及预留费用测算报告等分析编写。

h.财务管理情况：一般根据竣工财务清理报告，财务、会计核算及结算资料，历年工作总结及经验资料，历年审计检查报告及整改情况等分析编写。

i.审计、稽查、财务检查等发现问题及整改落实情况：一般根据工程建设管理报告，项目合同（协议），竣工财务清理报告，财务、会计核算及结算资料，历年审计检查报告及整改情况，其他与项目管理有关的资料等分析编写。

j.绩效管理情况：一般根据项目设计文件，预算、计划下达文件，项目招投标及政府采购资料，工程建设管理报告，预备费动用及审批文件，项目合同（协议），竣工财务清理报告，尾工工程及预留费用测算报告，竣工财务决算报表，财务、会计核算及结算资料，历年工作总结及经验资料等分析编写。

k.其他需要说明的事项:一般根据项目设计文件，预算、计划下达文件，项目招投标及政府采购资料，工程建设管理报告，项目合同（协议），竣工财务清理报告，尾工工程及预留费用测算报告，竣工财务决算报表，财务、会计核算及结算资料，历年工作总结及经验资料，历年审计检查报告及整改情况，其他与项目管理有关的资料等分析编写。

l.报表编制说明：一般根据竣工财务决算报表、其他与项目管理有关的资料等分析编写。

4.竣工财务决算报表编制的流程

竣工财务决算的9张表格，分别反映了工程建设项目的不同内容和信息，报表之间、报表填制与竣工财务清理之间、费用分摊等编制程序之间也存在一定的内在联系。为做好竣工财务决算报表编制，提高报表编制的质量和效率，在编制过程中少走弯路，要求对这些内在联系进行研究。下文通过对报表编制流程的分析，对报表之间、报表填制与竣工财务清理之间、费用分摊等编制程序之间的内在联系进行初步探讨。

（1）水利水电基本建设项目概况表（竣财1表）。

① 编制流程。

本表反映竣工项目主要特性、建设过程和建设成果等基本情况，是对项目建设主要情况的概括反映。本表主要包括项目基本情况（如名称、地址及有关单位）、工程主要建设情况（如工程量）、项目主要特征和效益、项目投资及建设成本情况4个部分，使用者通过本表可以了解项目的主体特征和建设概况。填列该表与搜集整理相关资料、竣工财务清理、计列尾工工程及费用等竣工财务决算编制程序密切相关。有关流程如图9.5所示。

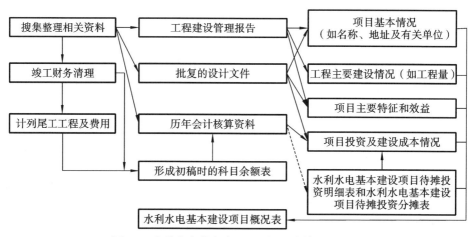

图9.5 水利水电基本建设项目概况表填列流程图

② 编制流程说明。

a.项目基本情况的有关信息主要取自批复的设计文件和工程建设管理

报告。

　　b.工程主要建设情况主要取自工程建设管理报告。

　　c.项目主要特征和效益主要取自批复的设计文件和工程建设管理报告。

　　d.项目投资及建设成本情况。概算方面的数值主要取自批复的设计文件或有关财务资料；投资来源实际数和实际投资根据历年会计核算资料取得，可根据竣工决算基准日轧账的余额和历年会计核算资料分析填列；建设成本应根据水利水电基本建设项目待摊投资明细表和水利水电基本建设项目待摊投资分摊表（竣财5表和竣财6表）分析填列。

　　e.竣工决算基准日轧账的余额在竣工财务清理和计列尾工工程及费用后形成。水利水电基本建设项目待摊投资明细表和水利水电基本建设项目待摊投资分摊表的编制流程见下文有关内容，其前置环节这里用虚线表示。

　　f.编制该表时，有些内容可与其他竣工财务决算报表同步填列，但个别内容如建设成本情况，只有在有关决算报表编制完成后方能进行填列。

　　（2）水利水电基本建设项目财务决算表及附表（竣财2表）。

　　① 编制流程。

　　本表反映竣工项目的财务收支状况，其中基本建设拨款和支出等反映项目自开工建设至竣工的累计数，其余项目反映办理竣工验收时的结余数。报表格式与年度财务决算的资金平衡表相似，都从财务账面取数填写，但本表填列的时点是竣工财务决算编制基准日。有关流程如图9.6所示。

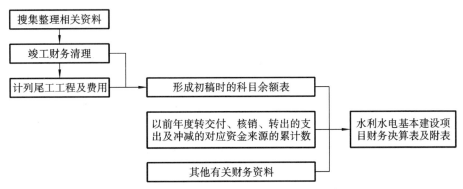

图9.6　水利水电基本建设项目财务决算表及附表填列流程图

　　② 编制流程说明。

　　a.该表在竣工决算基准日轧账后方可着手填列。

　　b.该表中基本建设拨款和支出等反映项目自开工建设至竣工的累计数。

为此，在填列前，应根据历年财务资料，将以前年度转交付、核销、转出的支出及冲减的对应资金来源的累计数还原以形成累计数。

c. 根据还原后有关科目的累计数和其他有关资料，分析填列本表。

（3）水利水电基本建设项目投资分析表（竣财3表）。

① 编制流程。

本表反映竣工项目概（预）算执行情况，左栏为工程批复的概算，右栏为根据概算项目和价款决算、财务核算等资料计算的实际支出情况及其与概算的对比分析。有关流程如图9.7所示。

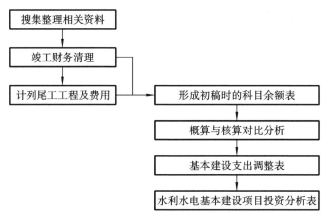

图9.7　水利水电基本建设项目投资分析表填列流程图

② 编制流程说明。

a. 概算与核算对比分析应在竣工决算基准日轧账以后方能完成。在轧账前，该表部分项目的对比分析可先进行。

b. 概算与核算对比分析后，应形成基本建设支出调整表等中间成果，使核算和概算的口径调整一致。

c. 在基本建设支出调整表等中间成果的基础上，稍加调整即可编制完成水利水电基本建设项目投资分析表。

（4）水利水电基本建设项目尾工工程投资及预留费用表（竣财4表）。

① 编制流程。

本表反映预计纳入竣工财务决算的尾工工程投资及预留费用的明细情况，根据计列尾工工程及费用的成果编制。有关流程如图9.8所示。

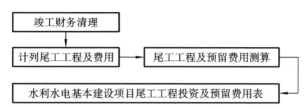

图9.8　水利水电基本建设项目尾工工程投资及预留费用表填列流程图

② 编制流程说明。

a.计列尾工工程投资及费用应在竣工财务清理后方能完成，如只有合同清理完成，才能掌握尾工建设项目的实际情况等。当然，在竣工财务清理完成前，一些与竣工财务清理无关的尾工工程和费用项目可先行测算。

b.计列尾工工程及费用后，应形成尾工工程及预留费用测算表等中间成果。

c.在尾工工程及预留费用测算表等中间成果的基础上，稍加调整即可编制完成水利水电基本建设项目尾工工程投资及预留费用表。

（5）水利水电基本建设项目待摊投资明细表和水利水电基本建设项目待摊投资分摊表（竣财5表和竣财6表）。

① 编制流程。

此两表反映竣工项目成本构成情况，是计算工程交付使用资产的主要依据，编制时需要根据概算的主要项目计算各单位工程的建设成本。

由于竣工项目成本的归集对象为交付使用资产，此两表应结合概算的主要项目、交付使用资产清单等进行分析填列。

a.根据应移交资产清单生成符合填表要求的资产汇总类别，对资产汇总类别进行分摊。此方式的优点是分摊较为简单，能较快生成有关报表；缺点为在填制交付使用资产表时，需要将资产汇总类别的成本进行二次分摊，还原为单个交付使用资产的价值。有关流程如图9.9所示。

b.根据应移交资产清单进行分摊，分摊后再根据由应移交资产清单生成的资产汇总类别填表。此方式的优点是一步到位，可直接生成交付使用资产表、待摊投资分摊表的有关基础数据；缺点为分摊计算的工作量较大。但在计算机辅助计算普及的今天，计算量大已不是问题。有关流程如图9.10所示。

② 编制流程说明。

a.水利水电基本建设项目待摊投资明细表和水利水电基本建设项目待摊投资分摊表这两种表的编制由项目法人根据实际选择。

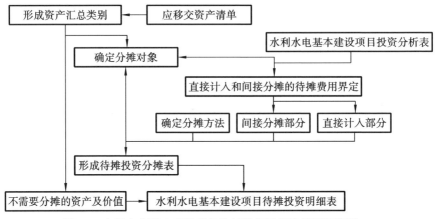

图9.9 水利水电基本建设项目待摊投资明细表填列流程图

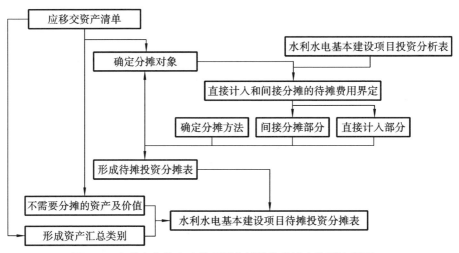

图9.10 水利水电基本建设项目待摊投资分摊表填列流程图

b.确定分摊对象应在应移交资产清单形成后进行。

c.直接计入和间接计入的待摊费用应根据水利水电基本建设项目投资分析表和确定的分摊对象分析确定。

d.通过确定分摊方法、进行分摊计算等程序,形成中间成果待摊投资分摊表。

e.根据待摊投资分摊表、不需要分摊的资产及价值和形成的资产汇总类别,即可编制水利水电基本建设项目待摊投资明细表和水利水电基本建设项目待摊投资分摊表。

(6)水利水电基本建设项目交付使用资产表(竣财7表)。

① 编制流程。

本表反映竣工项目向不同资产接收单位交付使用资产情况，注意本表的项目和概算项目不同，应根据交付使用资产的类型分项填列，在资产分类中一般要参照管理单位的资产分类来填列，以便管理单位能以交付资产表的价值直接入账。

本表根据水利水电基本建设项目待摊投资明细表或水利水电基本建设项目待摊投资分摊表、应移交资产清单分析填列。

a.在编制水利水电基本建设项目交付使用资产表时，应根据水利水电基本建设项目待摊投资明细表、应移交资产清单，进行二次成本分摊。有关流程如图9.11所示。

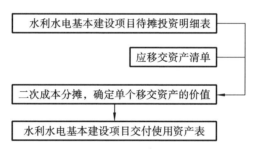

图9.11 水利水电基本建设项目交付使用资产表填列流程图（一）

b.在编制水利水电基本建设项目交付使用资产表时，应根据应移交资产清单、水利水电基本建设项目待摊投资分摊表、不需要分摊的资产及价值分析填列。有关流程如图9.12所示。

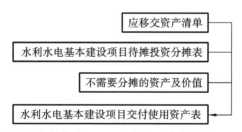

图9.12 水利水电基本建设项目交付使用资产表填列流程图（二）

② 编制流程说明。

a.编制水利水电基本建设项目交付使用资产表时，应进行二次成本分摊，将分类汇总的资产成本还原为单个资产价值后填列本表。

b.编制水利水电基本建设项目交付使用资产表时，可直接根据应移交资

产清单、水利水电基本建设项目待摊投资分摊表和不需要分摊的资产及价值填列本表。

（7）水利水电基本建设项目待核销基建支出表（竣财8表）。

本表反映竣工项目发生的待核销基建支出明细情况，非经营性建设项目发生的江河清障、航道清淤、飞播造林、补助群众造林、退耕还林（草）、封山（沙）育林（草）、水土保持、城市绿化、取消项目可行性研究费、项目报废及其他经财政部门认可的不能形成资产部分的投资为待核销基建支出。

本表根据项目法人财务核算资料、上级部门的决算批复或其他文件分析填列。

（8）水利水电基本建设项目转出投资表（竣财9表）。

本表反映竣工项目发生的转出投资明细情况，反映非经营性项目为项目配套产生的产权不归本单位的专用设施投资，如专用道路、专用通信设施、送变电站、地下管道等投资。

本表根据竣工财务清理中的应移交资产清理结果、转出投资的有关会计资料、有关部门的批复等分析填列。

第10章　水利水电工程造价管理案例

10.1　工程概况

10.1.1　电站基本情况

国内某抽水蓄能电站（以下简称"抽蓄电站"）工程装机总容量为1200 MW，安装4台单机容量为300 MW的单级混流可逆式水泵水轮机-发电电动机机组。电站额定水头为375 m，设计年发电量为20.08亿kW·h，年抽水用电量为26.77亿kW·h，电站综合效率系数为0.75。

抽蓄电站工程属于特大型工程，主要建筑物按1级建筑物设计。枢纽建筑物主要由上水库、输水系统、地下厂房系统、下水库以及地面开关站等建筑物组成。上水库大坝为沥青混凝土面板堆石坝，最大坝高为116.8 m，正常蓄水位为606.0 m，死水位为571.0 m，调节库容为809.25万 m³。下水库大坝为钢筋混凝土面板堆石坝，最大坝高为78.6 m，正常蓄水位为220 m，死水位为190 m，调节库容为878.22万 m³。

抽蓄电站工程竣工决算编制依据为：《关于印发〈基本建设项目竣工财务决算管理暂行办法〉的通知》（财建〔2016〕503号）等国家有关法律、法规；抽蓄电站可行性研究报告、设计概算；抽蓄电站施工、勘察设计、监理及设备采购等合同；工程结算资料；有关的会计及财务管理资料；其他有关资料等。

10.1.2　工程投资与投资管理

1. 工程投资

根据可行性研究报告和设计概算可知，工程总投资为736983.36万元，工程静态投资为576415.17万元。抽蓄电站建设资金由资本金和国内银行贷款构成，其中资本金占总投资的20%，国内银行贷款部分占总投资的80%。

2. 投资管理

抽蓄电站项目于2014年9月获得国家能源局核准，按2013年第三季度价格水平测算，批准工程动态总投资736983.36万元，实际完成投资637699.09万元，较设计概算节约99284.27万元。抽蓄电站概算管理遵循"总量控制、合理调整""静态控制、动态管理"的原则和总体思路，具体措施如下。

（1）按照全寿命周期设计概算及投资管理理念，滚动开展概算执行情况分析及投资控制。对执行概算与设计概算进行对比分析和总结，从而对整个工程投资做到心中有数，也使投资控制更精准。项目结合工程实际，每年年初对执行概算进行滚动分析和调整，每年年底对当年概算执行情况进行分析，对接近设计概算金额的项目进行分析及预警，对投资超支与节约的项目进行分析并查找原因，始终坚持用好执行概算这把尺子，科学控制投资，做到国有资产效益最大化。

（2）发挥计划引领作用，精准控制投资。自2015年开工建设，工程连续七年年度投资计划完成率均为100%。对年初的投资计划进行分解，细化到月份，责任落实到部门和具体承办人员，每月开展投资统计并增加经济活动分析频率，深化数据关联分析，滚动开展投资完成情况对比分析。对重点合同执行情况进行跟踪，若出现偏差，由投资管理人员与合同承办人员进行分析并采取一定的纠偏措施。对于投资计划完成确有困难的项目，应早预判、早打算、早协调。跟踪关键项目、分配重点指标、找准影响因素、提出解决方案，起到计划引领作用，确保精准控制及完成投资，保障工程建设。

（3）在招标文件审查阶段加大对合同的审查力度，尽量规避合同风险。在招标前组织各相关部门及监理单位、设计单位在抽蓄电站内部对招标文件进行多次充分讨论及严格审查把关，确保招标文件的编制质量。在编制限价过程中，多方面搜集资料进行限价的横向和纵向的反复比较，做到限价编制公平、合理，使限价既符合市场价格水平又为公司节省投资。尤其是设备物资类的限价，根据多厂家询价结果合理确定限价，保证不因限价排斥潜在的设备性能好的厂家。

（4）创新融资方式，积极争取利率下浮。项目先后与国内多家金融机构签订借款协议，贯通融资渠道，通过长期贷款、短期贷款、委托借款、购买中期票据、融资租赁等方式获取建设资金。

10.2　工程建设管理

10.2.1　重大设计变更与施工方案优化

1.重大设计变更

本工程重大设计变更为开关站位置变更，具体如下。

由于可行性研究阶段推荐的开关站平台后边坡较高，最大高度达到85 m。在招标阶段为降低边坡高度，减小因高边坡带来的安全隐患，参考招标阶段最新地质资料，通过调整机电设备和场内建筑物布置、优化开挖坡比、调整支护措施等优化了设计，对原方案进行了变更。

原方案边坡最大高度达到85 m，边坡较高，变更方案边坡最大高度为24 m，与原方案相比降低61 m，同时竖井高度降低32 m，施工难度降低，场地较为开阔，且便于运行管理。

2.施工方案优化

1号、2号尾水隧洞分别长1606 m、1668 m，原设计方案中，这两条隧洞仅靠中间的一个施工支洞连接，材料倒运等极为不便，通过在施工支洞上下游各增加一条连通通道，形成循环交通，提升了材料倒运效率，加快了尾水隧洞混凝土衬砌速度。

根据尾水隧洞开挖围岩揭示情况及结构计算复核成果，将部分Ⅳ类围岩隧洞段衬砌厚度从0.8 m改为0.6 m，对Ⅱ类围岩及部分整体性较好的Ⅲ类围岩钢筋布置由双层优化为单层，加快了施工进度。

GIS（gas insulated switchgear，气体绝缘金属封闭开关设备）开关楼地上部分主体由钢筋混凝土结构优化为钢结构，减小了GIS开关楼施工和出线竖井预制件吊装施工之间的干扰，缩短了施工工期。

10.2.2　工程招投标及合同执行情况

抽蓄电站高度重视合同管理工作，工程建设紧紧围绕合同这条重要线路，坚持全过程、全流程的合同管理，对招投标、合同签订、合同履行等各个阶段把好关，对工程建设实施有效管理。抽蓄电站在合同管理理念和方法等方面不

断探索、总结提炼，采取多项措施助力合同管理工作。

本工程截至竣工决算基准日，除尾工工程外，基建合同全部履行完毕。

10.3 财务和技术经济指标的分析

10.3.1 概算执行情况分析

1. 实际基建支出与概算对比

实际基建支出与概算对比见表10.1。

表10.1 实际基建支出与概算对比 单位：万元

工程或费用名称	概算金额	实际完成金额（含税）	超支或节约情况	
			金额	比例
1.枢纽工程	419482.12	430031.44	10549.32	2.51%
1.1施工辅助工程	35412.85	19889.54	−15523.31	−43.84%
1.2建筑工程	175529.71	237723.75	62194.04	35.43%
1.3环境保护和水土保护工程	11642.17	22849.09	11206.92	96.26%
1.4机电设备及安装工程	162642.67	122131.20	−40511.47	−24.91%
1.5金属结构设备及安装工程	34254.72	27437.86	−6816.86	−19.90%
2.建设征地和移民安置补偿费用	34239.42	41336.65	7097.23	20.73%
2.1水库淹没补偿费	1739.67	1733.90	−5.77	−0.33%
2.2建设场地费	32499.75	39602.75	7103.00	21.86%
3.独立费用	90389.38	107567.01	17177.63	19.00%
3.1项目建设管理费	36596.51	57108.45	20511.94	56.05%
3.2生产准备费	7986.59	6785.09	−1201.50	−15.04%
3.3科研勘察设计费	36808.13	34276.05	−2532.08	−6.88%
3.4其他税费	8998.15	9397.42	399.27	4.44%
4.基本预备费	32304.25	—	—	—
5.价差预备费	47877.96			
6.建设期贷款利息及费用	112690.23	58763.99	−53926.24	−47.85%
合计	736983.36	637699.09	−99284.27	−13.47%

2. 概算执行情况说明

抽蓄电站项目概算总投资为 736983.36 万元，实际完成投资 637699.09 万元，节约 99284.27 万元，节约率为 13.47％，主要原因是贷款利率下浮、工期缩短、价格变动等。

10.3.2　财务状况分析

1. 静态投资完成情况

抽蓄电站项目竣工决算已完成静态投资 578935.10 万元，与概算静态投资 624293.13 万元相比结余 45358.03 万元，结余 7.27％。

2. 总投资完成情况

抽蓄电站项目竣工决算已完成动态投资 637699.09 万元，与概算动态投资 736983.36 万元相比结余 99284.27 万元，结余 13.47％。

3. 交付使用资产情况

抽蓄电站项目竣工决算交付使用资产总计为 602096.04 万元，其组成情况如下。

（1）固定资产 595958.67 万元，包括房屋 23420.43 万元、建筑物 386366.62 万元、线路 729.52 万元、需安装机械设备 184969.10 万元、不需安装机械设备 473.00 万元。

（2）流动资产 2459.21 万元，包括工器具 38.05 万元、家具 138.76 万元、备品备件 2282.40 万元。

（3）无形资产 2.80 万元，主要为软件。

（4）长期待摊费用 3675.36 万元。

本工程固定资产形成率为 98.98％。

10.4　工程财务管理

在项目建设过程中，项目公司财务工作紧紧围绕公司的工作目标，以资金

筹集为中心，以控制和降低工程造价为目的，加强经济合同管理和工程成本核算，实行全过程财务管理与监督，在规范财务管理、保证工程资金需要等方面取得了较好成绩。

（1）结合工程实际情况，制定财务管理制度，规范财务行为。

① 为了加强预算管理，充分发挥预算引领作用，制定了公司预算管理执行手册等财务制度。

② 为了加强工程价款、设备材料价款的结算管理，合理使用建设资金，保证工程质量和工期，制定了资金支付管理执行手册和资金安全管理执行手册等财务制度。

③ 为了加强管理费用的管理，有效控制各项费用支出，按照有关财经法规，制定了差旅费管理执行手册和报销管理执行手册等财务制度。

④ 为了加强公司固定资产、低值易耗品管理，提高使用效率，保障国有财产的安全完整，明确各管理部门对固定资产管理与使用的权责关系，制定了固定资产管理执行手册等财务制度。

（2）规范资金运作，提高资金使用效率。

① 资金管理。项目公司成立了公司资金预算管理委员会，根据工程进展情况，定期召开会议审查资金计划落实情况，由公司各资金使用部门提出资金使用计划，经公司资金预算管理委员会讨论通过后予以执行。这种措施的施行保证了资金支出使用范围在控、能控、可控，保证了资金的安全使用，降低了资金筹集成本，提高了资金使用效率。

② 规范资金支付程序。每月经办部门对当月工程价款结算报告及下月资金用款计划进行审核，后转交财务部，财务部在合同总价款内按规定扣留各项保留金及甲供材料款等款项后予以付款；设备、材料等工程物资需要先验收入库，财务部根据月度现金预算安排予以付款。这样既保证了工程进度，又保证了工程设备质量，同时降低了现金流出量，提高了资金使用效率；所有支付都需要先经公司各部门、公司各级领导审批。上述措施的施行，一方面严格控制了公司各项费用的支出，降低了工程成本；另一方面实行分层次管理，明确了领导责任，提高了工作效率。

③ 积极筹集资金，保证工程建设的需要，努力降低工程造价。在工程建设过程中，项目公司千方百计筹集建设资金，加强与各股东方的联系，积极争取资本金按时、足额到位；加强与金融机构的沟通和联系；严格控制工程价款的支付时间，尽量减少资金的沉淀。

④ 以资金管理为抓手，加强与各方的沟通和协调，在争取利率下浮、资金归集管理、大额集中支付等方面取得了较好进展。

⑤ 抓住有效时机，利用公司优势，积极申报财政贴息，有效降低了基建期利息支出。

⑥ 了解地方税收优惠政策，积极与地方沟通，有效降低了基建成本支出。

参 考 文 献

[1] 安徽省淮河会计学会.水利基本建设项目竣工财务决算编制教程[M].北京：中国水利水电出版社，2009.

[2] 陈金良，邵正荣.水利水电工程造价[M].北京：中国水利水电出版社，2015.

[3] 陈全会，谭兴华，王修贵.水利水电工程定额与造价[M].北京：中国水利水电出版社，2003.

[4] 程卫民，王仲何，陈现军，等.水利水电建设工程监理管理指南[M].武汉：长江出版社，2006.

[5] 国家能源局.水电水利工程施工监理规范：DL/T 5111—2012[S].北京：中国电力出版社，2012.

[6] 丁浩.全过程造价管理方法在水利工程建设中的应用分析[J].水利技术监督，2022（9）：282-284.

[7] 范雯婷.水利工程造价全过程控制措施与管理方法研究[J].地下水，2021，43（3）：277-278.

[8] 何俊，韩冬梅，陈文江.水利工程造价[M].武汉：华中科技大学出版社，2017.

[9] 何俊，张海娥，李学明，等.水利工程造价[M].郑州：黄河水利出版社，2016.

[10] 贾玉.水利水电工程监理质量控制的工作要点分析[J].工程建设与设计，2022（22）：244-246.

[11] 康喜梅.水利水电工程计量与计价[M].北京：中国水利水电出版社，2017.

[12] 李建钊.水利水电工程监理工程师一本通[M].北京：中国建材工业出版社，2014.

[13] 梁鸿.建设工程监理[M].2版.北京：中国水利水电出版社，2018.

[14] 梁建林.水利水电工程造价与招投标[M].郑州：黄河水利出版社，2003.

[15] 刘祥军.水利水电工程施工阶段建设监理的控制研究[D].济南：山东大学，2006.

[16] 刘长军.水利工程项目管理[M].北京：中国环境出版社，2013.

[17] 龙振华，张保同，闫玉民，等.水利工程建设监理[M].武汉：华中科技大学出版社，2014.

[18] 罗晓锐，李时鸿，李友明.水利水电工程施工新技术应用研究[M].长春：吉林科学技术出版社，2022.

[19] 国家能源局.水电工程完工总结算报告编制导则：NB/T 11323—2023[S].北京：中国水利水电出版社，2023.

[20] 国家能源局.水电建设项目经济评价规范：DL/T 5441—2010[S].北京：中国电力出版社，2010.

[21] 潘永胆，汤能见，杨艳.水利水电工程导论[M].北京：中国水利水电出版社，2020.

[22] 乔斌.浅谈水利工程建设监理工作的安全管理[J].大陆桥视野，2023(7)：125-127.

[23] 水电水利规划设计总院，可再生能源定额站.水电工程造价指南：基础卷[M].3版.北京：中国水利水电出版社，2016.

[24] 中华人民共和国水利部.水利水电工程等级划分及洪水标准：SL 252—2017[S].北京：中国水利水电出版社，2017.

[25] 中华人民共和国水利部.水利建设项目经济评价规范：SL 72—2013[S].北京：中国水利水电出版社，2013.

[26] 中华人民共和国水利部.水利水电工程施工质量检验与评定规程：SL 176—2007[S].北京：中国水利水电出版社，2007.

[27] 王海周，杨胜敏.水利工程建设监理[M].郑州：黄河水利出版社，2010.

[28] 王烁然.水利工程施工监理质量和进度控制对策研究[J].工程建设与设计，2023（4）：235-237.

[29] 魏应乐，夏璐，乔守江.建设工程监理[M].2版.北京：中国水利水电出版社，2022.

[30] 徐猛勇，汪繁荣，马竹青.水利工程监理[M].武汉：华中科技大学出版社，2013.

[31] 叶美英.水利工程全过程造价管理研究——以K项目为例[D].昆明：云南大学，2022.

[32] 于桓飞.建设监理在水利工程施工质量控制中的作用探讨[D].杭州：浙江大学，2006.

[33] 张红线，陈玉龙.新形势下水利监理工作方法研究[J].工程建设与设计，2020（2）：102-103.

[34] 张立中.水利水电工程造价管理[M].北京：中央广播电视大学出版社，

2004.

[35] 赵巍栋.水利工程在设计阶段的造价控制方法[J].工程建设与设计，2017（14）：110-111.

[36] 郑新德.建设工程监理[M].4版.重庆：重庆大学出版社，2019.

[37] 中华人民共和国国家质量监督检验检疫总局，中国国家标准化管理委员会.党政机关公文格式：GB/T 9704—2012[S].北京：中国标准出版社，2012.

[38] 中华人民共和国住房和城乡建设部.建设工程监理规范：GB/T 50319—2013[S].北京：中国建筑工业出版社，2014.

[39] 中华人民共和国水利部.已成防洪工程经济效益分析计算及评价规范：SL 206—2014[S].北京：中国水利水电出版社，2014.

[40] 周宜红.水利水电工程建设监理概论[M].武汉：武汉大学出版社，2003.

[41] 周长勇，田英，李兆崔.水利工程监理[M].北京：中国水利水电出版社，2020.

[42] 中华人民共和国水利部.水利基本建设项目竣工财务决算编制规程：SL/T 19—2023[S].北京：中国水利水电出版社，2023.

后　　记

　　水利水电工程是一项利国利民的工程，而工程建设监理是确保工程施工进度、质量等的重要保障机制。目前，建设监理制度在水利水电工程建设中发挥了巨大的作用，取得了令人瞩目的成果。工程建设监理是一项融合工程勘察设计、工程经济、工程施工、项目组织、民事法律与建设管理各种学科于一体的科学管理制度。随着我国社会主义市场经济的不断发展与完善，创建一套具有中国特色、适应中国水利水电工程建设管理特点、符合市场经济规则的工程建设监理制度，还需要广大水利水电工程建设监理工程师坚持不懈地努力、实践和探索。

　　另外，在数字化时代，随着数字化技术的不断进步与发展，以及其在水利水电工程建设应用中的不断普及与提升，未来监理工作或将更加依赖对项目的数字化感知和平台化、智能化管理，比如传统的监理模式将很多时间耗费在对人员、流程等的现场管理上，这些问题未来或将通过数字化模拟予以解决，进而转向以科学合理规划为前提的无人化、智能化的现场管理。广大水利水电工程建设监理工程师应顺应时代的发展，不断学习新设备与新技术，以推动水利水电工程建设监理水平的不断提高与技术的持续创新。

　　水利水电工程作为社会基础设施，其造价管理工作至关重要，做好水利水电工程全过程造价管理工作对合理配置资源、调整产业结构、维护市场秩序、规范市场行为、促进社会主义市场经济的发展和经济增长方式的转变具有十分重要的意义。

　　随着我国社会主义市场经济体制改革的不断深入与发展，按照市场价格理论、结合国际惯例编制水利水电工程概预算与投标报价，是水利水电工程造价管理改革的方向。

　　此外，随着工程造价模式改革的深入和经济的发展，国家和上级主管部门还将陆续颁布一些新的规定、定额、费用标准，同时各省（区、市）地方水利水电工程造价编制办法也不尽相同，因此各地的水利水电工程造价管理人员在参考本书时，应结合国家和上级主管部门的最新规定，以及当地的实际情况和规定给予补充和修正。